JN118137

MATLABプログラム
Simulinkモデル
掲　載

ArduinoとMATLABで制御系設計をはじめよう！

第2版

平田　光男　著

TechShare

改訂版まえがき

本書の初版が発行されてから9年が経過しました。その間に，MATLAB/Simulinkのバージョンアップが進み，本書で主に使用しているArduinoIOが標準で使用できなくなりました。ArduinoIO自体はその後も公開されているため，手動でインストールすれば，本書で説明している実験を今でも問題なく行えます。しかし，MATLAB/Simulinkの経験者でないと手動インストールは難しいでしょう。また，本書で使用しているモータドライバICの定番である東芝製のTA7291Pも生産中止から入手困難になってしまいました。一方で，2014年からMATLAB Homeが登場し，趣味などの個人利用目的であれば，MATLAB/Simulinkを低価格で入手できるようになりました。それまでは，学生しか安価に入手することができませんでしたので，本書にとっては非常に喜ばしいニュースでした。

そこで，MATLAB/Simulinkの最近のバージョン（R2020a）に合わせて内容をアップデートし，モータドライバについても，2021年時点で入手可能なTexas Instruments社製のDRV8835を使うように，内容を改訂することにしました。これにあわせて，TechShare社からDRV8835をTA7291Pと同じピン配置で使用できるようにしたドライバモジュールを販売していただけることになりました。モータを駆動する電源電圧も，乾電池3本の4.5Vから，乾電池2本の3Vに変更しています。従来のTA7291Pでは，モータドライバ内部での電圧降下が大きかったために，電源電圧を高めに設定する必要があったのですが，DRV8835ではその必要がないためです。また，モータドライバを駆動するためのArduinoの出力ピン番号も見直しました。これは，Arduino UnoとMegaのどちらを使用した場合でも同じPWM周波数になるようにするためです。

制御工学の本質を理解するには，実機を制御してみるのが近道です。今回の改訂で，最新版のMATLAB/Simulinkを使用して，制御実験が行えるようになりました。ぜひ，本書を片手に，実機を動かす楽しさを味わってください。

2022年4月

平田 光男

まえがき

ものを動かすためにある制御理論は，実際に制御対象があり，また，その動作も実際に目で見て確認できます。したがって，制御理論と実際との対応や，その理論がどのような意味を持ち，どのように役に立つかについて，本来理解しやすいはずです。しかしながら，制御理論は難しいという話をよく耳にします。制御理論は，現実の制御対象を伝達関数や状態方程式で抽象化され，どのような制御対象に対しても適用できる一般的な理論が構築されたことで，現実とのギャップが大きくなってしまったのかもしれません。実際，制御理論の中には，応用数学と区別がつかない難解な理論があるのも事実です。一方，理論と実際の関係を理解しているつもりであっても，フィードバック制御における各種トレードオフの関係などは確かに難しく，ある程度の体験や経験を積まないと深く理解できないことも確かでしょう。

そのため，制御理論の理解を深めるためには，実際に現実の制御対象を動かしてみることが何よりも大切です。大学では，昔からモータ制御装置や倒立振子といった実験装置を使って，制御の実習や実験を行ってきました。しかしながら，これらの実験装置は，大学教員が時間をかけて製作したものや高価な実験装置を教材メーカから購入したものが多く，制御の勉強を始めた学生や一般の技術者が自分で製作したり，自費で購入することは難しいでしょう。

巷では，ロボコンブームなどのおかげで，マイコンを使ってロボットを製作する方法を解説した書籍を多く目にするようになりました。メカの設計からマイコンボードのプログラミングまで，丁寧に解説されています。しかしながら，制御手法については，ON/OFF 制御や if-then ルールに基づく簡単なものが多く，制御理論に基づく設計法やその実装方法が丁寧に記述されたものはあまり見かけません。学部レベルの古典制御や現代制御を一通り勉強した者が，実機ベースで制御理論を体験しながら学び，理解をより一層深めたいと思った時の自習書があまりないのです。

日頃からこのように感じていた時に，オープンソースハードウェアとして知られ，最近普及が進んでいるマイコンボードの Arduino が，MATLAB/Simulink R2012a からサポートされた，という情報を耳にしました。Arduino は非常に安価でありながら，制御用マイコンとして十分な入出力インタフェースを持っています。MATLAB/Simulink によって Arduino がサポートされたことで，制御理論のラピッドプロトタイピングが可能になりました。だれもが，気軽に制御理論を実機で試してみることができるようになったのです。

そこで，本書では Arduino と MATLAB/Simulink を使い，制御の基礎から簡単な応用まで段階的に学べるような制御実験教材を作って，実際に動かしながら制御理論を学んでゆきます。特に，本書を手に取った方が実際に試してみていただけるように，街の模型店などで容易に入手できるような安価な部品だけを使って実験装置を作りました。同時に，単なる工作に終わらないよう，制御理論について，古典制御から現代制御まで一通りの内容を盛り込みました。ただし，教科書的にならないように，制御理論を使うという観点に立って内容を厳選し，できるだけその本質が伝わるよう配慮しています。

本書で学ぶ制御手法は，比例制御から始まり，PI 制御，PD 制御，PID 制御へと進んでゆきます。さらに，目標値応答改善に有用な，P-ID 制御，I-PD 制御，I-PD 制御＋フィードフォワード制御，そして，2 自由度制御についても学びます。本書の後半では，古典制御だけではなく，最適状態フィードバック制御や最適サーボ系など，現代制御にも挑戦します。

本書の内容は，宇都宮大学平田研究室で実施している，卒研配属された 4 年生向けの導入教育におけるさまざまな試みや，筆者がサイバネットシステム株式会社の CAE ユニバーシティで講師を務めている「制御実験セミナー」での試みが基礎になっています。本書の内容を通して，制御系を設計・開発するための実践的な技術や，制御理論の基本が身につくことを期待します。また，本書をマスターしたあとは，Arduino と MATLAB/Simulink によるラピッドプロトタイピングを生かして，新しい制御装置や制御教材の開発にもぜひチャレンジしてください。

最後に，本書を執筆する機会を与えてくださり，原稿ができあがるのを忍耐と寛容でひたすらお待ちいただいた TechShare 株式会社 重光貴明様，実験装置のブラッシュアップや図面の作成にご協力いただいた TechShare 株式会社 桑山正彦様，LaTeX による執筆に関していろいろと教えていただいた三美印刷株式会社の松崎修二様に深く謝意を表します。また，本書の校正にご協力いただいた宇都宮大学平田研究室の諸君に感謝します。そして，執筆にあたって著者をささえていただいた家族に感謝します。

2012 年 10 月

平田 光男

目次

第 1 章
はじめに

第1章　はじめに

1.1　本書の目的

Arduinoはイタリアで開発され，使いやすい入出力ポートを備えた安価なマイコンとして普及が進んでいます。ArduinoにはAVRとよばれる8bitマイコンが使われており，ホストPCとのやり取りに必要なファームウエアがあらかじめ書き込まれています。

Arduinoを動作させるには，スケッチ（Arduinoではプログラムのことをスケッチとよぶ）が必要ですが，Arduinoの開発環境であるArduino IDEを使って，初心者でも比較的簡単に作れるようになっています。通常，マイコンのプログラミングをするには，ハードウェア初期化のための手続きなど，マイコンのハードウェアに関するさまざまな知識が必要となるのですが，Arduinoではそれらの知識なしに，必要最小限のプログラミングで済むように考えられています。なお，Arduinoは，マイコンボードと開発環境を合わせたシステム全体を指す言葉となっています。

このArduinoは制御系設計・解析ツールとして大学および産業界で広く普及しているMATLAB/Simulinkから使うことができ，その方法にはMATLAB Support Package for Arduinoを利用する方法とSimulink Support Package for Arduinoを利用する方法の2通りがあります。前者は主にMATLABからArduinoを使う場合に，後者は主にSimulinkからArduinoを使う場合に選択します。後者では，Simulinkモデルからコード生成してコンパイルしたあと，Arduinoに実行ファイルをダウンロードしてArduino上で制御器の計算を行います。この方法は，"Run on Target Hardware" あるいはRoTHと呼ばれます。

一般的なターゲットハードウエアを使用する場合は，Simulink Coderなどのコード生成のためのツールボックスが別途必要でした。しかし，Simulink Coderは高価だったり学生版MATLAB/Simulinkや個人利用目的で入手できるMATLAB HomeにはSimulink Coderを追加できないという制約があります。ところが，Arduinoを含む特定のハードウエアに対してはSimulink CoderがなくともSimulinkの標準機能でRoTHが試せるようになっています。

実は，SimulinkからArduinoを使う方法には，RoTHの他に，ArduinoIOと呼ばれるツールを用いて，ホストPCからUSBケーブルを通じてArduinoを入出力デバイスとして使う方法があります。MathWorks社によるサポートは終わってしまいましたが，最近のバージョン（改訂版執筆時R2020a）でも問題なく使用できます。ArduinoIOによる方法では，Arduinoは単なる入出力デバイスとして動作し，Simulink

モデル上に構築された制御器の計算はホストPC上で行われます。したがって，基本的にSimulinkの全ての機能を使うことができ，シミュレーションを行う感覚で実験ができます。マルチタスクOSであるWindows上で制御器の計算が行われるため，疑似リアルタイムでの動作であったり，Arduinoとの通信にシリアル通信が使われているので，サンプリング周波数をあまり高くできない，といったデメリットもありますが，手軽さから，教育目的にはぴったりです。そこで本書では，主にArduinoIOを使用します。

制御工学の理解を深めるためには，実機を使って実際に制御系設計を体験してみるのが一番です。そこで，本書ではArduinoを使った制御実験装置を作り，MATLAB/Simulinkを用いてモデリングから制御系設計そして制御器実装を行って実際に動かしてみます。その際，本書では特に次の点を考慮しました。

- 誰もが実験装置を手軽に作れるよう，街のホビーショップなどで一般的に入手できる部材を使う。
- 安価である（Arduinoも含めても1万円前後）。
- 単なる工作と実験で終わるのではなく，制御理論の基礎の修得とモデルベース開発が実体験できる。

本書で紹介した実験装置によって制御理論の理解を深めたあとは，面白くて役に立つ制御教材の開発にもチャレンジしてみてはいかがでしょうか。なお，このように，面倒なプログラミングを行うことなく，制御系設計から制御実験までを迅速かつ一気通貫に行う開発技法はラピッドプロトタイピングとも呼ばれ，近年注目されています。

1.2　本書で使用するArduino

1.2.1　Arduino Uno R3

図1.1に示す**Arduino Uno R3**はArduinoの中で最も標準的で普及しているArduinoといえます。AVRマイコンのATmega328Pが搭載されており，14チャンネルのディジタル入出力，6チャンネルのアナログ入力，6チャンネルのPWM出力を持ちます。価格も3千円程度と手ごろです。本書ではこのArduino Uno R3を主に使います。

ただし，Unoはフラッシュメモリが32KBしかありません。RoTHの機能をつかって，Arduino上で複雑なSimulinkモデルを実行する場合は，メモリ不足になる可能性があります。RoTHも利用する場合は，次に説明するMegaがお勧めです。

1.2.2　Arduino Mega 2560 R3

図1.2に示す**Arduino Mega 2560 R3**はAVRマイコンのATmega2560という，ATmega328Pよりも多機能なマイコンが搭載されています。写真からわかるようにピンの数も大幅に増えており，基板のサイズもUnoよりも大きくなっています。フラッシュメモリのサイズも256KBに増えており，RoTHを使う場合，Unoよりも複雑なSimulinkモデルが動かせます。Megaの価格はおよそ5千円前後です。

入出力ピンは，Arduino Uno R3 の上位互換になっていますので，Uno を前提に作成した実験装置は，そのまま Mega で動かすことができます。予算が許すのであれば，Mega がお勧めです。

図 1.1　Arduino Uno R3

図 1.2　Arduino Mega 2560 R3

1.3 本書の構成

本書では，まず，第 2 章において，Arduino を ArduinoIO を使ってホスト PC から使うための準備を説明します。ホスト PC 上で Simulink モデルを動かす場合，リアルタイム性は厳密には保証されませんが，シミュレーションを行うときと同じ感覚で実験が簡単に行えます。

第 3 章では，ArduinoIO の基本的な使い方について学びます。Arduino に用意されているディジタル入出力やアナログ入出力ポートを，MATLAB や Simulink から使う方法について説明します。

第 4 章では，モータの速度制御を例にとって，PID 制御やモデリング，モデルベース設計の基礎を学びます。マイコン制御のテキストでは，どうしても，ハードウェアとソフトウェアの話がメインになりがちですが，本書では，背景にある制御理論に重きを置いて説明します。

第 5 章では，モータの角度制御について学びます。内容も少し高度になり，PD 制御や PID 制御だけでなく，I-PD 制御や I-PD ＋フィードフォワード制御，そして，2 自由度制御についても学びます。多くの教科書で説明されているこれらの制御手法を，実機へどのように適用するか，という点が学べます。

第 6 章では，制御応用として，アーム上を転がるボールの位置制御問題を取り上げます。この実験装置は Ball & Beam と呼ばれ，多くの学習キットが存在します。本書では，入手が容易な部材を使って，この実験装置を安価に作ります。そして，モデリングや制御系設計だけでなく，赤外線距離計の出力から実際の距離を計算する方法を通して，最小二乗法についても学びます。アーム角度の駆動については，RC サーボを使った方法と，第 5 章で使用した High Power Gearbox を使った二つの方法をとり上げ，それぞれについて制御系を設計します。

第 7 章では，現代制御に挑戦します。High Power Gearbox を使った Ball & Beam 実験装置を制御対象として状態方程式を求めます。そして，最適状態フィードバック制御系と最適サーボ系を設計します。第 6 章と第 7 章の両方を学ぶことで，古典制御と現代制御の違いを具体的に知ることができます。

最後の第 8 章では，Run on Target Hardware について学びます。Simulink モデルをコンパイルし，ターゲットハードウェアである Arduino 上で実行する方法です。ホスト PC 上で制御する場合と異なり，リアルタイム性が保証されます。それにより制御性能が向上することも体験できるでしょう。High Power Gearbox による Ball & Beam 実験装置を使って，PID 制御，最適状態フィードバック制御，そして，最適サーボ系を RoTH により実装します。

1.4　本書の内容を実施するための環境

本書執筆時の動作環境を表 1.1 に示します。なお，ArduinoIO は，比較的古いバージョンの MATLAB/Simulink でも動作するようです。また，Windows 以外のプラットホームでも動作するようです。詳しくは，ArduinoIO のドキュメントを参照してください。RoTH については R2012a から使える様になりましたが，バージョンごとに使える機能が若干異なるようですので，詳細は Simulink Support Package for Arduino のドキュメントなどを参照してください。

表 1.1　改訂版執筆時の作動環境

ホスト PC の OS	Windows 10 Pro 64bit
MATLAB/Simulink のバージョン	R2020a
MATLAB/Simulink のツールボックス	Control System Toolbox （必須）
Arduino	Uno R3 または Mega 2560 R3
Arduino IDE のバージョン	Version 1.8.13
ArduinoIO のバージョン	Version 4.5

なお，学生版の MATLAB/Simulink や個人利用に限定した MATLAB Home 版では，プロフェッショナル版（企業向けおよび教育機関向け）に比べて，以下の制約があります。

- Simulink モデルは（参照モデルのブロックを含めて）1000 個の非バーチャルブロックに制限される。
- Simulink モデルの実行はノーマルモードのみ対応。アクセラレータモードおよびラピッドアクセラレータモードは非対応。

本書では，これらの制約を受ける使い方はしていませんので，学生版や MATLAB Home 版でも問題なく利用できます。

1.5　本書で作成したソースコードと補足情報について

本書で作成した MATLAB の m-file や Simulink モデルについては，下記の URL からダウンロードできます。最新の MATLAB/Simulink での動作状況といった補足情報も掲載していますので，是非ご覧ください。なお，内容の閲覧には会員登録が必要ですので，注意が必要です。

```
https://books.techshare.co.jp/
```

また，著者のウェブサイトにおいても，本書籍に関する情報を提供していますので，あわせてご覧ください。

```
https://hinf.ee.utsunomiya-u.ac.jp/~hirata/pukiwiki/index.php?ArduinoBook
```

1.6 本書で製作した実験装置について

本書で製作した実験装置は，街のホビーショップなどで一般的に入手できる部材を使っています。しかしながら，第5章で製作するモータ角度制御実験装置においてのみ，角度検出のポテンショメータを取り付けるための専用プレートを使っています。アルミ板等を加工して製作できますが，加工が苦手な方のために，実験キットを用意しました。また，TI社製のモータドライバであるDRV8835を，ブレッドボードで使用できるようにしたドライバモジュールも用意しました。従来のドライバICの定番であった東芝製のTA7291Pと差し替えて使用できるように，ピン配置を同じにしています。これらは，下記のWebストアから購入できます。

```
https://www.physical-computing.jp/
```

第 2 章

準備

第2章　準備

2.1　はじめに

本書では，あらかじめ MATLAB/Simulink R2020a が正しくインストールされているものとします。MATLAB/Simulink のインストール方法については，製品についているマニュアルを参考にしてください。本章では，Arduino IDE や ArduinoIO のインストールなど MATLAB/Simulink から Arduino を使って制御実験をするための準備について説明します。

2.2　Arduino IDE のインストール

Arduino の開発環境（Arduino IDE）やドライバソフトウエアを含む Arduino のソフトウエアは，Arduino のホームページ（図 2.1）からダウンロードできます。次のアドレス

```
https://www.arduino.cc/
```

にアクセスし，メニューバーの「SOFTWARE」をクリックすると Downloads のページへ移ります（図 2.2）。そして，Windows 版のソフトウエアをダウンロードします。このとき，インストーラ付とそうでないものがありますが，特別な理由が無い場合，インストーラ付をダウンロードします。「Windows Win 7 and newer」をクリックすると「Support the Arduino IDE」というページにジャンプします。そこで，「JUST DOWNLOAD」または「CONTRIBUTE & DOWNLOAD」を選びます。「JUST DOWNLOAD」をクリックするとすぐにダウンロードが始まります。「CONTRIBUTE & DOWNLOAD」は寄付額を選択してからクリックします。Arduino IDE の開発に対して寄附をする場合は後者を選んでください。本書改訂版執筆時点では，Version 1.8.13 が最新バージョンとなっており，次のインストーラがダウンロードされました。

```
arduino-1.8.13-windows.exe
```

ダウンロードしたファイルをダブルクリックして実行すると，直ちにインストールが始まります。途

中で，インストールオプションを聞かれますが（図 2.3），特別な理由がない限り初期設定のままにしてください。インストールパスも，特に変える必要はないでしょう。

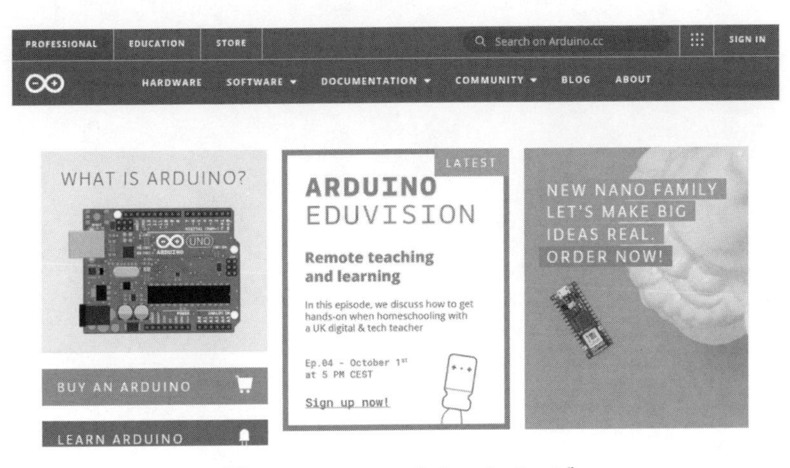

図 2.1　Arduino のホームページ

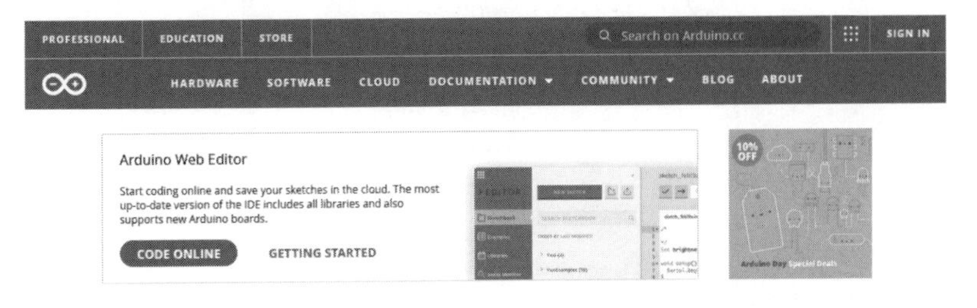

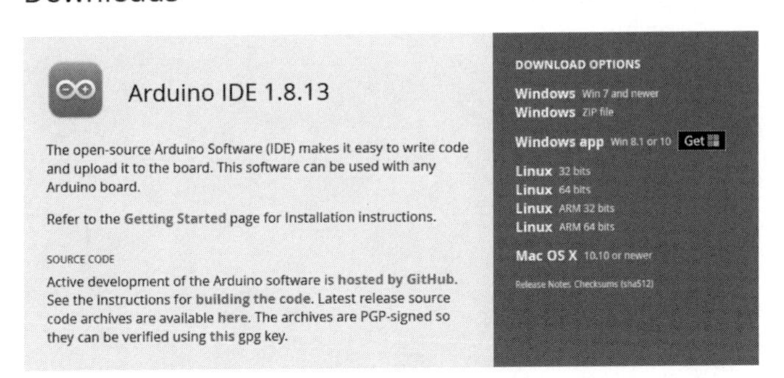

図 2.2　Arduino ソフトウエアのダウンロードページ

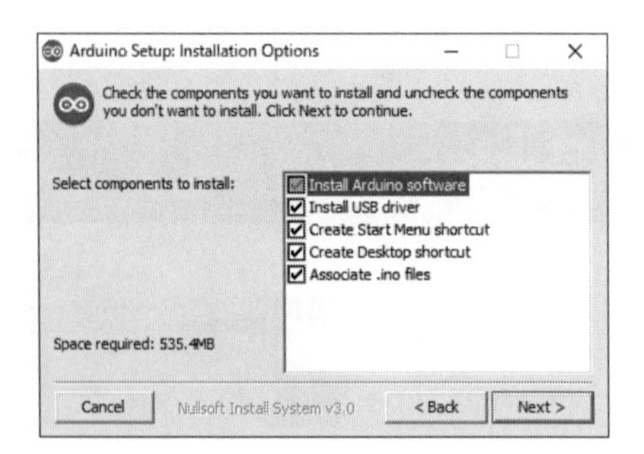

図 2.3　インストールオプション

2.3　デバイスドライバのインストール

Arduino Uno でも Mega でもデバイスドライバのインストール方法は同じなので，ここでは Uno について説明します。

インストーラを使って Arduino IDE をインストールした場合は，デバイスドライバも同時にインストールされます。したがって，Arduino Uno を USB ポートに接続すれば，自動的にデバイスドライバがインストールされます。念のため，正しくインストールされたかどうかの確認をしましょう。Windows のデスクトップ画面で，左下のスタートボタンを右クリックし，デバイスマネージャを選択します（図 2.4）。

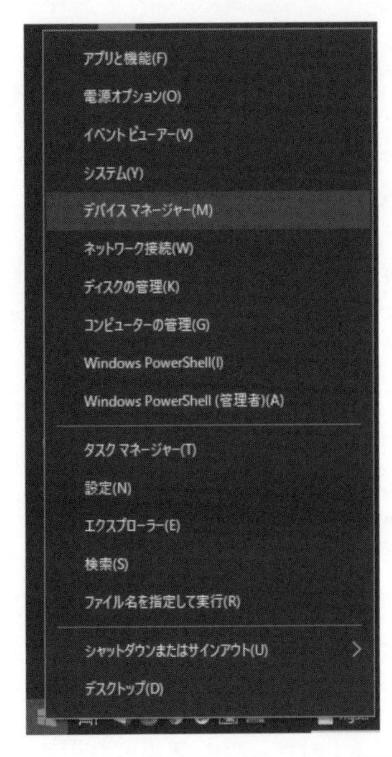

図 2.4　デバイスマネージャの起動

次に，デバイスマネージャのウインドウで「ポート（COM と LPT）」をクリックします。その中に，「Arduino Uno (COM3)」のような表示があれば，インストールは完了しています（図 2.5）。ここで，表示されている COM3 は，Arduino Uno とシリアル通信を行うときのシリアルポート番号です。あとで必要になるので控えておきます。

なお，シリアルポート番号は変更することもできます。その場合は，「Arduino Uno (COM3)」を右クリックして「プロパティ」を選択し，プロパティーの画面で「ポートの設定」タブを選択したあと，「詳細設定」をクリックします（図 2.6）。そして，左下の「COM ポート番号」から，変更したいシリアルポート番号を選択します（図 2.7）。そのあと，USB に接続された Arduino Uno を一度切り離してから再度接続し，デバイスマネージャで，新しいシリアルポート番号が割り当てられていることを確認します。

本書では，Arduino のシリアルポート番号は COM3 に設定されているものとして，m-file や Simulink モデルを作成していきます。

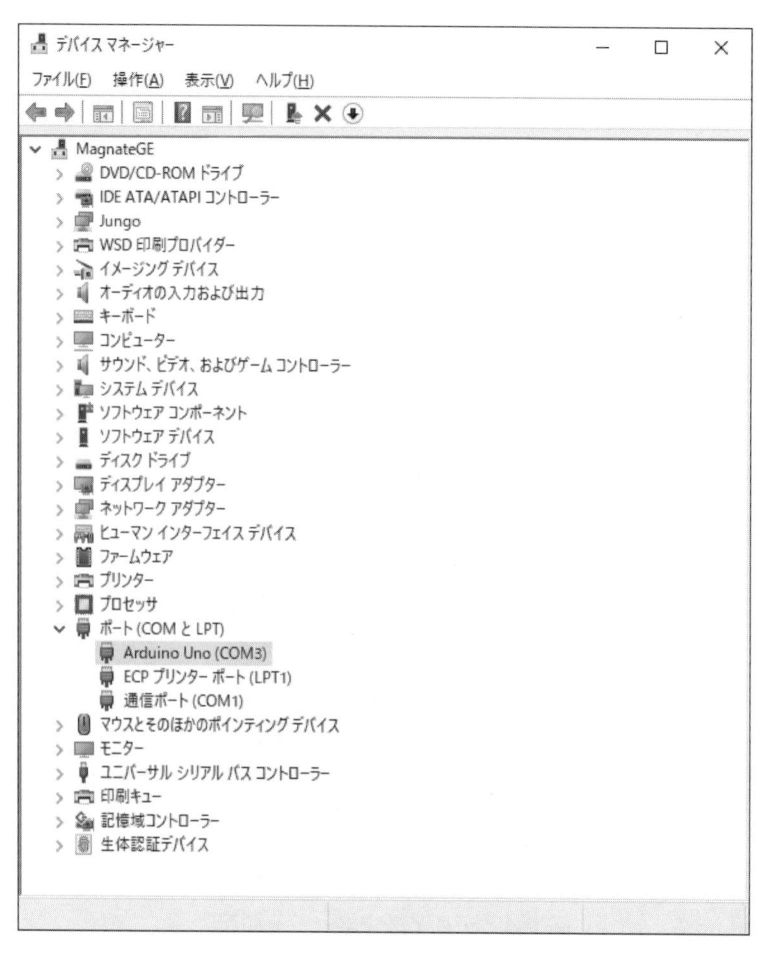

図 2.5　デバイスマネージャ

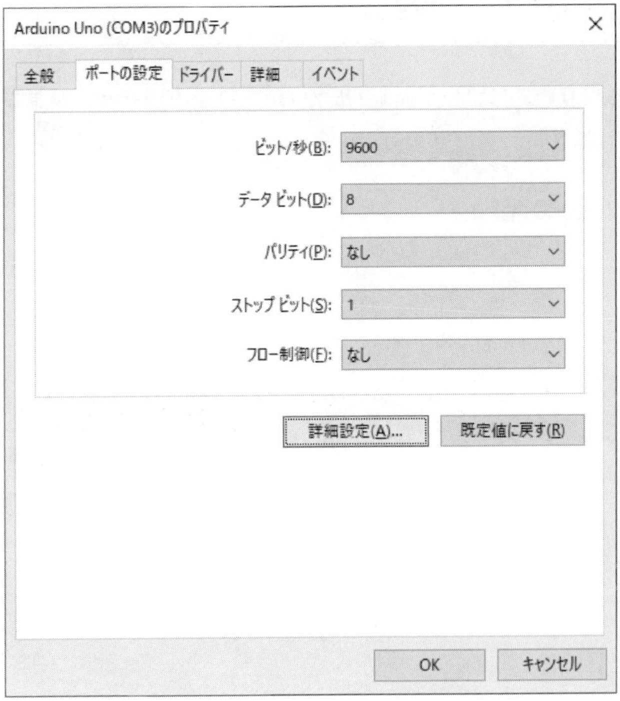

図 2.6　Arduino Uno のプロパティ

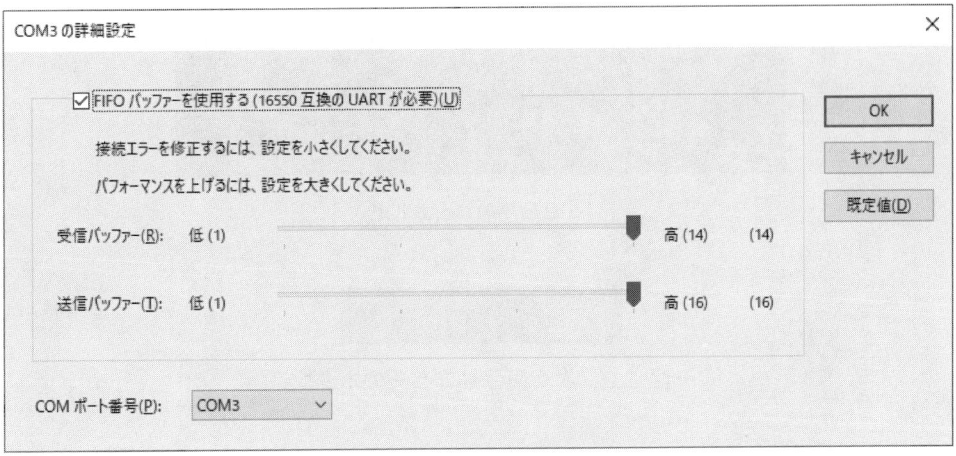

図 2.7　COM3 の詳細設定

2.4 Arduinoの動作確認

Arduinoの動作確認を行うために，Arduino IDEからLEDを点滅させる簡単なスケッチをArduinoへ転送して実行してみましょう。

2.4.1 Arduino IDEの起動

Arduino IDEを起動します（図2.8）。

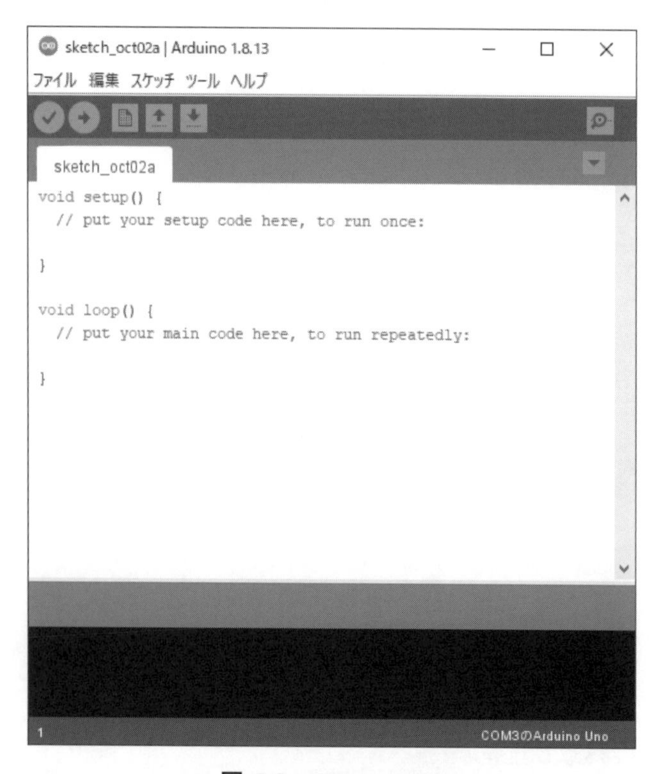

図2.8 Arduino IDE

図2.9 よく使うメニューのボタン

Arduino IDEの画面をみると，メニューの下にいくつかのボタンが並んでいます（図2.9）。各ボタンの上にマウスポインタを合わせると役割が表示されます。左から順に「検証」，「マイコンボードに書き込む」，「新規ファイル」，「開く」，「保存」が表示され，それらの意味は表2.1の通りです。

表 2.1　各ボタンの意味

ラベル	意味
検証	文法チェックとコンパイルの実行
マイコンボードに書き込む	スケッチを Arduino に書き込む
新規ファイル	新しいスケッチを開く
開く	スケッチを開く
保存	スケッチを保存する

■ 2.4.2　Arduino IDE の設定

Arduino のボードの種類と，シリアルポート番号を設定します。

ボードが正しく設定されていない場合は，メニューを次のようにたどって設定します。「ツール」→「ボード」→「Arduino AVR Boards」→「Arduino Uno」（図 2.10）。

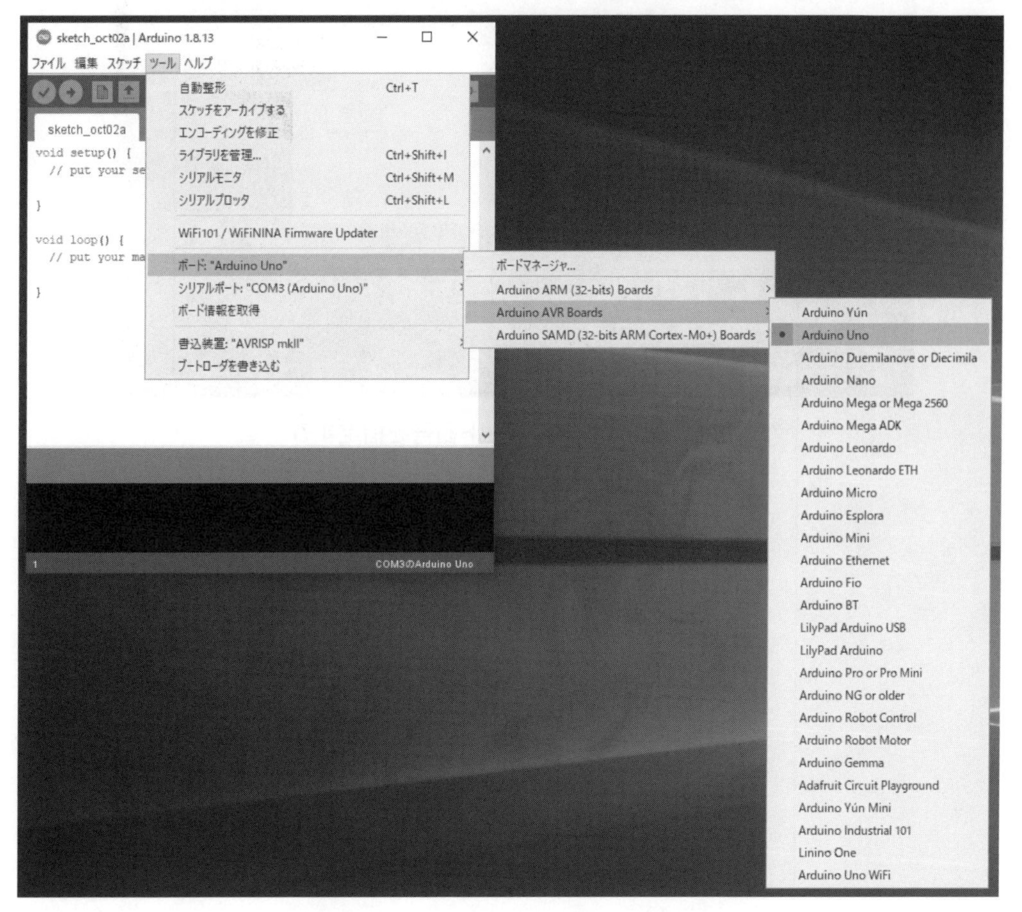

図 2.10　Arduino の種類を指定する

シリアルポート番号も同様に，「ツール」→「シリアルポート」とたどり，Arduinoのドライバをインストールした時にメモしたシリアルポート番号を指定します（図2.11）。

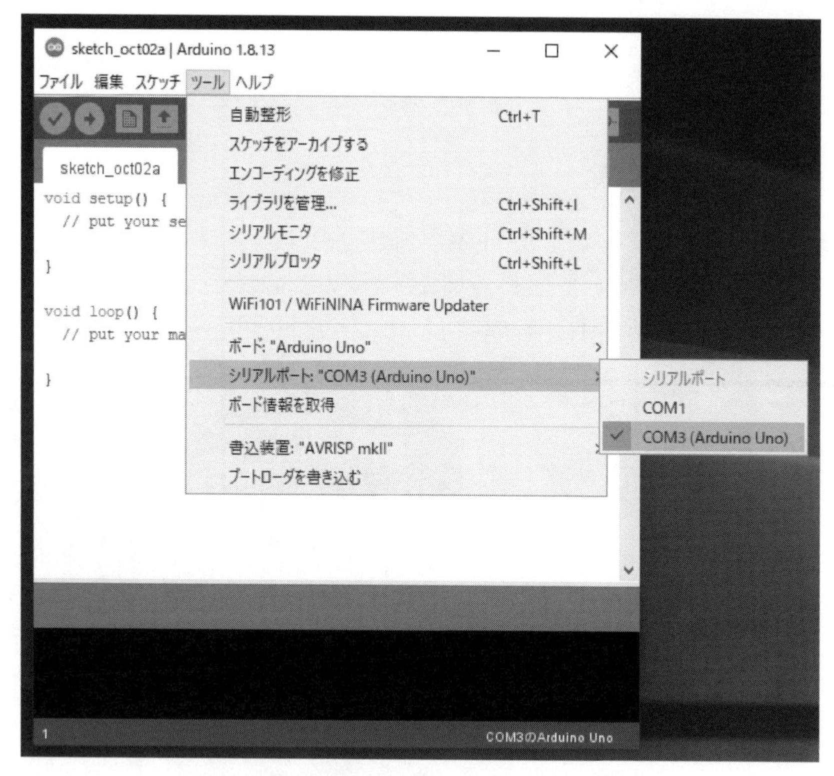

図 2.11　シリアルポート番号を指定する

■ 2.4.3　スケッチ「Blink」の実行

サンプルとして用意されている LED を点滅させるスケッチ「Blink」を Arduino にダウンロードして実行してみましょう。まず，「ファイル」→「スケッチ例」→「01.Basics」→「Blink」としてスケッチ「Blink」を開きます（図 2.12）。Arduino IDE 上にスケッチの内容が表示されていることを確認しましょう（図 2.13）。

そして，「マイコンボードに書き込む」ボタン（左から 2 番目）をクリックして，スケッチを Arduino に転送します。すると，Arduino IDE の下部に転送完了のメッセージと Arduino に書き込まれたスケッチのサイズが表示されます。それと同時に，Arduino 上にある LED が 1 秒おきに点滅を繰り返している様子が確認できるでしょう。これで動作確認は終わりです。もし，エラーが表示される場合は，ボードの種類やシリアルポート番号が正しく設定されているかどうか確認してください。

図 2.12　サンプルスケッチ「Blink」を開く

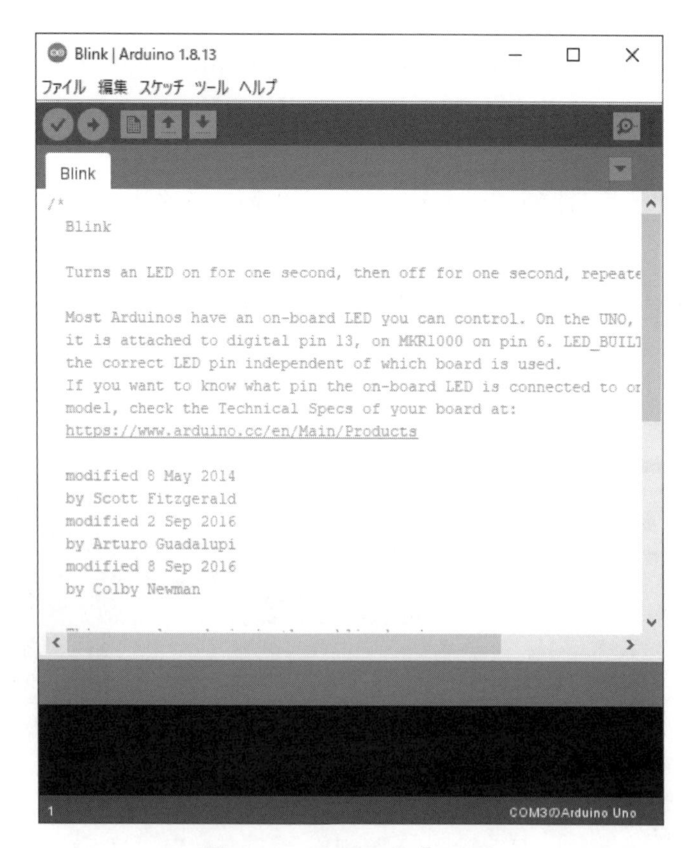

図 2.13　スケッチ「Blink」

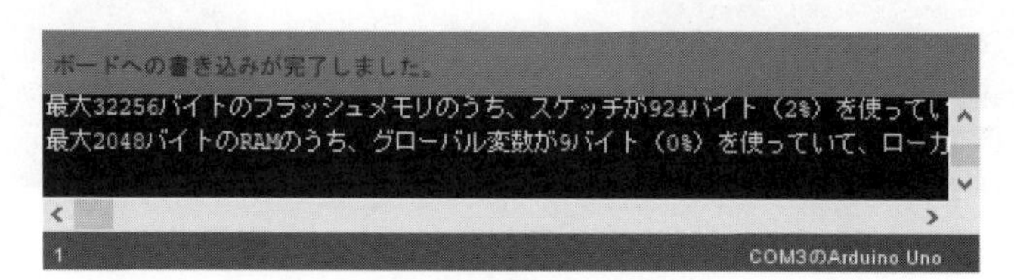

図 2.14　転送完了のメッセージ

2.5 ArduinoIOのインストール

ArduinoIOのインストールは，ArduinoIOのダウンロード，MATLAB/Simulinkの設定，そしてArduinoへのスケッチの転送の3ステップに分けられます。

なお，ArduinoIOのページを見ると，「Platform Compatibility」にWindowsだけでなく，macOSとLinuxにもチェックが入っています。筆者の環境はWindowsなので，他のOSでは試せませんが，動作する可能性は十分あります。インストールについては，ArduinoIOのドキュメントを参照してください。

2.5.1 ArduinoIOのダウンロード

ArduinoIOはMATLAB Centralからダウンロードできます。下記のページにアクセスし，右上にある「Download Submission」ボタンをクリックしてArduinoIO.zipをダウンロードしてください(図2.15)。

```
https://jp.mathworks.com/matlabcentral/fileexchange/
                        32374-legacy-matlab-and-simulink-support-for-arduino
```

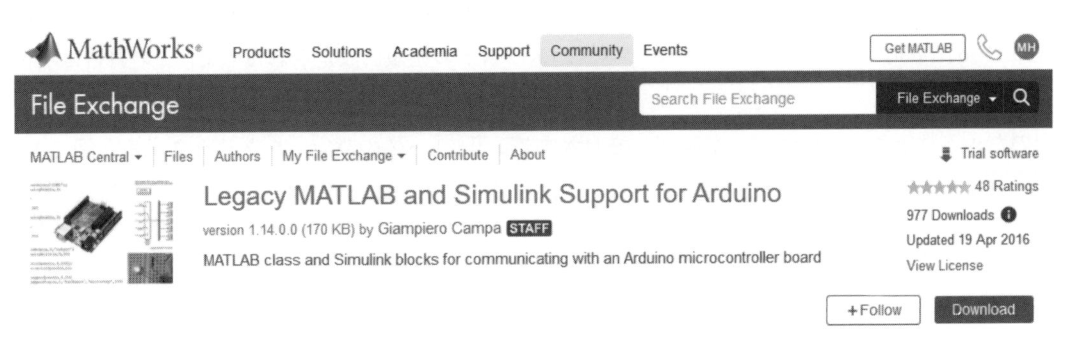

図2.15 ArduinoIOのダウンロードページ

次に，ArduinoIOを解凍します。場所は基本的にどこでも良いはずですが，フォルダ名やパス名に全角文字やスペースを含まない方がトラブルが少ないかもしれません[1]。MATLAB/Simulinkをインストールすると，「ドキュメント」フォルダの中に「MATLAB」という名前のフォルダが作られますので，本書では，その中に解凍することにします。このときのファイルパスは次のようになります。

[1]最近は全角文字やスペースに起因するトラブルは少なくなりましたので，あまり気にしなくても良いのかもしれません。

```
C:\Users\hirata\Documents\MATLAB\ArduinoIO
```

このフォルダの中に，arduino.m があれば作業は完了です。なお，上記において hirata の部分は，各自のユーザ名になります[2]。

■ 2.5.2　MATLAB/Simulink の設定

MATLAB/Simulink を起動し，ArduinoIO をインストールしたフォルダまで移動します。そして，次のようにして install_arduino.m を実行します。R2020a では MATLAB のコマンドウインドウに次のメッセージが表示されます。

実行 **2-1**

```
>> install_arduino
警告:  There is at least another arduino.m file in the path, the installation will go on
but it is strongly suggested to delete any other version before using this one
> In install_arduino (line 15)
 Arduino folders added to the path
 Saved updated MATLAB path
```

上記の警告は，別の arduino.m がインストールされているという意味です。最近のバージョンの MATLAB/Simulink では，ダミーの arduino.m があらかじめインストールされているため，過去に ArduinoIO をインストールしていなくても表示されてしまいます。install_arduino.m では，ArduinoIO の arduino.m が呼び出されるように検索パスがパスリストの先頭に設定されるので，この警告は無視しても問題ありません。

念のため，設定された検索パスを確認しておきましょう。「パスの設定」をクリックすると図 2.16 が表示されます。先頭に下記の 3 行が設定されていればインストールは正常に行われています[3]。

```
C:\Users\hirata\Documents\MATLAB\ArduinoIO\examples
C:\Users\hirata\Documents\MATLAB\ArduinoIO\simulink
C:\Users\hirata\Documents\MATLAB\ArduinoIO
```

なお，install_arduion.m は，arduino.m がすでにインストールされているかどうかを確認し，上記の検索パスを設定しているだけです。したがって，install_arduion.m を実行する代わりに，上記の検索パスを設定しても問題ありません。また，ArduinoIO のアインストールは，「パスの設定」の画面から上記の検索パスを消去し，ArduinoIO のファイルをフォルダごと全て消去すれば終わりです。

ArduinoIO が正しくインストールされると，ArduinoIO を Simulink から使うためのブロックが追加さ

[2]ユーザ名が日本語の場合，トラブルの元になることが多いので，避けるのが無難です。
[3]MATLAB/Simulink を再起動すると，検索パスの先頭に C:\Users\hirata\Documents\MATLAB が来ますが，問題ありません。

図 2.16　パスの確認

れるので確認しておきましょう。MATLAB のコマンドウインドウに次のように入力すると

実行 2-2

```
>> slLibraryBrowser
```

ライブラリブラウザが開き，「リポジトリ情報のないライブラリがあります」というメッセージが表示されます（図 2.17）。ここで，メッセージの右にある「修正」をクリックすると，図 2.18 のダイアログが表示されますので，「リポジトリをメモリに生成します」を選択します。すると，図 2.19 に示すように，左カラム「Arduino IO Library」が現れ，それをクリックすると，右側にライブラリブロックが表示されるようになります。この過程で，Stateflow のライセンスを持っていない場合，警告が出ますが，無視してかまいません。

なお，リポジトリの生成を行わないと，Arduino IO Library がライブラリブラウザに表示されません。上記の手順を途中でキャンセルしてしまい，Arduino IO Library が表示されない場合は，ライブラリブラウザの左カラムでマウスを右クリックし，「ライブラリブラウザを更新」を選択します。あるいは，キーボードの F5 を押します。そうすると，ライブラリーの再読込が行われ，図 2.17 が再度表示されるので，同じ手順をやり直します。

Arduino IO Library は，MATLAB のコマンドウインドウで

実行 2-3

```
>> arduino_io_lib
```

と入力することで開くこともできます。知っておくと良いでしょう。

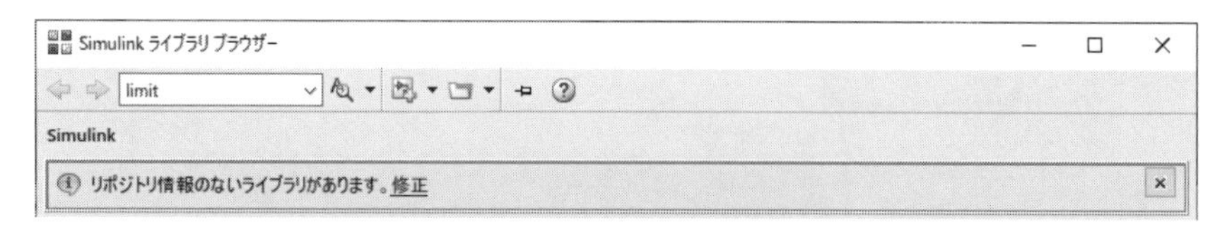

図 2.17　ライブラリブラウザの警告メッセージ

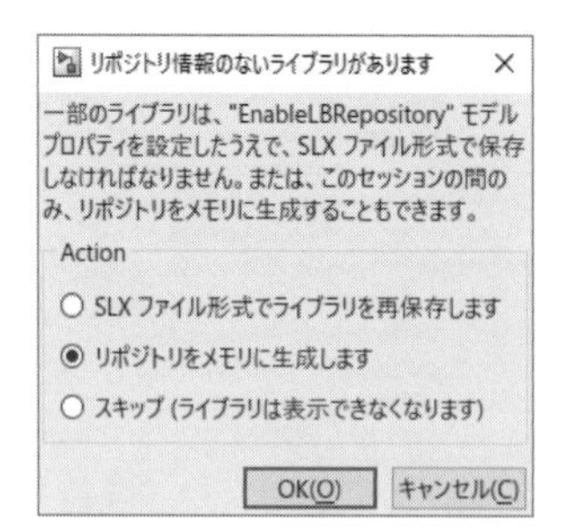

図 2.18　リポジトリの生成

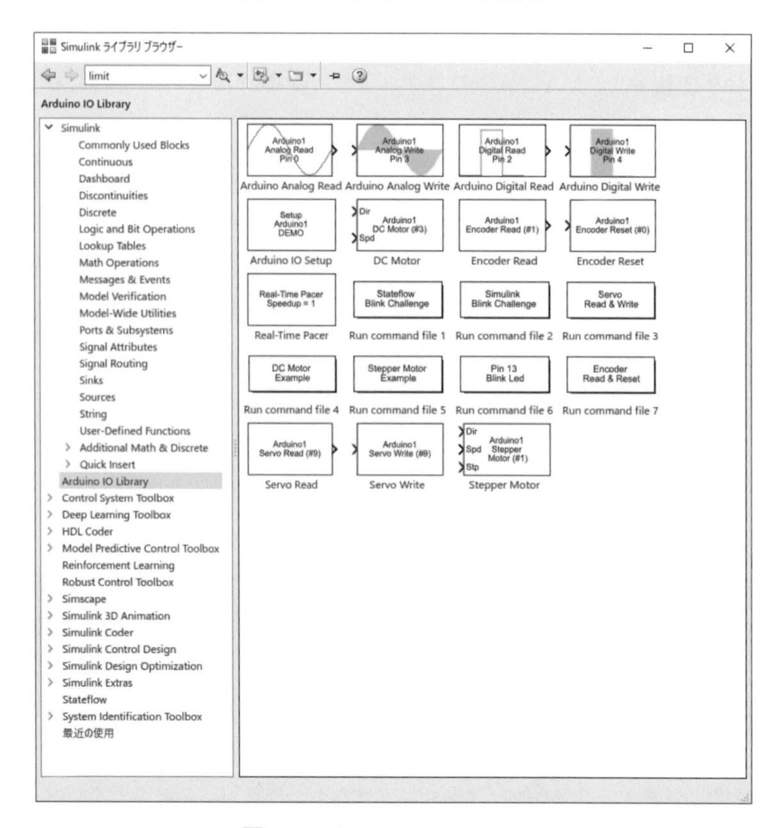

図 2.19　Arduino IO Library

■ 2.5.3　Arduino へのスケッチの転送

ArduinoIO では，MATLAB/Simulink と Arduino の入出力ポートとの通信のために，ArduinoIO に含まれる専用のスケッチを Arduino へ転送しておく必要があります。この作業は最初の 1 回だけ必要です[4]。

Arduino が PC と USB ケーブルで接続されていることを確認します。そして，Arduino IDE を起動し，「ファイル」→「開く」から次のスケッチを開きます。

```
C:\Users\hirata\Documents\MATLAB\ArduinoIO\pde\adioes\adioes.pde
```

まず，Arduino IDE の一番左の検証ボタン（チェックマーク）を押して，正常にコンパイルができることを確認します。その後，マイコンボードに書き込むボタン（右矢印）を押して，スケッチを Arduino へ転送してください。書き込みが正常終了すると Arduino IDE のウインドウの下に正常終了のメッセージと転送したスケッチのサイズが表示されます（図 2.20）。これで，ArduinoIO のインストール＆設定はすべて完了しました。

図 2.20　書き込みが正常終了したときの Arduino IDE のウインドウ

なお，今回 Arduino に書き込んだ adioes.pde の他にも，スケッチが用意されています。adio.pde は，基本的な IO だけを使う場合に使用したり，標準で用意されていない独自のセンサーなどを使用する際のカスタマイズ用として使用することができます。また，adioe.pde は，RC サーボは使わないこと

[4]第 8 章で説明する RoTH を使用すると，ここで転送するスケッチは消去されるので，再度転送が必要になります。

がわかっている時に使用できます。ただし，特別な理由がない場合には，先ほど転送した`adioes.pde`を使用するのが良いでしょう。

また，Arduinoでは，シールドと呼ばれる拡張ボードが使えますが，ArduinoIOは「Adafruit Motor/Stepper/Servo Shield」[5]に対応しています (図2.21)。このシールドがあれば，Arduino IO Libraryにある「DC Motor」や「Stepper Motor」ブロックが使用できます。ただし，その際は，モータシールドのバージョンに合わせて`motor_v1.pde`または`motor_v2.pde`を転送する必要があります。また，これらのスケッチをコンパイルするには，AFMotorライブラリのインストールも必要です。詳しくは，ArduinoIOのドキュメントを参照してください。

図2.21　Adafruit Motor/Stepper/Servo Shield for Arduino v2 Kit

[5]バージョン1 (`http://www.adafruit.com/products/81`) とバージョン2 (`https://www.adafruit.com/product/1438`) があり，現在はバージョン2のみ入手可能。

2.6　ブレッドボードの使い方

Arduino 単体では何もできませんので，Arduino の外側に電子回路を組む必要があります。普通，電子回路はプリント基板の上に部品をはんだ付けして作りますが，一度作ってしまった回路を変更するのは簡単ではありません。電子回路の試作など，電子回路をいろいろと試行錯誤するには図 2.22 に示すブレッドボードが便利です。

ブレッドボードには穴が多数開いていて，そこへ部品やケーブルを指して使います。ブレッドボードの配線に使うケーブルはジャンパワイヤと呼ばれ，先端がブレッドボードに刺しやすいように加工されています (図 2.23)。ブレッドボードの各穴は，図 2.24 に示すように内部で電気的に接続されています。ブレッドボードの両脇にある穴は横一列にすべてつながっていますので，電源の配線に使用すると便利です。また，ブレッドボードの中央部はつながっていませんので，ブレッドボードの上部と下部で別の回路が構成できます。各穴同士がどのようにつながっているかをよく考えながら回路を構成していきましょう。

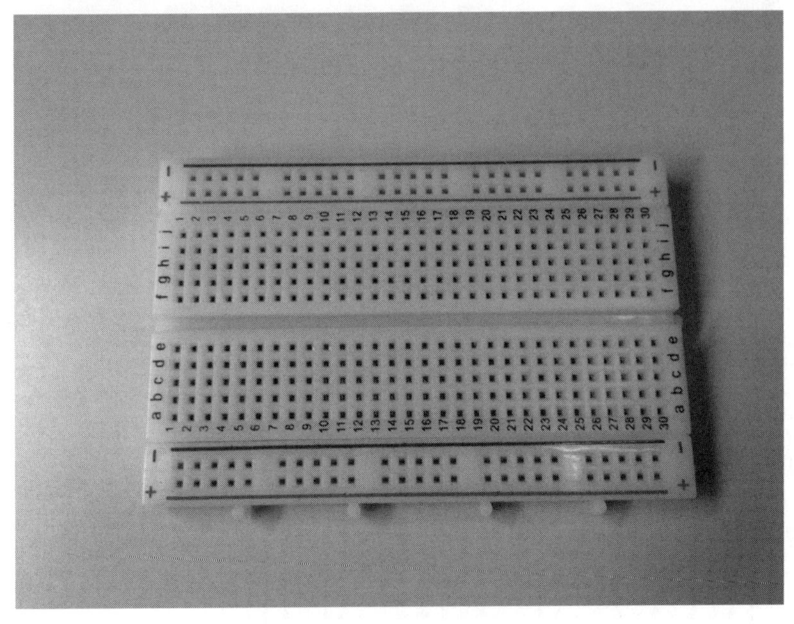

図 2.22　ブレッドボード

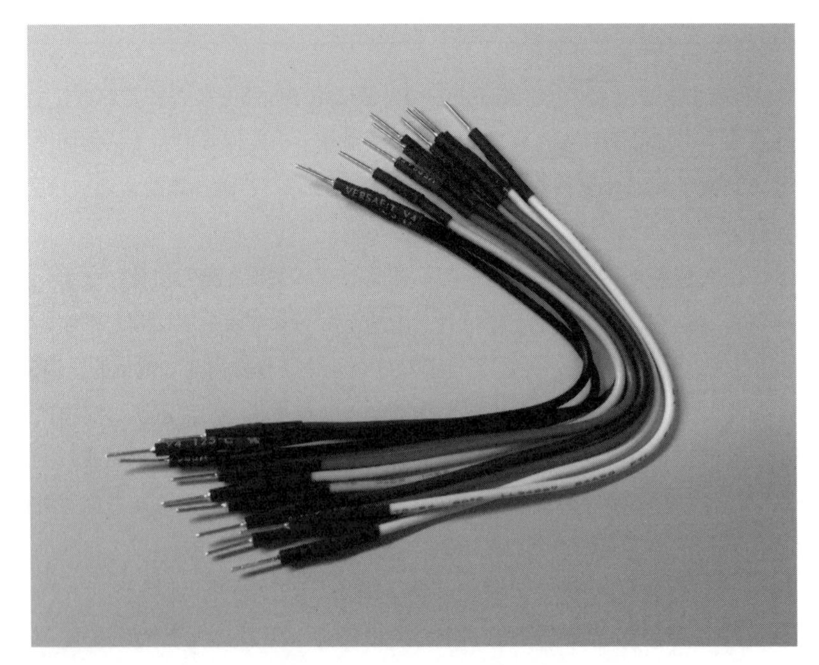

図 2.23　ジャンパワイヤ

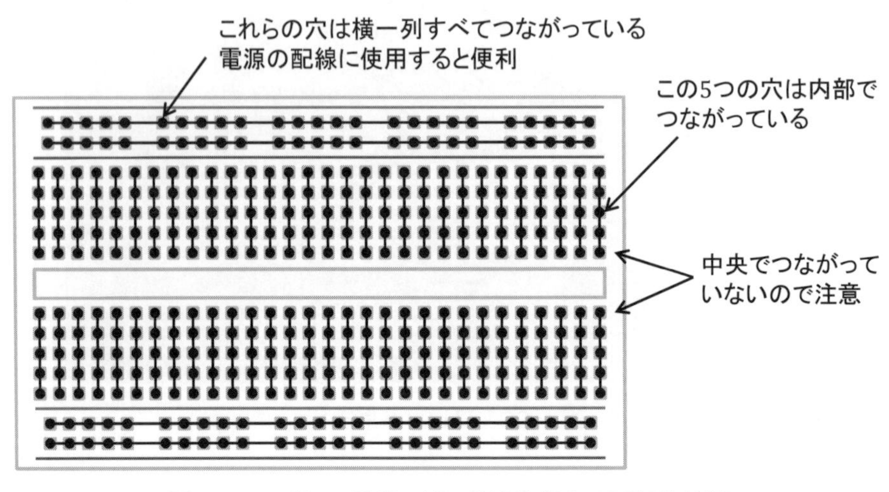

図 2.24　ブレッドボードにおける各穴の電気的接続

第 3 章

ArduinoIOを使おう

第3章　ArduinoIOを使おう

3.1　はじめに

ArduinoIOはMATLAB/SimulinkからArduinoのIO（Input/Output）を簡単に使うために開発されたライブラリです。ArduinoIOにより，Arduinoのプログラミングを行うことなく，MATLABコマンドやSimulinkからArduinoが使えます。Simulinkから使用する際も，Simulinkモデルをコンパイル&ダウンロードしてArduinoのボード上で実行するのではなく，Arduinoは単なるIOボードとして機能し，Simulinkモデルの計算はPC上で行われます。したがって，Simulinkのすべての機能を使うことができます。また，Simulinkが与えられたサンプリング周期で動作するように，Simulink上の時間と実際の時間を合わせるためのブロック「Real-Time Pacer」も用意されています。厳密なリアルタイム性は期待できないものの，サンプリング周波数があまり高くなければ，問題なく動作します。

以下では，ArduinoIOで取り扱うことのできる，ディジタル入出力，アナログ入出力，そして，RCサーボについて，MATLABとSimulinkの両方の使い方について説明します。なお，これらの他に，エンコーダを接続してそのカウント値を読み取ることができますが，今回，エンコーダを使った制御実験は行わないので，本書では割愛します。

3.2　出力インタフェースを使おう

■ 3.2.1　ディジタル出力をMATLABで使う

Arduinoのディジタル出力端子に**LED**（発光ダイオード）を接続して光らせてみましょう。まず，図3.1に示すように，LEDを510 Ωの抵抗を介してArduinoのディジタル出力の11番ピンに接続します。また，この回路をブレッドボードを使って配線する場合の実体配線図を図3.2に示しました。LEDは長さの異なる2本の足を持ち，長い方をアノード(A)，短い方をカソード(K)と呼びます。電流はアノードからカソードへのみ流れ，逆は流れませんので，接続の向きに注意します。また，LEDに直列につないだ抵抗は，電流が流れすぎてLEDが壊れてしまうのを防ぐためのもので，ディジタル出力の電圧が5 Vの場合，通常300〜600 Ωの抵抗を使います（コラム参照）。

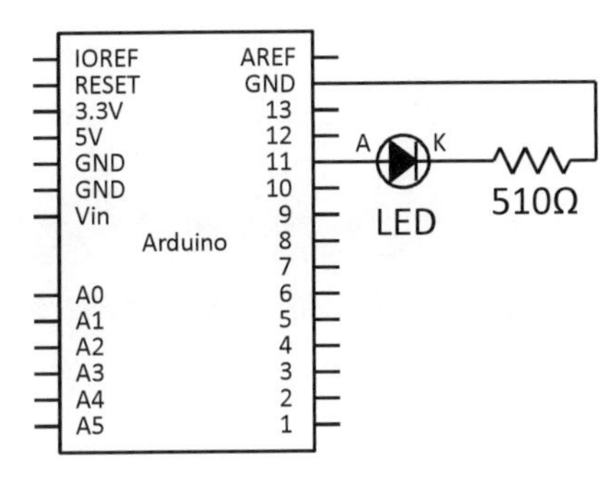

図 3.1　LED 点灯回路

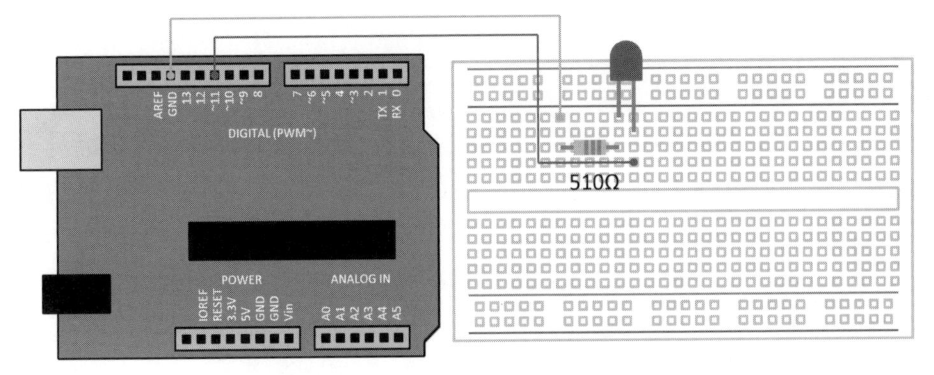

図 3.2　LED 点灯回路（実体配線図）

コラム LED につなぐ抵抗値の決め方

5 V のディジタル出力に LED を接続して光らせる場合，直列につなぐ抵抗の値は 300〜600 Ω にします。この値は，次のようにして決められます。通常，LED は 5〜10 mA 程度の電流を流すと光ります。このとき，LED の電圧降下はおよそ 2 V 程度になることが知られています。したがって，ディジタル出力が 5 V であれば，抵抗の電圧降下は $5-2=3$ V になるので，3 V で 5 mA 及び 10 mA 流れるための抵抗値はオームの法則から電圧を電流で割って

$$\frac{5-2}{0.005}=600\ \Omega,\quad \frac{5-2}{0.01}=300\ \Omega$$

となります。したがって，300〜600 Ω の間で，明るさを見ながら値を決めればよいでしょう。

以上の準備のもと，MATLAB のコマンドラインから LED を点灯させてみます。まず，Arduino が USB ポートに接続されていることを確認します。そして，次のコマンドにより，Arduino を初期化し，11 番ピンを出力モードに設定します。

実行 **3-1**

```
a = arduino('COM3');
a.pinMode(11,'output');
```

なお，1 行目の COM3 は Arduino が接続されているシリアルポートを表しています。インストール時に控えたシリアルポート番号に合わせてください。そして，次のようにすると LED が点灯します。

実行 3-2

```
a.digitalWrite(11,1);
```

a.digitalWrite(pin,out) において，pin はピン番号，out はディジタル出力を表していて，1 にすると 5 V が出力され，0 にすると 0 V が出力されます。したがって，次のようにすると LED は消えます。

実行 3-3

```
a.digitalWrite(11,0);
```

最後に，次のようにして終了します。

実行 3-4

```
delete(a)
```

なお，delete(a) によって，Arduino との接続に使用されているシリアルポートも開放されます。しかし，何かの都合によって，シリアルポートの開放ができなくなることがあります。基本的に MATLAB を再起動することによってこの問題は解決できますが，下記のコマンドにより強制的にシリアルポートを開放できる場合があります。例えば，COM3 を開放するには下記のようにします。

実行 3-5

```
delete(instrfind({'Port'},{'COM3'}));
```

また，MATLAB が使用している全てのシリアルポートを開放するには，下記のようにします。

実行 3-6

```
delete(instrfind('Type', 'serial'));
```

シリアルポートに関する問題が生じた場合には，MATLAB を再起動する前に，上記のコマンドを試してみると良いでしょう。

次に，LED を 1 秒おきに 10 回点滅させて見ましょう。コマンドラインから打ち込むのは大変なので，今回は m-file にします。プログラム 3-1 を led_blink.m というファイル名で作成して実行してみてください。LED が 10 回点滅を繰り返してプログラムは終了します。

プログラム **3-1** [led_blink.m]

```
1  %% led_blink.m
2  a = arduino('COM3');
3  a.pinMode(11,'output');
4  for i=1:10
5    a.digitalWrite(11,1);
6    pause(1);
7    a.digitalWrite(11,0);
8    pause(1);
9  end
10 delete(a);
```

pause(t) は時間 t 秒だけ何もせずに待つコマンドであり，t は実数が指定できます。例えば，pause(0.3) とすれば，0.3 秒間待つことができます。pause の時間をいろいろと変えて点滅の速さが実際に変わるかどうか試してみましょう。

■ 3.2.2 ディジタル出力を Simulink で使う

先ほどと同じ回路を使って Simulink から LED を点滅させてみましょう。ArduinoIO には図 3.3 に示すように，Simulink 用のライブラリが用意されています。このライブラリは Simulink ライブラリブラウザから"Arduino IO Library" を右クリックで開くか，MATLAB コマンドラインから arduino_io_lib と入力して開きます。

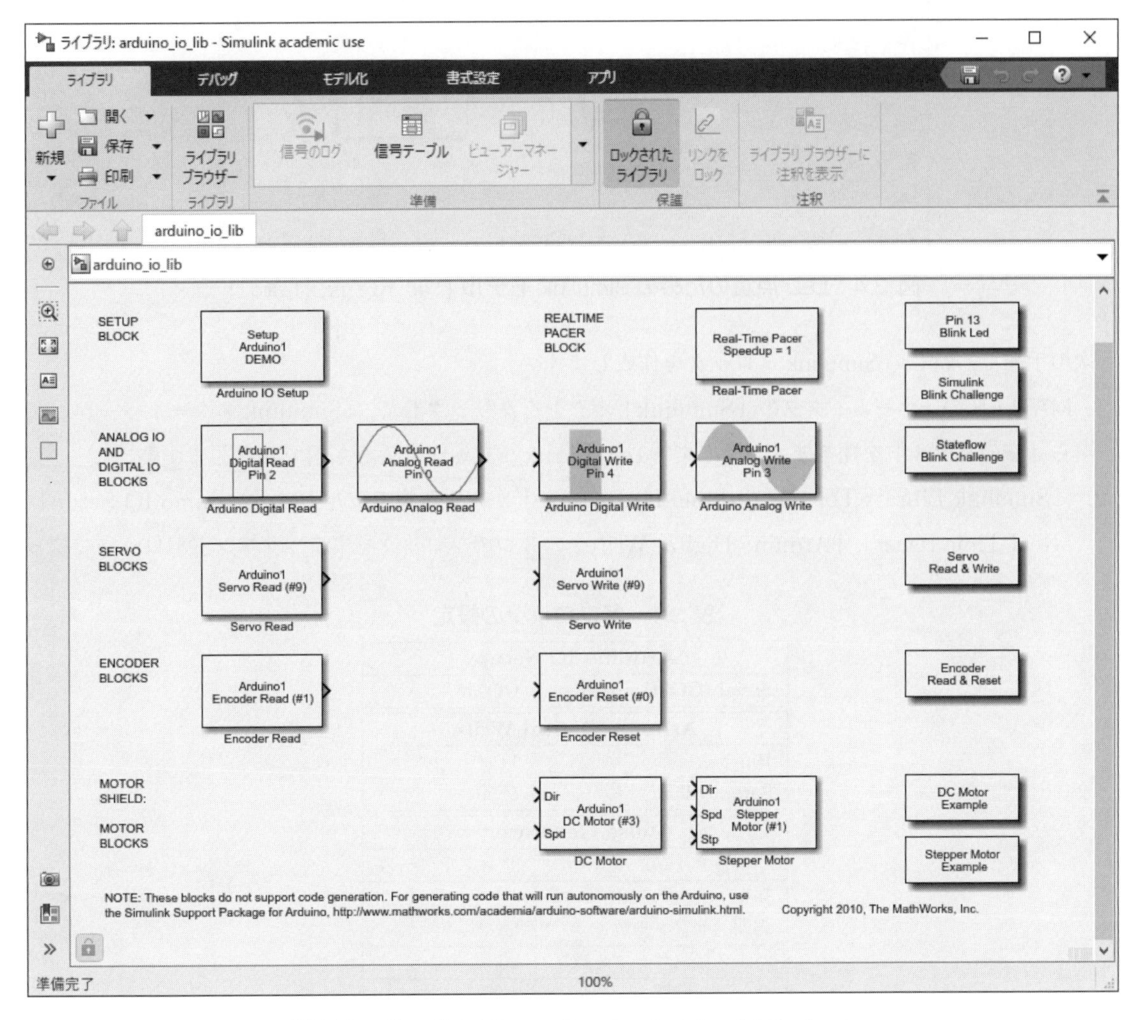

図 3.3 Simulink Library For the Arduino IO Package

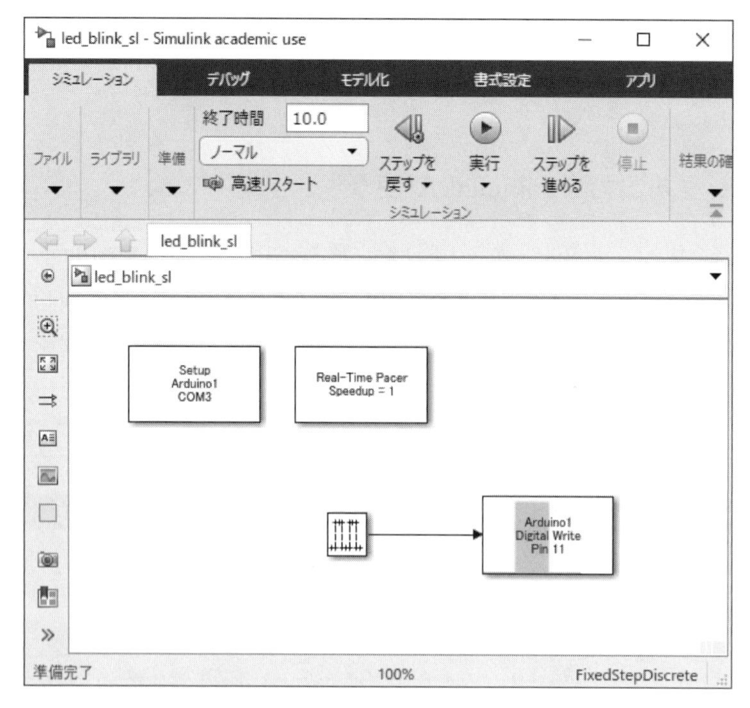

図 3.4　LED 点滅のための Simulink モデル [led_blink_sl.mdl]

次の手順で，新しい Simulink ブロックを作成します。

1. MATLAB の「ホーム」タブの「Simulink」ボタンをクリックして，「Simulink スタートページ」から「空のモデル」を開きます。そして，led_blink_sl.mdl という名前で保存します。
2. 「Simulink Library For the Arduino IO Package」から，新規モデル上に「Arduino IO Setup」，「Real-Time Pacer」，「Arduino Digital Write」の 3 つのブロックをドラッグアンドドロップで持っ

表 3.1　各ブロックの設定

Arduino IO Setup	
Serial (COM) port	COM3

Arduino Digital Write	
Pin	11
Sample Time	1/50

Pulse Generator	
パルスタイプ	サンプルベース
振幅	1
周期（サンプル数）	50
パルス幅（サンプル数）	25
サンプル時間	1/50

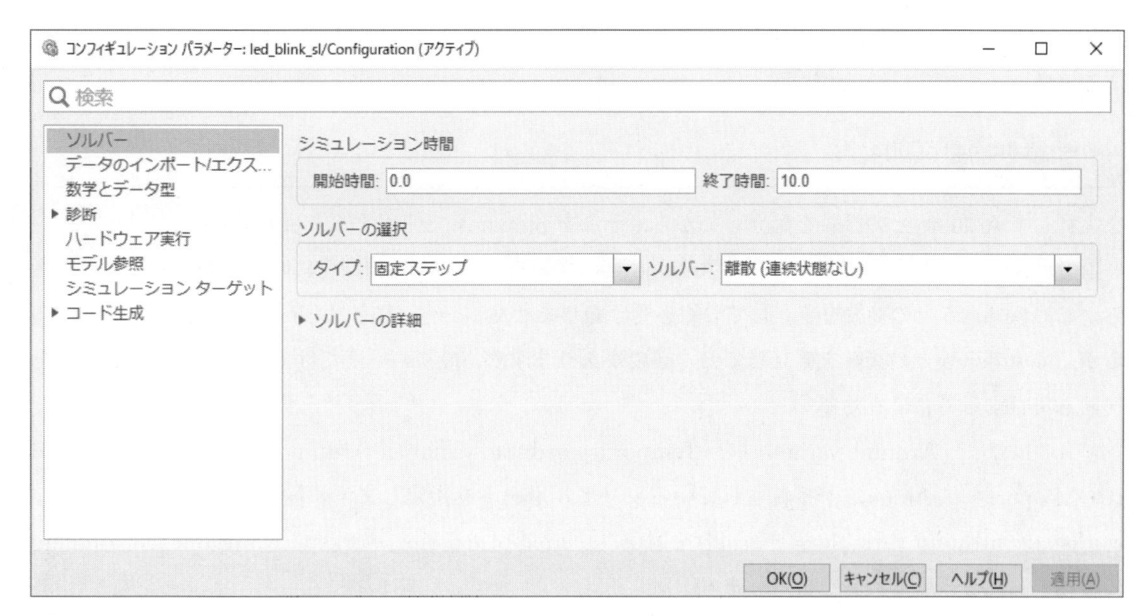

図 3.5　コンフィギュレーションパラメータの画面

てきます。さらに，Simulink の標準ライブラリである「Source」から「Pulse Generator」ブロックを持ってきます。そして，図 3.4 のように接続します。

3. 表 3.1 に従って，各ブロックのパラメータを設定します。なお，表に書かれていないパラメータはデフォルトのままにしておきます。また，「Serial (COM) port」については，自分の環境に合わせます。
4. 「モデル化」タブの「モデル設定」から「コンフィギュレーションパラメータ」を開き，左の選択画面で [ソルバー] をクリックしてソルバーの設定画面を開きます (図 3.5)。そして，表 3.2 に示すようにパラメータを設定します。

表 3.2　コンフィギュレーションパラメータの設定

シミュレーション時間	
開始時間	0.0
終了時間	10.0
ソルバーオプション	
タイプ	固定ステップ
ソルバー	離散（連続状態なし）

5. 「シミュレーション」タブから→中央に右三角印のある緑色の「実行」ボタンを押して実行します。

ここで，「Arduino IO Setup」ブロックの設定について説明しておきます。ArduinoIO を Simulink から使用する場合，二通りの方法があります。一つは，Simulink を実行した際に Arduino と接続を確立し，

Simulinkが停止すると同時にArduinoとの接続を切る方法，もう一つは，MATLABのコマンドライン，あるいはm-fileで

```
a = arduino('COM3');
```

を実行してArduinoとの接続を確立してから，それをSimulinkで使用する方法です。

前者は，Simulinkを実行するたびにArduinoとの接続を行うので，初期化に時間がかかりますが，あらかじめArduinoとの接続を確立しておく必要はありません。一方，後者はSimulinkを実行する前にあらかじめArduinoとの接続を確立しておく必要がありますが，最初の一度だけで済むので，Simulinkを何回も実行する場合に有効です。

前者の場合は,「Arduino variable」を「Temporary arduino variable: Arduino1～4」に設定し,「Serial (COM) port」にArduinoが接続されているシリアルポートを指定します。後者の場合は，「Existing workspace arduino variable #1～#4」を選び，「Name of existing workspace variable」にArduinoに接続をしたときの変数名を指定します。

他のIOブロックは「Arduino IO Setup」の設定に合わせます。複数のArduinoを同時に使用する場合は，「Arduino IO Setup」も複数用意して，ボードごとに設定を行います。各IOブロックが，どのArduinoの入出力ポートを使用するかについては，「Arduino Variable」によって設定します。

■ 3.2.3　アナログ出力をMATLABで使う

ディジタル出力は0 Vか5 Vのどちらかしか出力できないため，LEDは点灯するか消灯するかのどちらかになります。LEDの明るさを連続的に変化させたい場合は，アナログ出力を使います。ただし，Arduinoの場合，一般的なアナログ出力のように出力を0 Vから5 Vまで連続的に変化させることはできません。その代わり，ONとOFFの時間配分を変えることでアナログ出力を模擬します。この方法は，**PWM (Pulse Width Modulation)** と呼ばれ，図3.6に示すように1周期のうちに出力がONになっている時間t_{on}とOFFになっている時間t_{off}の比であるデューティ比（$t_{on}/(t_{on}+t_{off})\times 100$ %）を変化させます。なお，PWMの周波数（$f_{pwm}=1/(t_{on}+t_{off})$）はArduinoの場合約490 Hzです。

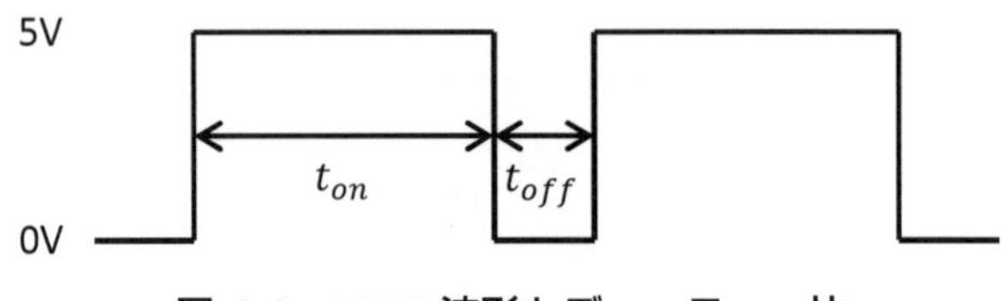

図 3.6　PWM 波形とデューティー比

Arduinoでは，すべてのディジタル出力端子がPWMに対応している訳ではなく，～（チルダ記号）が書かれている端子（3, 5, 6, 9, 10, 11ピン）のみがPWM出力に対応しています。例えば，11番ピン

にアナログ出力を行うには次のようにします。

実行 3-7

```
a.analogWrite(11,out);
```

ここで，out にはデューティ比（0〜100 %）を 0〜255 の整数値に換算して与えます。0 で出力 0（デューティ比 0 %に対応）になり，255 で出力が最大（デューティ比 100 %に対応）になります。

プログラム 3-2 を led_blink2.m というファイル名で作成し，実行してみましょう。LED がじわーっと点灯する動作が 10 回繰り返されます。

プログラム **3-2** [led_blink2.m]

```
1  %% led_blink2.m
2  a = arduino('COM3');
3  a.pinMode(11,'output');
4  for i=1:10
5      for j=0:255
6          a.analogWrite(11,j);
7      end
8  end
9  delete(a);
```

■ 3.2.4 アナログ出力を Simulink で使う

Simulink からアナログ出力を行うために,「Arduino Analog Write」というブロック が用意されています。これを用いて，図 3.7 に示す Simulink モデル led_blink2_sl.mdl を作成してください。「Arduino Analog Write」では 0〜255 の入力値を 0〜100 %のデューティ比に変換して指定したアナログピンに出力します。

明るさを正弦波状に変化させるために，「Source」ライブラリから「Sine Wave」ブロックを持ってきます。また，「Sine Wave」ブロックの出力を 0〜255 にスケーリングするために，「Math Operations」ライブラリから「Gain」ブロックを持ってきました。「Arduino Analog Write」と「Sine Wave」のパラメータ設定を表 3.3 にまとめました。なお，これ以外のブロックの設定と，コンフィギュレーションパラメータは，図 3.4 の Simulink モデルと同じにします。

以上の準備のもと，Simulink モデルを実行すると，LED の明るさがゆっくり変化する様子が観察できます。

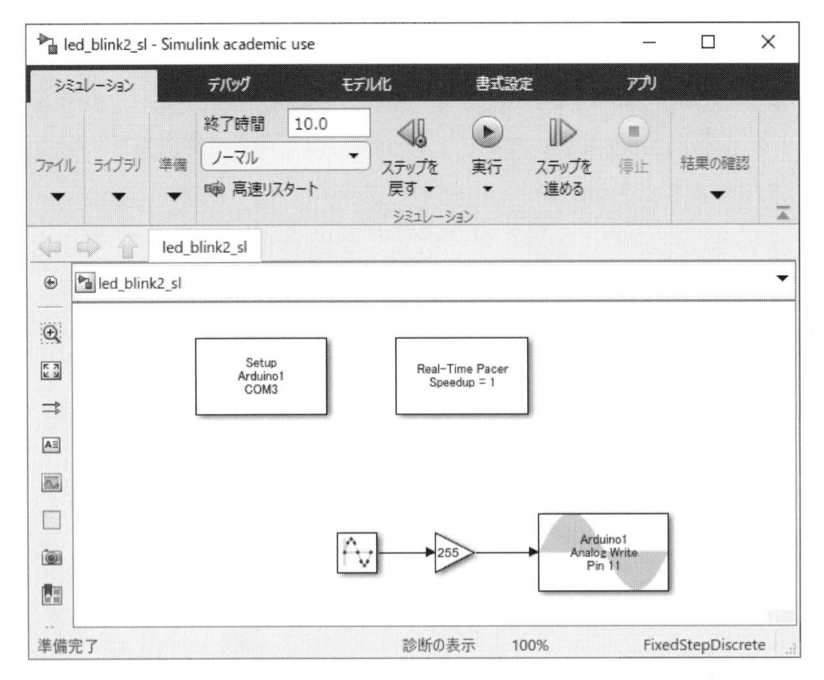

図 3.7 LED の明るさを変化させるための Simulink モデル [led_blink2_sl.mdl]

表 3.3 各ブロックの設定

Arduino Analog Write	
Pin	11
Sample Time	1/50

Sine Wave	
パルスタイプ	サンプルベース
振幅	0.5
バイアス	0.5
1 周期のサンプル数	50
サンプル時間	1/50

3.3　入力インタフェースを使おう

■ 3.3.1　ディジタル入力を MATLAB で使う

ディジタル入力はスイッチの ON/OFF を読み取るのに使います。スイッチは通常抵抗を使って図 3.8, 3.9 のようにつなぎます。この抵抗はプルアップ抵抗と呼ばれ，スイッチが OFF のときに，ディジタル入力端子の電圧が定まらないという問題が起こらないようにするためのものです。プルアップ抵抗があると，スイッチが OFF の時，ディジタル入力端子は 5 V になります。その理由は，ディジタル入力端子はほとんど電流が流れない（これを，ハイインピーダンスといいます）ように設計されているために，抵抗には電流が流れず，抵抗両端の電圧に差が生じないからです。

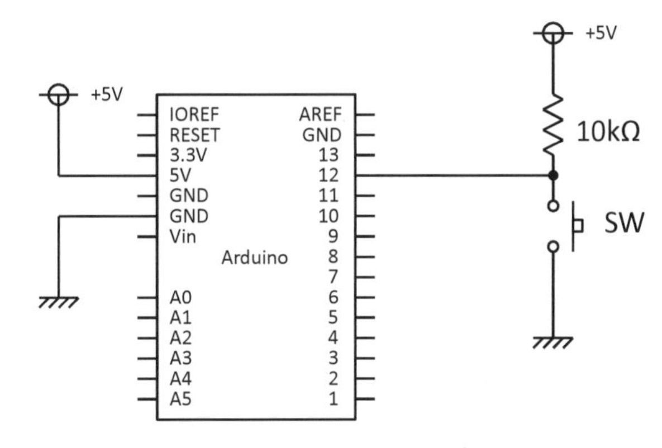

図 3.8　スイッチ回路

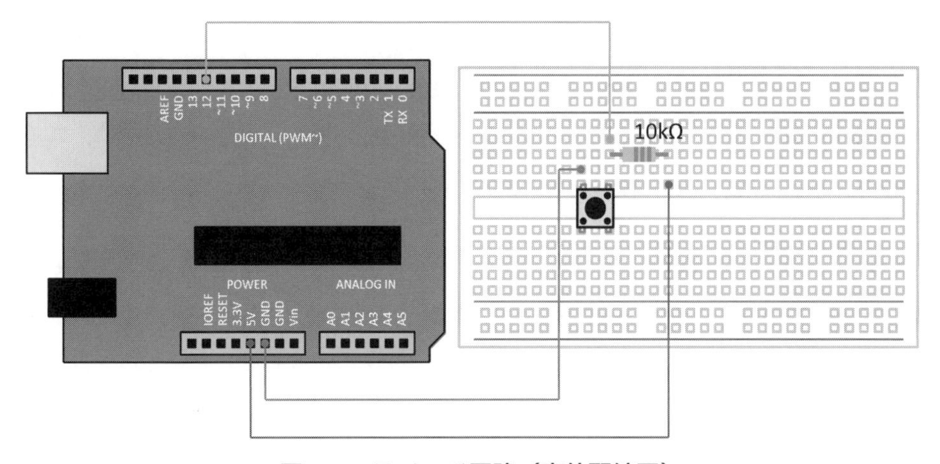

図 3.9　スイッチ回路（実体配線図）

したがって，スイッチがOFFの時，ディジタル端子はプルアップ抵抗によって5 Vとなり，スイッチがONになると，GNDに接続されて0 Vとなります。スイッチがONのとき，プルアップ抵抗を経由して電流が流れますが，通常プルアップ抵抗は10 kΩといった大きな抵抗値が選ばれるので，流れる電流はごく微少で問題になりません。

それでは，スイッチを押した回数をカウントするプログラムを作ってみましょう。次のプログラムをsw_count.mというファイル名で作成し，実行します。スイッチを押すたびごとにcの値が増えてゆき，10になると終了します。

プログラム **3-3** [sw_count.m]

```
1  %% sw_count.m
2  a = arduino('COM3');
3  pin = 12;
4  a.pinMode(pin,'input');
5  c = 0; % counter
6  s = 0; % state
7  while(c < 10)
8      din = a.digitalRead(pin);
9      if (din == 0 && s == 0)
10         c = c + 1;
11         fprintf('c = %d\n',c);
12         s = 1;
13     end
14     if (din == 1 && s == 1)
15         s = 0;
16     end
17 end
18 delete(a);
```

12番ピンのディジタル端子の状態は次の関数を使って読んでいます。

実行 **3-8**

```
a.digitalRead(12);
```

端子電圧が5 Vの場合は1，0 Vの場合は0が返されます。実際には，ある閾値が設定されていて，その電圧よりも高ければ1，低ければ0が返されるようになっています。今回の回路では，スイッチが押されていないときは，プルアップ抵抗により5 Vが入力されているので，1が返され，スイッチを押すと0 Vになり，0が返されます。

なお，プログラム3-3では，スイッチが押された回数を正しくカウントするための工夫がされています。単純に，dinが0の時にカウンタcの値を増やすようにすると，スイッチを押している間にcの値がどんどん増えていってしまいます。そこで，スイッチがOFFからONに変化したときだけカウンタを増やすようにしています。そのために使われている変数がsです。sは，前回のスイッチの状態（0でOFF，1でON）を記憶していて，sが0（前回はスイッチが押されていない）で，dinが0（現在はスイッチが押されている）の時だけカウンタを増やすようになっています。

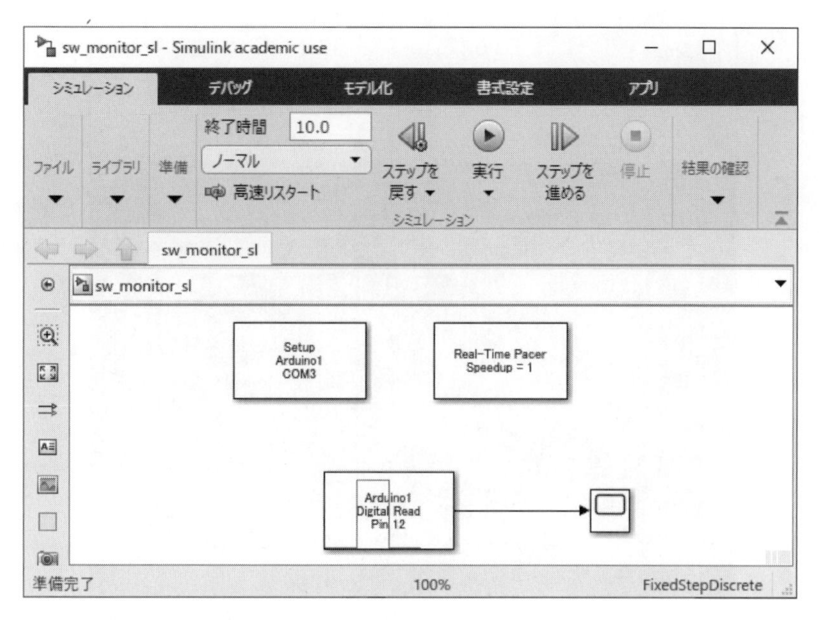

図 3.10　ディジタル入力をスコープに表示する Simulink モデル [sw_monitor_sl.mdl]

■3.3.2　ディジタル入力を Simulink で使う

Simulink からディジタル入力を使うためのブロックとして，「Arduino Digital Read」が用意されています。これを用いて，図 3.10 に示す Simulink モデル sw_monitor_sl.mdl を作成しましょう。「Scope」は信号をグラフ表示するためのもので「Sinks」ライブラリにあります。「Arduino Digital Read」ブロックの設定を表 3.4 にまとめました。実行結果の一例を図 3.11 に示します。SW を離している状態で 1，SW を押した状態で 0 が出力されます。

表 3.4　ブロックの設定

Arduino Digital Read	
Pin	12
Sample Time	1/50

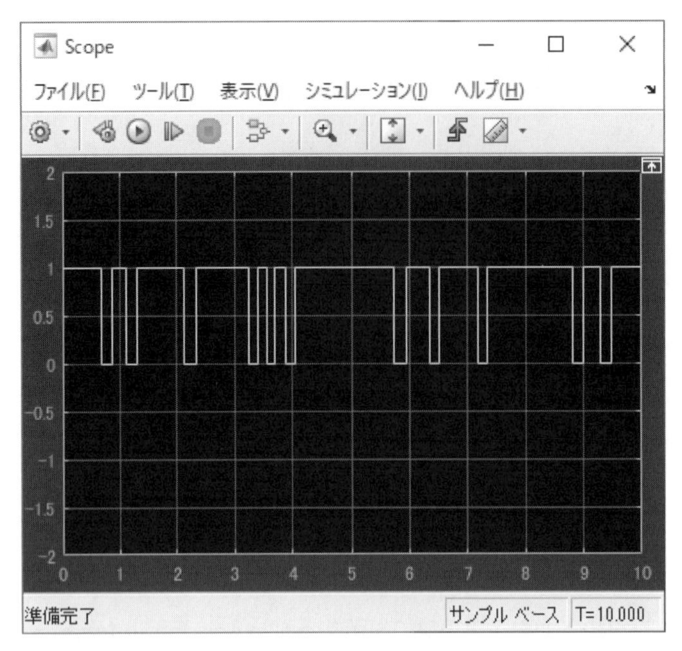

図 3.11　実行結果

■ 3.3.3　アナログ入力を MATLAB で使う

スイッチの ON/OFF ではなく，連続的に変化する電圧の値を読むためには，アナログ入力を使います。Arduino では A0 から A5 まで，6 チャンネルのアナログ入力端子があります。これらは，10 ビットの分解能を持っており，入力電圧は 0〜1023 の値に変換されて読み込まれます。このとき，最大値 1023 を返す時の電圧を基準電圧とよび，Arduino では表 3.5 に示すように 3 つのモードを持っています。設定を変更していなければ default モードになっており，電源電圧（5 V）が基準電圧となります。なお，external モードを利用する際は，AREF 端子へ基準電圧を供給する回路が適切に構成されていないと，Arduino を壊してしまうことがあるので注意が必要です。

表 3.5　基準電圧

モード名	説明
default	電源電圧（5V）を使用（デフォルト）
internal	内蔵基準電圧を使用（Uno の場合 1.1V）
external	AREF 端子に供給される電圧（0〜5V）を使用

アナログ入力を試すために，可変抵抗器（ポテンショメータ）を使った図 3.12 の回路を作成しましょう。この実体配線図を図 3.13 に示します。図に示すように，可変抵抗器には端子が三つあり，端子 1 と 3 の間に電圧を加えます。すると，端子 2 からつまみの角度に比例した電圧が取り出せます。これを，

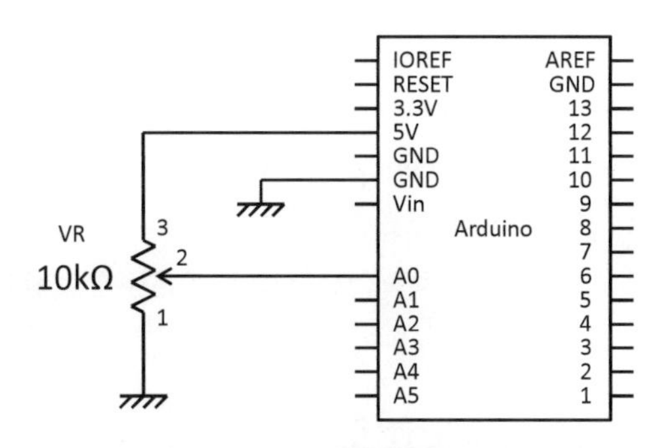

図 3.12　可変抵抗器回路

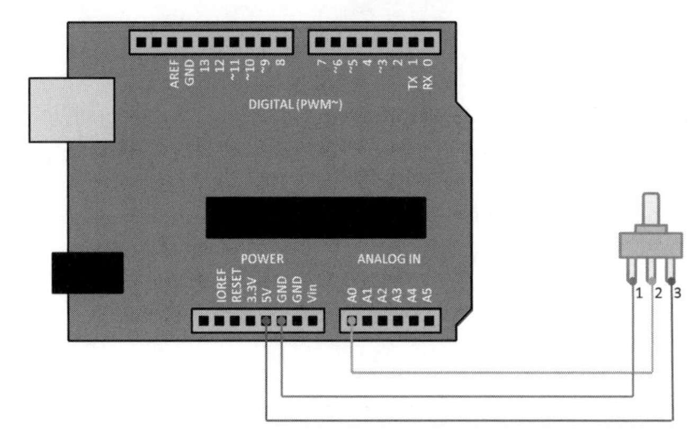

図 3.13　可変抵抗器回路（実体配線図）

Arduino の A0 に接続して電圧を読み取ってみましょう。次の MATLAB コマンドを入力すると A0 の電圧が 0〜1023 の値に変換されて表示されます。

実行 **3-9**

```
a.analogRead(0);
```

次に，0.5 秒おきに A0 の電圧を読み取って画面に表示するプログラムを作ってみます。プログラム 3-4 を a_read.m というファイル名で作成し，実行してみましょう。実行中に可変抵抗器のつまみを回転させて電圧を変化させ，表示される電圧が変わることを確認してください。

プログラム **3-4** [a_read.m]

```
1  %% a_read.m
2  a = arduino('COM3');
3  a.analogReference('default')
4  tic
5  while(toc<10)
6      ain = a.analogRead(0)*(5/1023);
7      fprintf('Voltage = %f\n',ain)
8      pause(0.5);
9  end
```

```
10  delete(a);
```

プログラム3-4において，a.analogReferenceは基準電圧を選択するコマンドです。表3.5のモード名が指定できます。ここでは，デフォルトのままにしています。ticはMATLABのタイマの初期化，tocはタイマの値を読むコマンドです。タイマを使い，10秒間電圧を表示したあとに自動終了するようにしています。

■3.3.4　アナログ入力をSimulinkで使う

Simulinkからアナログ入力を使うためのブロックとして，「Arduino Analog Read」が用意されています。このブロックは，読み取った0～5 Vの電圧を0～1023の値に変換して出力します。「ディジタル入力をSimulinkで使う」で作成したsw_monitor_sl.mdlの「Arduino Digital Read」ブロックを「Arduino Analog Read」ブロックで置き換えて，a_read_sl.mdlというファイル名で保存しましょう。

表3.6　ブロックの設定

Arduino Digital Read	
Pin	0
Sample Time	1/50

そして，「Arduino Analog Read」ブロックの設定を表3.6に従って変更し，再度保存します。それ以外の設定はsw_monitor_sl.mdlと同じにします。作成したSimulinkモデルを図3.14に示します。また，実行結果の一例を図3.15に示します。

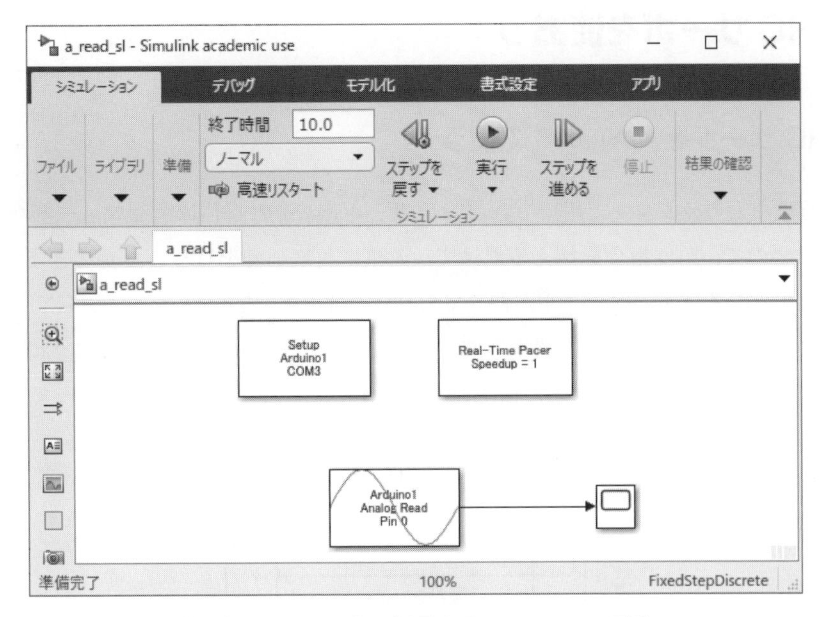

図 3.14　アナログ入力をスコープに表示する Simulink モデル [a_read_sl.mdl]

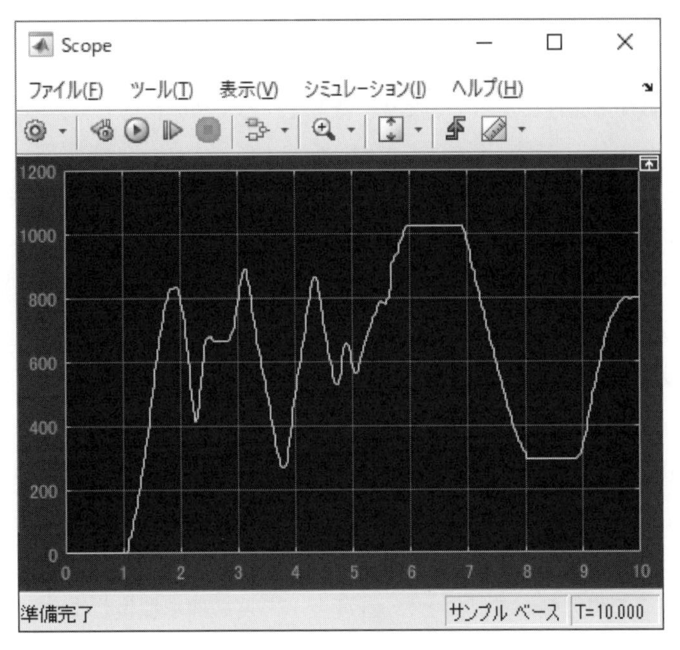

図 3.15　実行結果

3.4 RC サーボを使おう

■ 3.4.1 RC サーボを MATLAB で使う

自動車や飛行機などのラジコンで用いられる**RC** サーボは，それ自体に角度フィードバック制御機構が備わっていますので，角度指令を与えるだけで，簡単に角度制御を行うことができます。通常，RC サーボからは色の異なる 3 本のケーブルが伸びており，それぞれ，信号線，+5 V，GND に対応しています。線の色と意味はメーカによって異なりますので，必ず調べてから使用するようにしてください。例えば，Futaba 製の RC サーボの場合，白が信号線，赤が+5 V，黒が GND になっています。

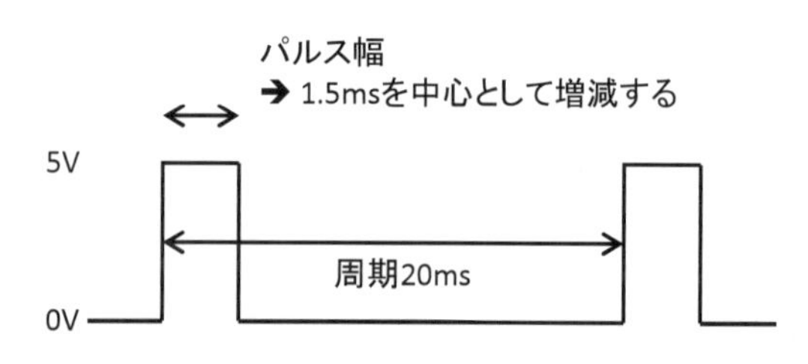

図 3.16 RC サーボを駆動するための PWM 信号

RC サーボを動かすためには，+5 V と GND の間に+5 V の電源をつなぎ，信号線に特殊な PWM 信号を加えます。多くの RC サーボでは，図 3.16 に示すように，20 ms 周期の PWM 信号のパルス幅が 1.5 ms を中心に増減するようになっています。そして，パルス幅に応じて，RC サーボの軸の角度が制御されます。

それでは，図 3.17 に示す回路を構成しましょう。その実体配線図を図 3.18 に示します。この回路図では，RC サーボへの電源は Arduino から取るのではなく，外部に電源（この場合，単三の乾電池 3 本で 4.5 V）を用意しています。これは，RC サーボの起動時や大きな負荷がかかった際に，大きな電流が流れて電源電圧が下がり Arduino が誤動作するのを防ぐためです。極力外部電源に接続するのが良いでしょう。ただし，その場合でも，図 3.17 の回路図に示すように，Arduino の GND と外部電源の GND を忘れずに接続してください。

ArduinoIO では，RC サーボを駆動するための関数と Simulink ブロックが用意されており，PWM 出力可能なディジタル出力端子（3, 5, 6, 9, 10, 11 ピン）に接続された RC サーボを制御できます[1]。

それでは，プログラム 3-5 を作成し，`rc_servo.m` というファイル名で保存した後に実行してください。すると，RC サーボの出力軸が 1 秒ごとに 45 度と 135 度の間を往復します。

[1]古いバージョンの ArduinoIO ではディジタル出力端子の 9, 10 ピンに接続された二つの RC サーボしか使えませんでした。現在のバージョンでは，そのような制約はないようです。

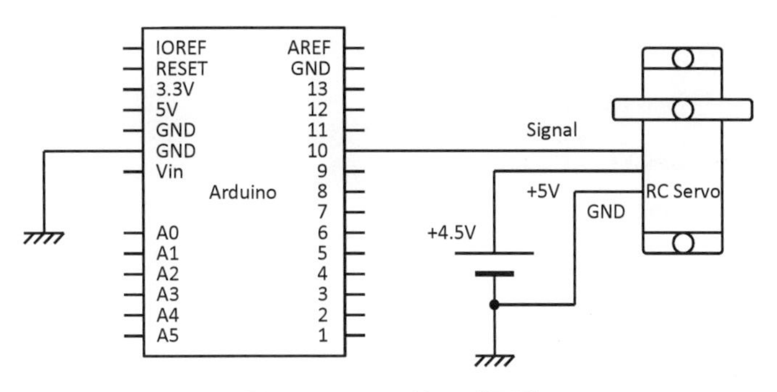

図 3.17　RC サーボ回路

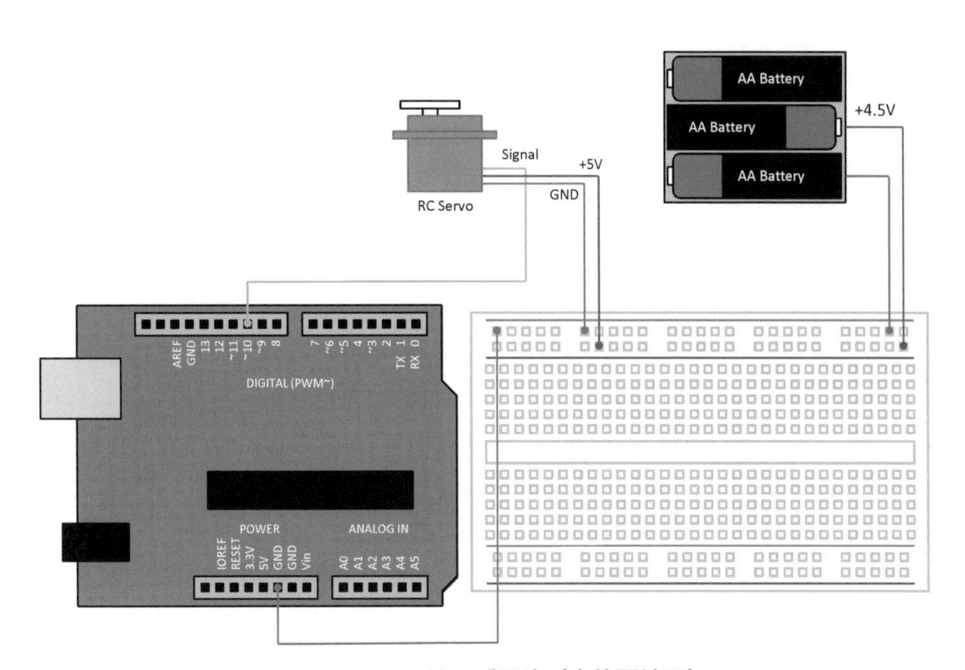

図 3.18　RC サーボ回路（実体配線図）

プログラム 3-5 [rc_servo.m]

```
1  %% rc_servo.m
2  a = arduino('COM3');
3  a.servoAttach(10);
4  a.servoWrite(10,90);
5  disp('90')
6  pause(2);
7  for i=1:5
8      a.servoWrite(10,90+45);
9      disp('90+45')
10     pause(1);
11     a.servoWrite(10,90-45);
12     disp('90-45')
13     pause(1);
14 end
15 a.servoWrite(10,90);
16 disp('90')
17 pause(2);
18 a.servoDetach(10);
19 delete(a);
```

3行目の`a.servoAttach(n)`はサーボを使用する前に必ず実行するコマンドであり，`n`はRCサーボが接続されたディジタル出力端子のピン番号を指定します。`a.servoWrite(n,theta)`がRCサーボへ角度指令値を送る命令です。`n`がディジタル出力端子のピン番号，`theta`が指令角度（度）になります。ただし，指定角度は整数値でなければなりません。

なお，RCサーボによっては，0度付近や180度付近の指令角度を与えると誤動作する場合があるようです。できるだけ，90度を中心として，使用するRCサーボの可動範囲の指令角度を与えるようにしてください。

■ 3.4.2 RCサーボをSimulinkで使う

SimulinkからRCサーボを使うためのブロックとして「Servo Write」が用意されています。このブロックに，0〜180度までの値を入力すると，RCサーボの出力軸がその角度に追従します。

それでは，LEDの明るさを変化させるために作成した図3.7のSimulinkモデルを別のファイル名`rc_servo_sl.mdl`で保存し，「Arduino Analog Write」を「Servo Write」に置き換え，「Gain」ブロックを削除して「Sine Wave」と「Servo Write」を直接接続します。そして，「Sine Wave」と「Servo Write」のパラメータを表3.7に従って変更し，再度保存します。すると，図3.19に示すSimulinkモデルができていると思います。これを実行すると，RCサーボの出力軸が45度と135度の間を往復する様子が確認できるはずです。

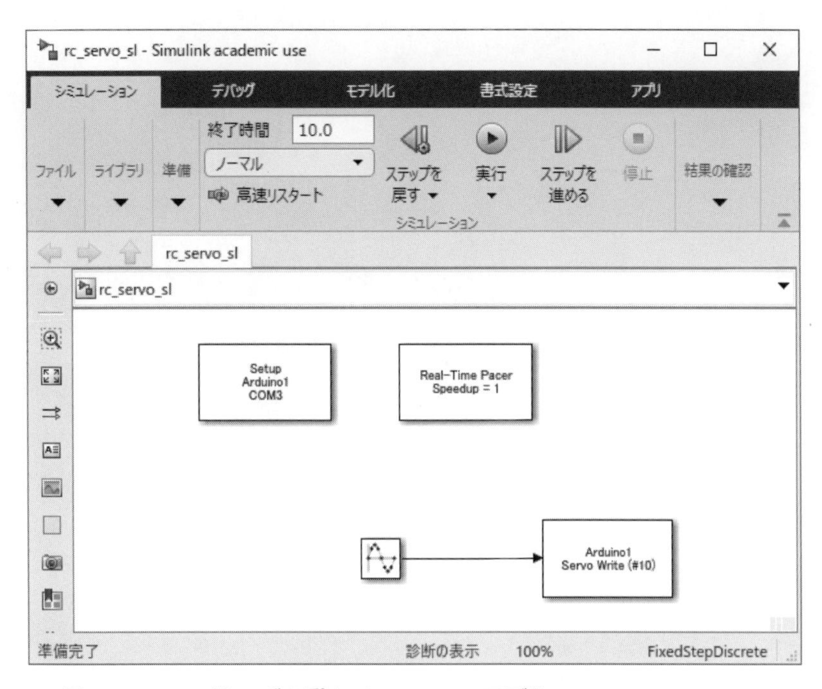

図 3.19　RC サーボを動かす Simulink モデル [rc_servo_sl.mdl]

表 3.7　ブロックの設定

Sine Wave	
振幅	45
バイアス	90
Arduino Servo Write	
Pin #	10
Sample Time	1/50

第 4 章

モータの速度制御実験をしよう

第4章　モータの速度制御実験をしよう

4.1　はじめに

モータの速度制御系は，モータへの印加電圧から回転速度までの伝達関数が1次遅れシステムと呼ばれるもっとも基本的な伝達関数になっていて，制御の基本を学ぶのに適しています。本章では，モータの速度制御系を題材に，制御のいろはを学びます。

図 4.1　モータの速度制御実験装置

本章では，図 4.1 に示すように，二つのモータ軸をつないだ実験装置を使います。一方のモータは電圧を加えて回転させ，動力源として使います。もう一方のモータは回転速度を検出するためのセンサとして使います。通常，回転速度の検出にはタコメータと呼ばれる回転計が用いられますが，その原理は

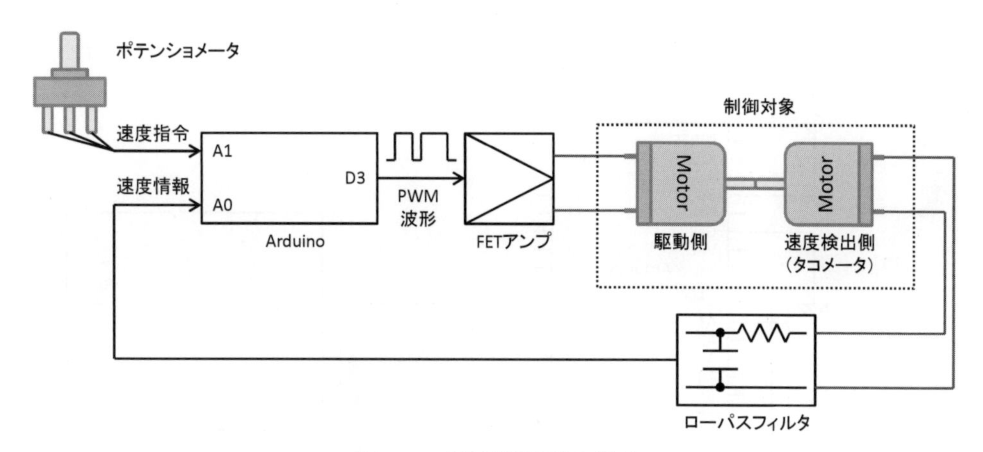

図 4.2　速度制御系の構成

DC モータと同じで，回転速度に比例した電圧が出力されます。もちろん，DC モータをタコメータの代わりに使った場合は，速度の検出精度が劣りますが，制御理論の学習に使うのであれば十分でしょう。以下では，速度検出用の DC モータをタコメータと呼びます。

4.2　実験装置

実験装置は図 4.2 に示す構成になっています。アナログ出力 D3 から出力された PWM 波形で **FET**（電界効果トランジスタ）を ON/OFF スイッチングし，その電圧でモータを駆動します。今回，回路を簡単にするため，回転方向は一方向のみとしています。一方，タコメータの出力は，ノイズを除去するための **RC** ローパスフィルタを経由して，アナログ入力の A0 に接続されます。また，速度指令を外部から与えられるように，ポテンショメータの出力をアナログポートの A1 に接続しています。

回路図を図 4.3 に示します。本回路図において，FET には 2SK4017 を，ダイオードには 1N4001 を使用しました。FET とダイオードのピン配置を図 4.4 に示します。また，モータとタコメータにはマブチモータ製 FA-130RA-2270 を使用しました。実体配線図を図 4.5 に示します。回路図及び実体配線図を参考に，慎重に回路を配線してください。なお，モータ端子に接続された 0.1 μF のセラミックコンデンサは，モータが発生するノイズを除去するためのものなので，はんだ付けができる人は，モータ端子に直接接続するのがよいでしょう。

それでは，動作確認のためにモータを駆動し，タコメータの電圧がどのように変化するかを見てみましょう。そこで，テスト用の Simulink モデル velo_test.mdl を開きます（図 4.6）。このモデルでは，ポテンショメータの電圧をアナログ入力の A1 で読み取り，それを，0〜5 V の電圧に変換して駆動用モータへ出力（ディジタル出力の 3 番ピン）します。「Arduino Analog Read 1, 2」と「Arduino Analog Write」の設定（デフォルトとは異なるもののみ）を表 4.1 にまとめました。

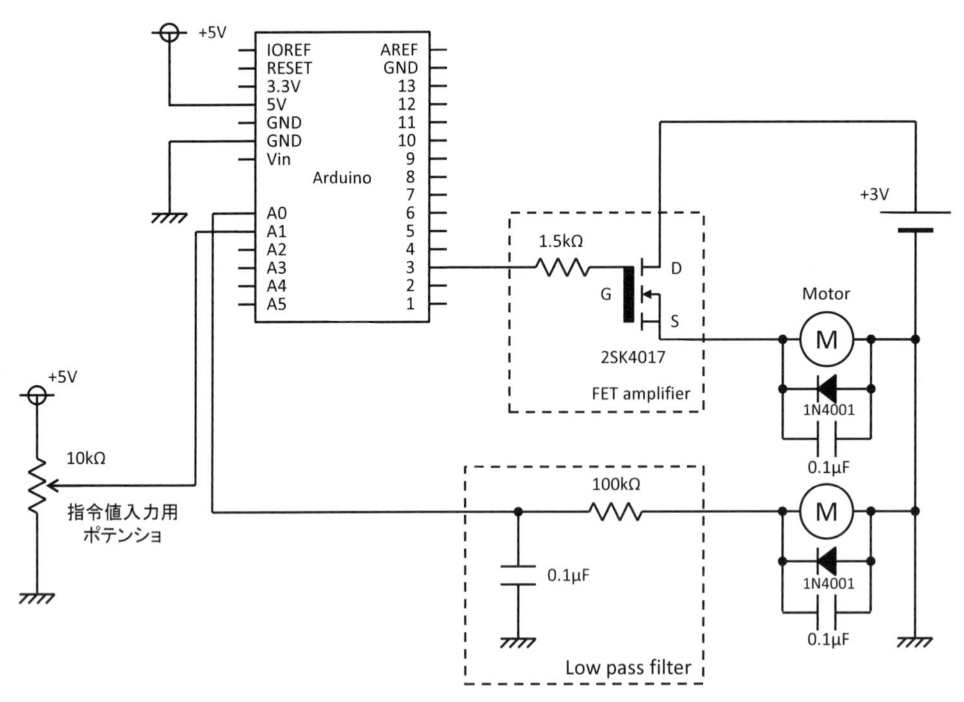

図 4.3　速度制御系の回路図

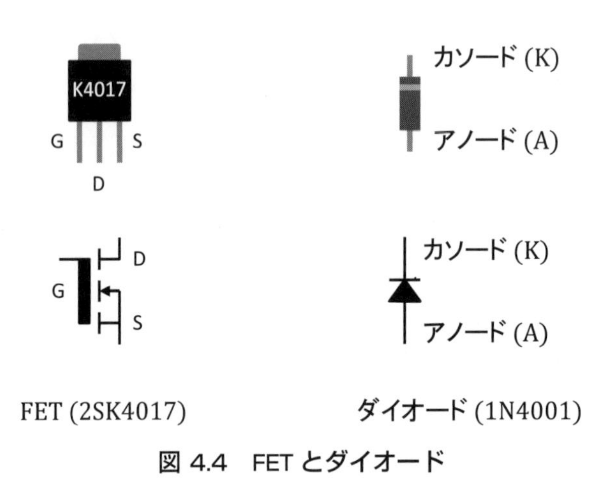

図 4.4　FET とダイオード

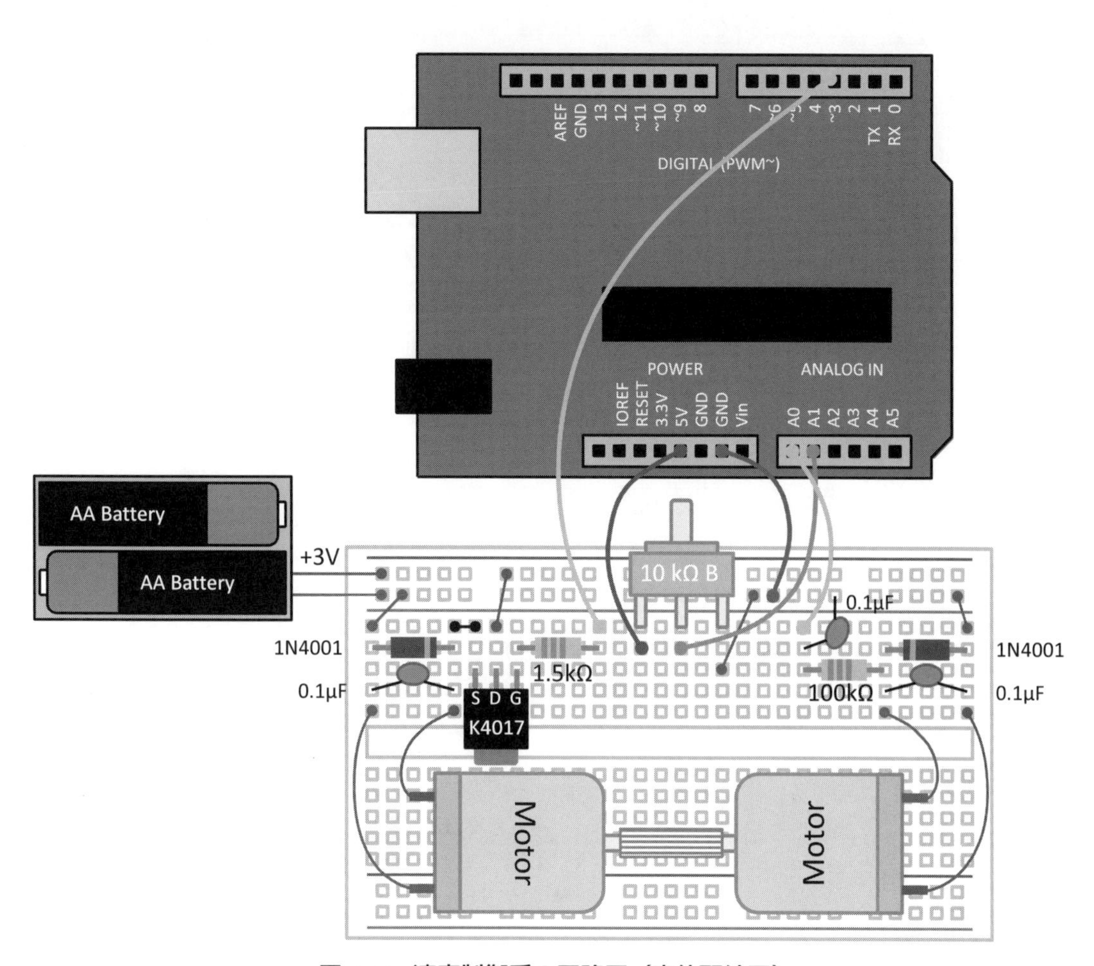

図 4.5　速度制御系の回路図（実体配線図）

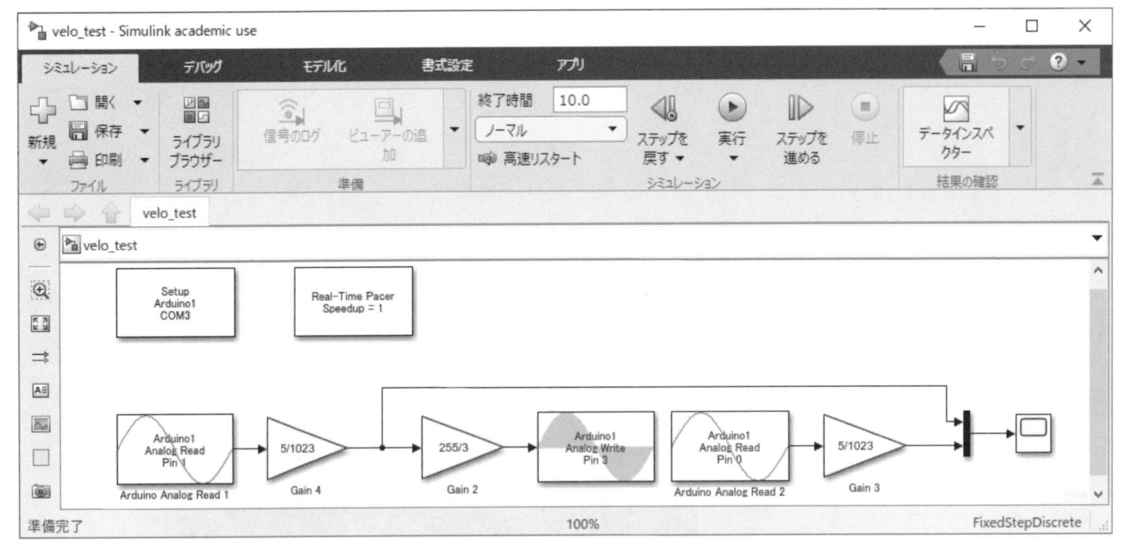

図 4.6　モータの動作テスト用 Simulink モデル [velo_test.mdl]

表 4.1　各ブロックの設定

Arduino Analog Read 1		
Pin	1	ポテンショメータの電圧を読み取る
Sample Time	ts	
Arduino Analog Read 2		
Pin	0	タコメータの出力電圧を読み取る
Sample Time	ts	
Arduino Analog Write		
Pin	3	駆動用モータへの PWM 出力
Sample Time	ts	

サンプリング周期は，変数 ts で定義しています。そのため，MATLAB のコマンドラインで ts の値をあらかじめ次のように設定しておいてください。

実行 4-1

```
ts = 1/50
```

なお，使用する PC の能力によっては，50 Hz のサンプリング周波数は速すぎるかもしれません。PC の処理が追いつかない場合は，Simulink モデルを実行した際に，実際の時間よりも長くかかることからわかります。その場合は，サンプリング周波数を少し落とすなどしてください。ゲインブロック「Gain 1, 2, 3」はアナログ入出力値と実際の電圧を一致させるためのもので，それぞれ，5/1023, 255/3, 5/1023 に設定しています[1]

[1] これらの値は，Arduino の電源電圧を 5V，モータ駆動用電源の電圧を 3V と仮定したものです。モータ駆動電圧は，電池の状況（新品か使用済みか）によって変動するので，実測した値を使うという考え方もあります。

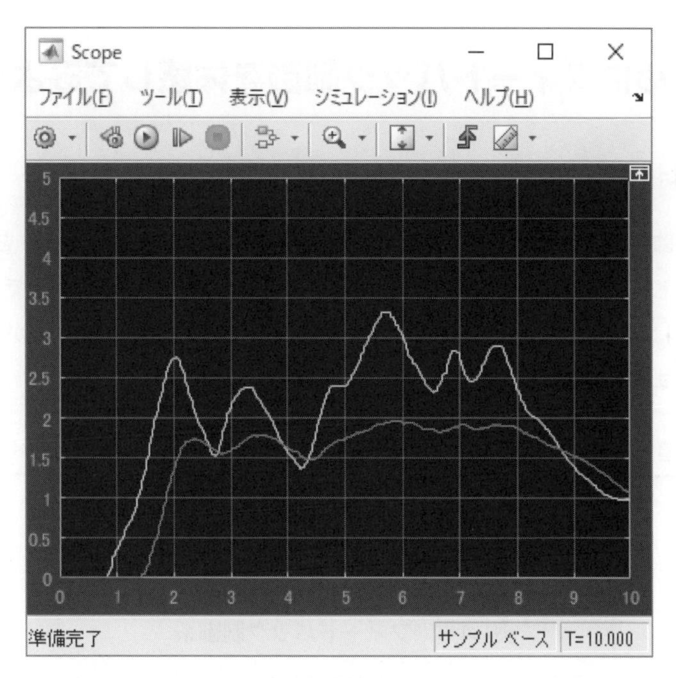

図 4.7　モータへの印加電圧とタコメータ出力電圧

では，実際に動作させてみましょう。ポテンショメータをゆっくり回して速度が変化することを確認しましょう。スコープに表示される出力波形の一例を図 4.7 に示します。

なお，スコープにタコメータの出力が表示されない場合は，タコメータの回転が逆方向のため，負の電圧が出力されている可能性があります。ただし，Arduino に負の電圧が加わってしまうと，Arduino を壊してしまう恐れがありますので，この回路図では，タコメータの端子間に接続された保護用ダイオードに電流が流れ，Arduino には負の電圧がかからないようになっています。

モータが回転しているのにもかかわらず，タコメータの出力が 0V のまま変化しない場合は，タコメータの 2 本の出力線を逆にしてみてください。

4.3 はじめにフィードバック制御を体感してみよう

4.3.1 まずは最も基本の比例制御から

フィードバック制御は，図 4.8 に示すように，出力をセンサなどで観測し，それを目標値と比較して，その差（偏差）に応じて制御入力を決めるという動作を連続的に行うことで実現できます。偏差から制御入力を決める部分は補償器あるいは制御器と呼ばれ，ここをいかに設計するかが，制御系設計のもっとも重要な点となります。

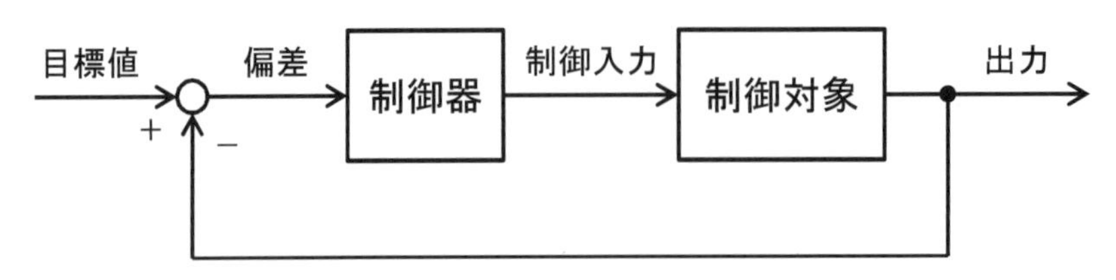

図 4.8 フィードバック制御系

もっともシンプルな制御器は比例制御器です。比例は英語で proportional なので，その頭文字をとって **P** 制御とも呼ばれます。それでは，比例制御器の Simulink モデル `velo_p.mdl` [2]を開きます（図 4.9）。Simulink モデルがだんだん複雑になってきましたので，駆動モータとタコメータの部分は制御対象としてサブシステム化しています。サブシステム化の手順は，対象とする複数のブロックを選択し，操作バーから [サブシステムの作成] を選びます。すると，選択部分が一つのサブシステムとなります。このようにしてサブシステム化したモータ部分の Simulink ブロックを図 4.10 に示します。

また，目標値は，ポテンショメータのつまみをまわして，外部から手動で与えられることの他に，ステップ入力を自動的に与えられるようにしています。ステップ入力の生成部は，「Pulse Generator」とオフセット値を与える「Constant」ブロックから成っています。「Pulse Generator」の設定値を表 4.2 にまとめました。また，「Constant」ブロックに与えるオフセット値は 1 としています。

表 4.2 「Pulse Generator」の設定

Pulse Generator		
パルスタイプ	サンプルベース	
振幅	0.5	
周期（サンプル数）	`4/ts`	整数値になるように注意
パルス幅（サンプル数）	`2/ts`	同上
サンプル時間	`ts`	

[2] これ以降，Simulink モデルや m-file は，本書のダウンロードサイトからダウンロードしたファイルを使用することを前提に説明します。

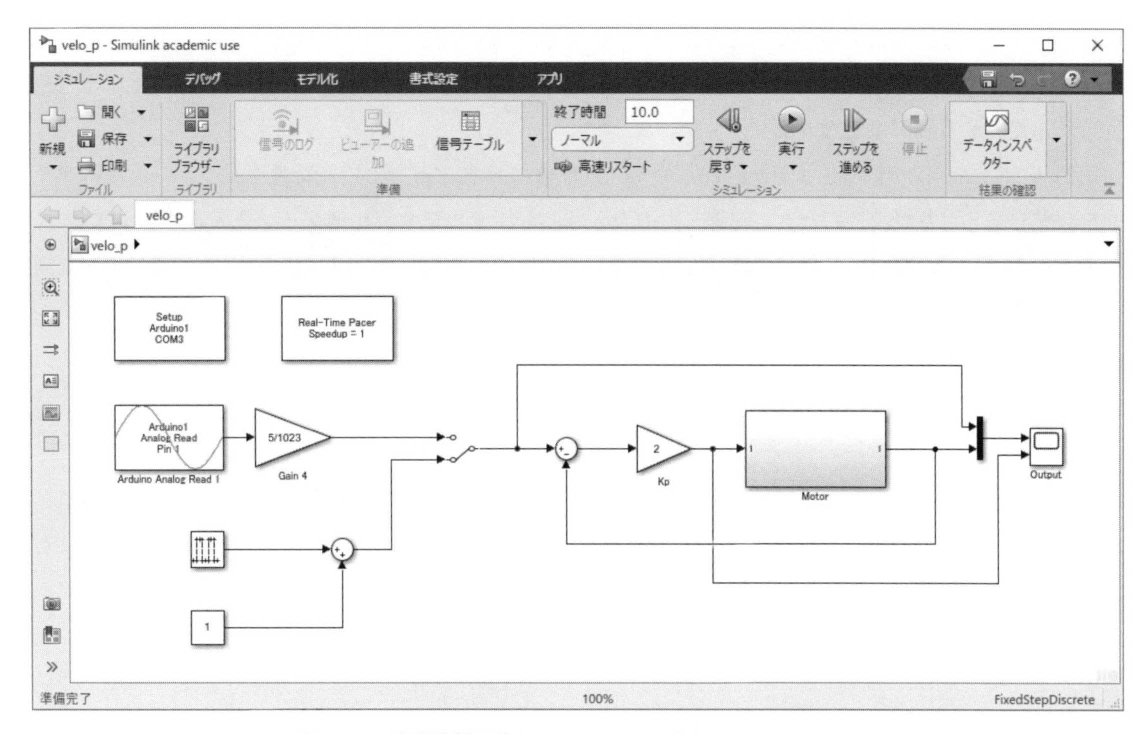

図 4.9　比例制御系の Simulink モデル [velo_p.mdl]

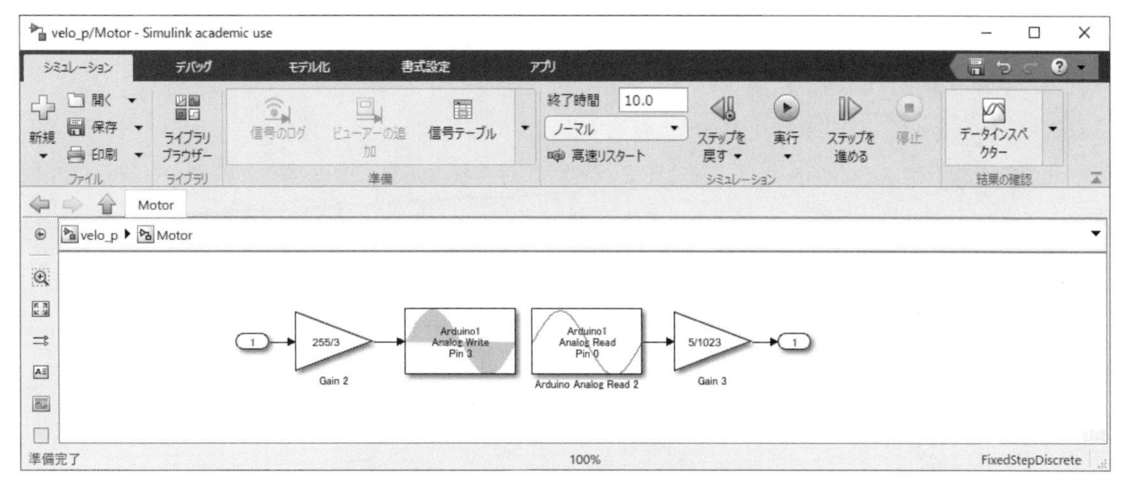

図 4.10　制御対象部分のサブシステム化

ところで，本制御系は，タコメータに DC モータを使用しているため，実際の速度とタコメータの発生電圧の関係がわかりません[3]。回転計を持っている場合は，回転速度と電圧の関係が調べられますが，

[3]市販のタコメータであれば，電圧と回転速度は高精度に比例し，両者間の比例定数も仕様書に明記されています。したがって，その定数を利用して，回転速度へ変換できます。

回転計が手元にない場合も多いでしょう。そこで，回転速度の代わりに，タコメータの出力電圧をそのままフィードバックすることにし，目標値も電圧とします。したがって，タコメータの出力電圧を目標電圧に追従させる制御系となります。

比例ゲインをなるべく小さな値からはじめて，目標値に対する出力の追従特性を見ながら，比例ゲインを調整してください。このとき，制御入力の大きさにも注意します。比例ゲインを大きくしすぎると，制御入力が 0～3 V の間に入らず，飽和してしまいます。なるべく，飽和しない範囲で比例ゲインを調整してみてください。

本書では，比例ゲインを

$$\mathtt{Kp} = 2, 4, 8, 16$$

の 4 通りの場合を試しました。結果を図 4.11，4.12 に示します。これらの図において，上段は目標値と出力を表していて，黄色が目標値，青が出力になっています。本書はモノクロ印刷のため色の違いはわかりませんが，信号にノイズが載っている方が出力になります。一方，下段は制御入力です。

比例ゲインが小さいときは，目標値と出力の差が大きいことがわかります。特に，時間が経過して速度が一定になっても，目標値との差は小さくならず，一定の偏差が見られます。これを，**定常偏差**と呼びます。あとで詳しく説明しますが，比例制御では，理論的に定常偏差を 0 にできないことが言えます[4]。

比例ゲインを大きくしてゆくと，定常偏差が小さくなってゆきます。しかし，応答が振動的になります。これ以上大きくすると，振動が収まらない状況になる可能性があります。なお，振動が収まらない状況を，制御系は**不安定**であるといいます。

ここで，結果をよく見ると，加速する時と減速するときで応答波形が若干異なることがわかります。本来，理想的な線形システムであれば，加速時と減速時は対称な波形になります。このような違いは，制御対象の**非線形特性**によって引き起こされます。制御入力が 0～3 V の範囲を超えられないという制約も非線形特性の一種です。一般に，非線形特性の扱いは，理論上難しくなります。

[4]ただし，制御対象に積分特性を持つ場合は，比例制御でも定常偏差は零になります。

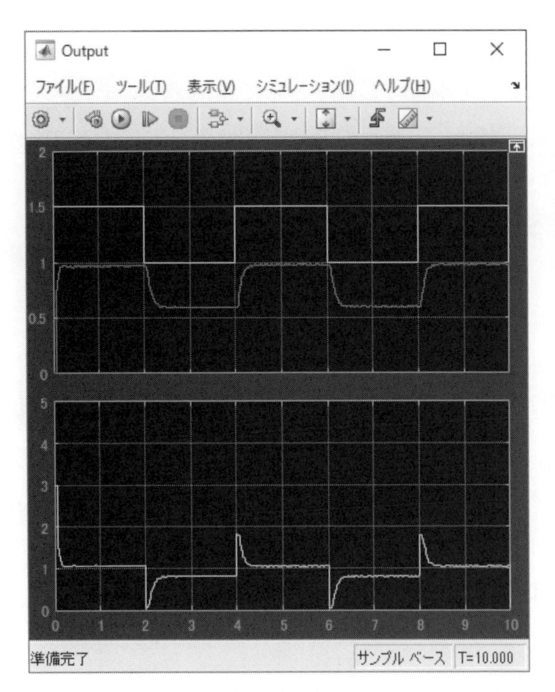

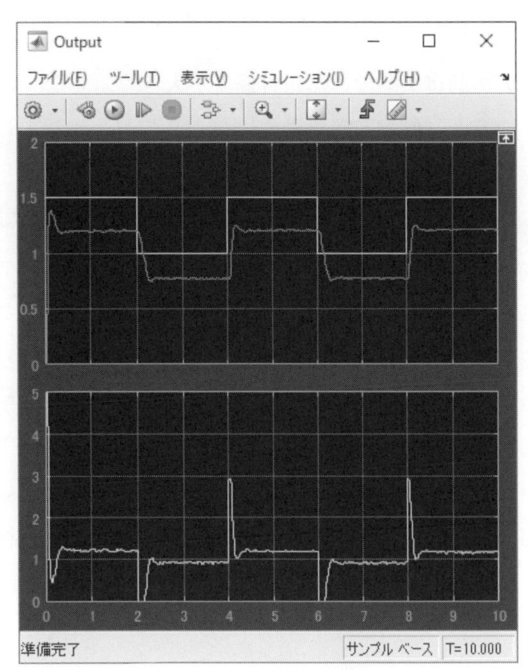

図 4.11　実験結果（左図：Kp=2，右図：Kp=4，各図上段：出力，下段：制御入力）

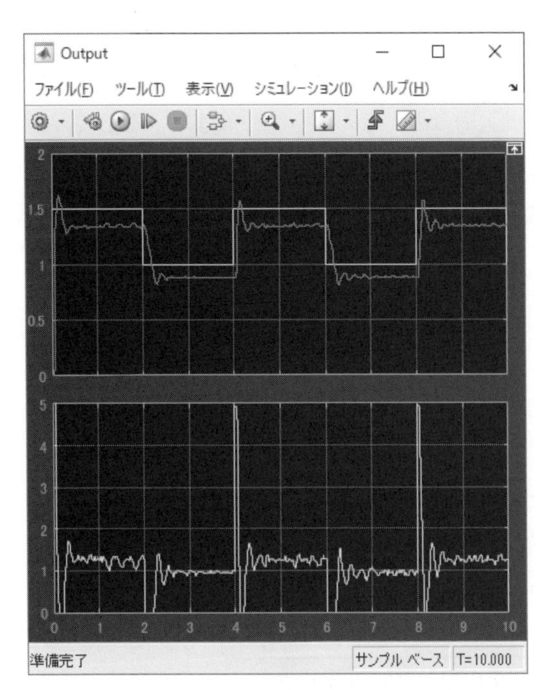

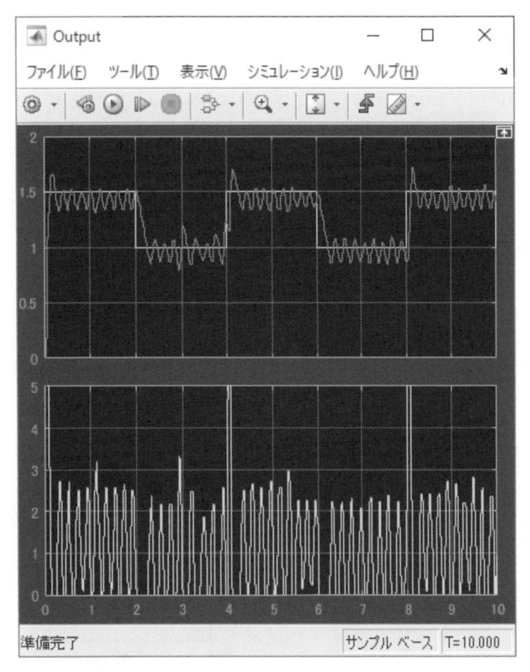

図 4.12　実験結果（左図：Kp=8，右図：Kp=16，各図上段：出力，下段：制御入力）

■ 4.3.2　定常偏差をなくすには積分制御

比例制御実験では，定常偏差が大きく，また，定常偏差を小さくしようとして比例ゲインを大きくしてゆくと，制御系が振動的になることがわかりました。なぜ，比例制御では定常偏差を零にすることができないのでしょうか。実は，原理的に不可能，ということが簡単に説明できます。

比例制御では，制御入力は偏差の比例ゲイン倍になります。つまり，目標値 r と出力 y の偏差 $r-y$ を e，制御入力を u，比例ゲインを K_P とすると，

$$u(t) = K_P\, e(t)$$

という関係になります。ここで，定常偏差が 0 になるということは $e = 0$ を意味します。この時，制御入力は $u = K_P \cdot 0 = 0$ になってしまいます。しかし，モータを一定回転数で回し続けるためには，電圧が必要です。つまり，$u \neq 0$ でなければなりません。これは，明らかな矛盾です。したがって，比例制御では定常偏差を 0 にできません。そこで，積分制御の出番です。

積分制御では，偏差の積分に積分ゲイン K_I をかけたものを制御入力とします。つまり，

$$u(t) = K_I \int_0^{\infty} e(t)\, dt$$

とします。積分器は図 4.13 に示すように，偏差のグラフの面積が出力になります。したがって，現在の時刻で偏差が 0 であっても，その時の出力は 0 になるとは限りません。この性質により，比例制御では無理であった，偏差が 0 だけれども，制御入力は 0 ではない，という状況が作り出せます。また，偏差が生じている限りにおいては，それが積分されて，制御入力はどんどん大きくなります。そして，偏差が 0 になってはじめて増加が止まります。制御系が安定になるように設計しておけば，安定の定義より各信号は発散しないので，いつかは定常偏差が 0 の状態に収束します。以上が，積分制御によって定常偏差が 0 になる説明です。

では，比例制御の Simulink モデルに，積分器とゲイン Ki を追加した図 4.14 の Simulink モデル

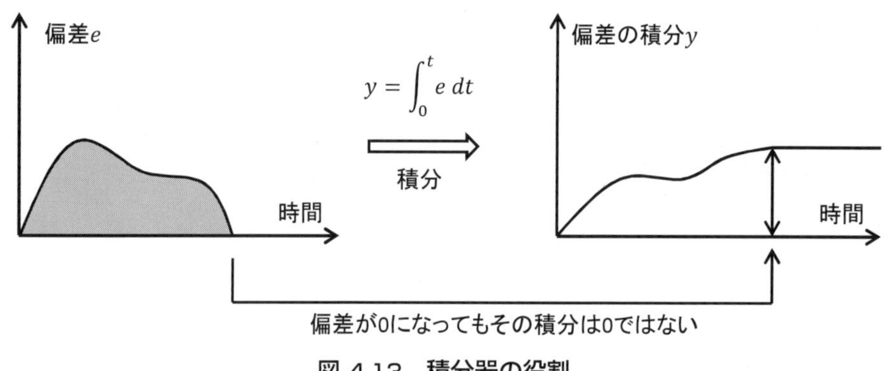

図 4.13　積分器の役割

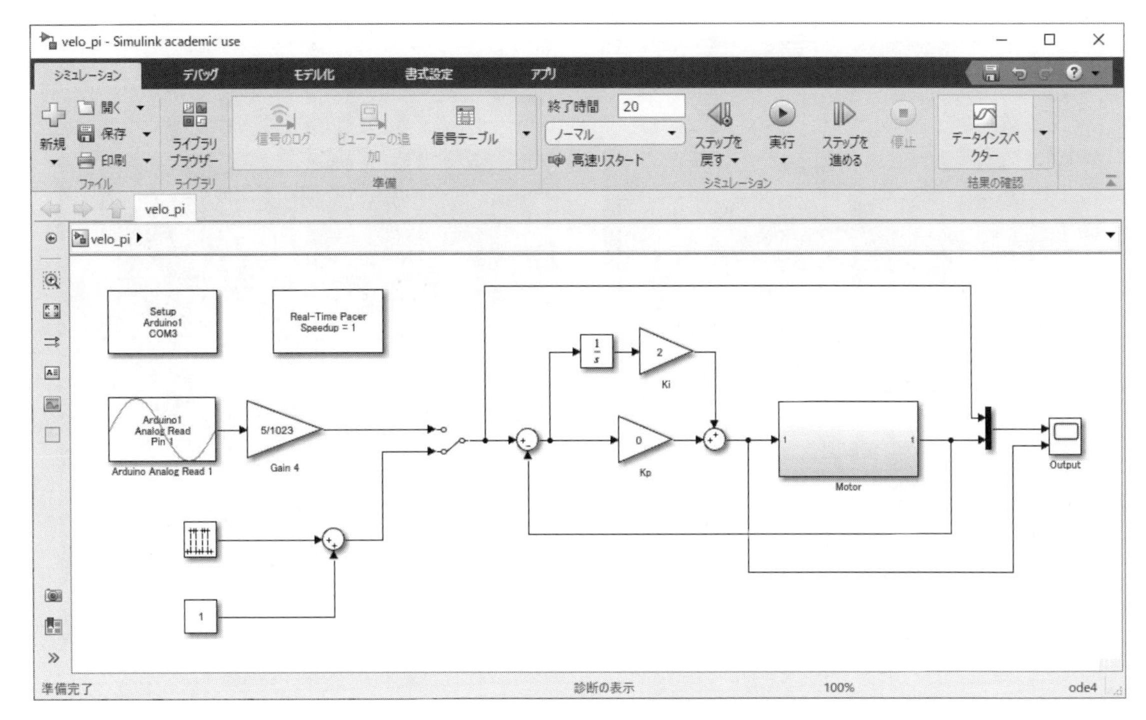

図 4.14　**積分制御系** [velo_pi.mdl]

velo_pi.mdl を開き，さまざまな積分ゲインに対して実験を行ってみましょう。積分ゲインを

$$\mathrm{Ki} = 2, 4, 8, 16$$

にした場合の出力応答を図 4.15，4.16 に示します。ただし，積分制御の場合，応答が遅いので，「Pulse Generator」の周期を表 4.3 のように先ほどの 2.5 倍に設定しています。

表 4.3　**「Pulse Generator」の再設定**

Pulse Generator	
周期（サンプル数）	10/ts
パルス幅（サンプル数）	5/ts

積分ゲインをいろいろと試行錯誤してみた感触は以下のようになると思います。

1. 定常偏差が 0 になった。
2. 応答の収束が遅い。また，応答速度を上げようとして積分ゲインを大きくすると応答が振動的になる。

1. は，まさに積分制御の効果です。2. に関しては，積分制御では偏差を積分したものが制御入力になりますので，応答は遅くなります。また，積分器のこの応答遅れが，ゲインを上げた時に不安定化を招く要因となります。

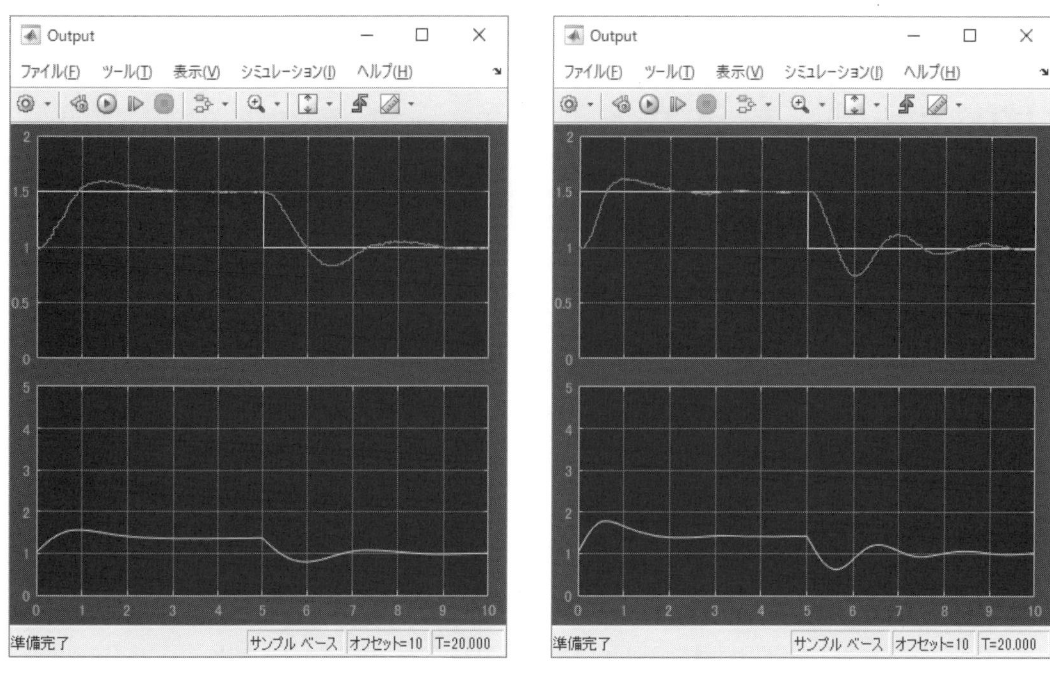

図 4.15　実験結果（左図：`Ki=2`，右図：`Ki=4`，各図上段：出力，下段：制御入力）

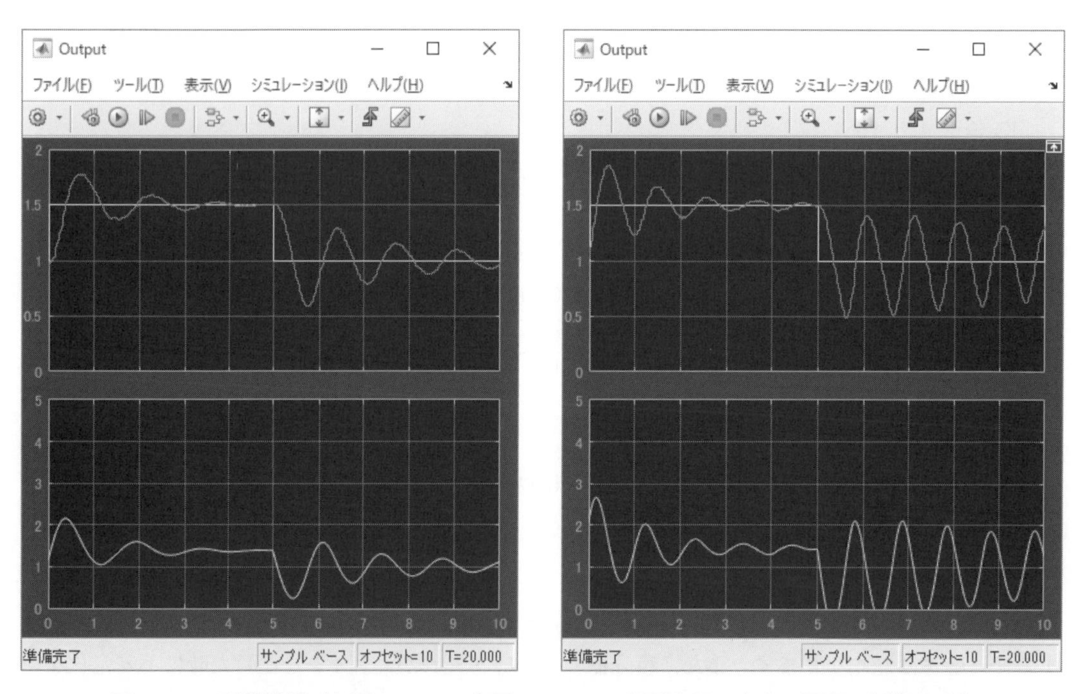

図 4.16　実験結果（左図：`Ki=8`，右図：`Ki=16`，各図上段：出力，下段：制御入力）

■4.3.3　Pゲインと Iゲインの両方を調整してみよう

比例制御，積分制御の特徴がわかったところで，最後に，比例ゲインと積分ゲインの両方を同時に調整してみましょう。つまり，**PI** 制御を行います。

積分ゲインが大きく，振動的な応答が得られているときに，比例制御を少し加えると振動が抑えられることを確認してみましょう。そこで，次の手順で調整してみます。

1. 比例ゲインは0のままにして，積分ゲインを大きくしてゆき，多少振動的な応答にする。
2. 今度は，上記で決めた積分ゲインをそのままにして，比例ゲインを少しずつ大きくしてゆく。振動がだんだん収まってくるので，ちょうど良い応答で調整を終える。
3. 最後に，積分ゲインと比例ゲインを微調整して，最終的な値を得る。

先ほどの実験で，`Ki=16` の時に，応答がだいぶ振動的になっていましたので，これを基準として，比例ゲインを大きくしながら，応答改善を行いました。`Kp=0` の場合と `Kp=4` の場合の結果を図 4.17 に示します。左図が `Kp=0` の結果，右図が `Kp=4` の結果を表しています。これらの図から，明らかに応答が改善していることが確認できます。

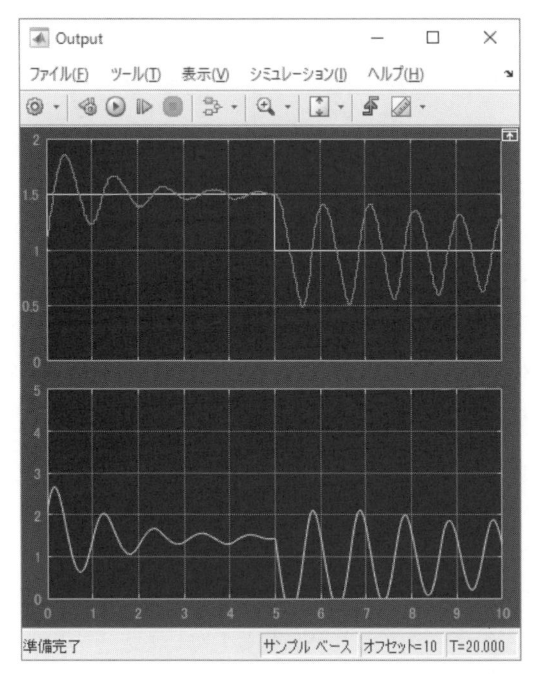

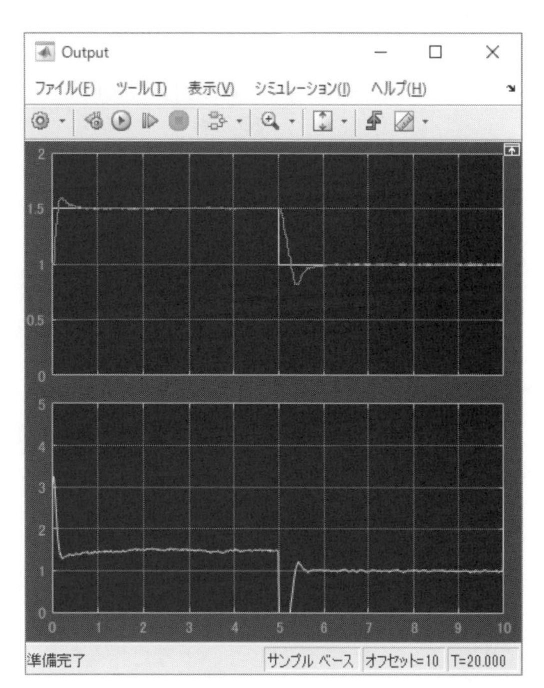

図 4.17　実験結果（左図：`Ki=16`，`Kp=0`，**右図：**`Ki=16`，`Kp=4`，**各図上段：出力，下段：制御入力）**

4.4　限界感度法を使って実験からPIゲインを決める

比例制御，あるいは，積分制御のように調整パラメータが一つしかない場合は，調整にかかる労力はあまり大きくありませんが，PI 制御のようにパラメータが二つ以上になると，調整にかかる労力が急に増えます。そこで本章では，限界感度法と呼ばれる実験に基づく PI ゲインの調整法について説明します。限界感度法は，P, PI, PID ゲインの調整法として非常によく知られた方法です。

限界感度法の手順は以下の通りです。

1. 比例制御を行い，出力が持続振動するまで比例ゲインを大きくする。ここで，持続振動になったときの比例ゲインを K_c とする。
2. 持続振動の振動周期を調べ，これを T_c とする。
3. 表 4.4 から，P ゲイン，あるいは，PI ゲイン，あるいは PID ゲインを求める。
4. 求めたゲインを用いて制御を行い，応答がさらに良好になるように各ゲインを微調整する。

表 4.4　限界感度法による P，PI，PID ゲインの決定

制御方式	比例ゲイン K_P	積分時間 T_I	微分時間 T_D
P 制御	$0.5K_c$	—	—
PI 制御	$0.45K_c$	$T_c/1.2$	—
PID 制御	$0.6K_c$	$T_c/2$	$T_c/8$

なお，表 4.4 にある積分時間 T_I や微分時間 T_D から I ゲインや D ゲインを求めるには次式を使います。

$$K_I = K_P/T_I, \quad K_D = K_P T_D$$

それでは，限界感度法により，PI ゲインを求めてみましょう。まず，`velo_pi.mdl` を開き，「Manual Switch」を上側にして，一定の指令値をポテンショメータから入力できるようにします。指令値を一定値にすることで，持続振動しているかどうかの判断がしやすくなります。指令値が 1 V 程度になるようにつまみを調整し，適当な比例ゲインを入れて一度実験を行います。このとき，積分ゲインが 0 になっていることを確認しておきます。そして，実験を繰り返しながら，持続振動するまで比例ゲインを大きくします。出力が持続振動しているかどうかの見極めが難しい場合は，制御入力の波形を見ると良いでしょう。出力が持続振動している時は，制御入力も持続振動します。また，制御入力が飽和していると持続振動しないので，飽和しないように指令値を調整します。図 4.18 に持続振動しているときの応答波形を示します。このときの比例ゲインは

$$K_c = 12$$

でした。

次に，図 4.18 から，振動の周期を求めます。そこで，10 秒間の山の数を数えて，そこから周期を計算してみましょう。この図の場合，10 秒間に約 50 周期の振動が見られるので，持続振動の周期 T_c は次のようになります。

$$T_c = 10/50 = 0.2$$

以上から，PI ゲインは，表 4.4 を使って次のように求まります。

$$K_P = 0.45 \times 12 = 5.4$$

$$K_I = 5.4/(0.2/1.2) = 32.4$$

求まった PI ゲインを使って，実際にステップ応答実験を行った結果が図 4.19 です。若干オーバシュートが大きいですが，試行錯誤なくこの応答が得られるという点が重要です。なお，表 4.4 から求まった PI ゲインをそのまま使う必要はなく，得られた応答が必ずしも満足ゆくものでなかった場合は，微調整してもかまいません。

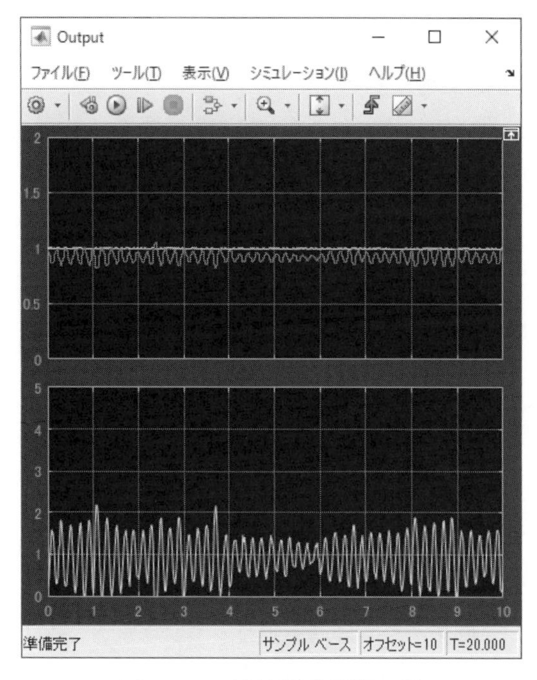

図 4.18　持続振動状態の例

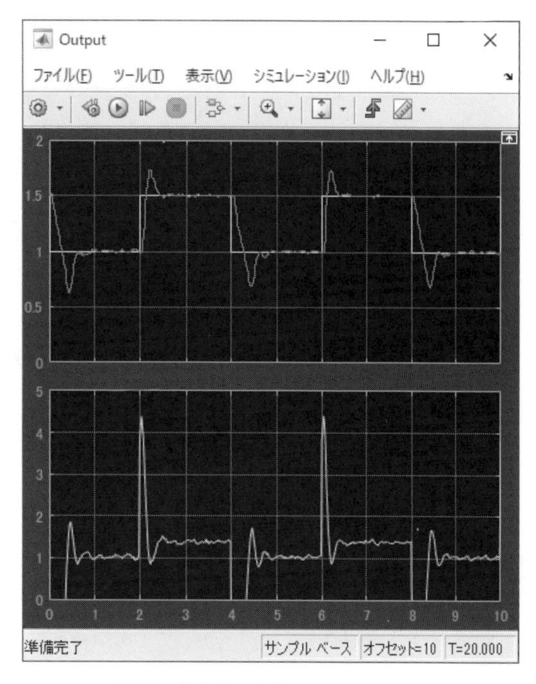

図 4.19　限界感度法で求めた PI ゲインによる応答

4.5　モデルベース設計をはじめよう〜まずはモデリング

■4.5.1　モデルベース設計とは

制御を行うには，制御対象の挙動をよく知り，それに合わせた操作をする必要があります。例えば，これまで運転したことのない車種の車を運転するとき，最初は，おそるおそる運転しながら，アクセルやブレーキ，ステアリングの感覚をつかんでゆきます。そして，だんだん慣れてくると，普段運転している車と同じような感覚で操作できるようになります。人間は運転に慣れていく過程で，自動車の挙動を獲得していると言えます。

実機を使った制御系設計もこれと同じであり，PI ゲインをいろいろと変化させながら実験を繰り返すことや，限界感度法によって持続振動を起こすための条件を見つけることは，間接的に相手の挙動や特性を獲得していることになります。しかし，これでは，設計に多大な時間がかかってしまったり，あるいは，設計結果が本当にこれで最適であるかどうかを見極めるのは簡単ではありません。

そのため，制御系設計では制御対象の特性を数式で表現した（数式）モデルを作成し，それに基づいて設計を行うことが昔からよく行われています。近年では，これを**モデルベース開発** や**モデルベース設計** とよんで，ソフトウエア開発など，他分野でも普及が進んでいます。

数式モデルがあると，試行錯誤を伴う実験を繰り返すことなく，要求仕様を満たす制御系が設計しやすくなります。また，実機では再現することが難しかったり，コストが非常にかかるような条件でのシミュレーションや解析も容易です。モデルを用いることで，単なる性能向上だけではなく，問題点の早期発見や，開発期間の短縮，さらには，モデルを共通言語にすることによる開発チーム内での連携強化，といったさまざまなメリットが生まれます。

なお，モデルは実機の代わりとなるわけですから，その信頼性はとても重要です。実機の特性を十分反映できるモデルでなければモデルベース設計の意味は薄れてしまいます。したがって，モデリングは制御系設計において，非常に重要なプロセスとなります。

それでは，モータの速度制御系を題材に，モデルベース設計の基本的な流れを学んでゆきましょう。

■4.5.2　モータのモデリング

一般的な小型の DC モータでは図 4.20 に示すように，**固定子**と呼ばれる磁石の間に**電機子**と呼ばれるコイルがおかれています。そして，電機子の電流の向きが常に同じになるように**ブラシ**と**整流子**を設けると，電磁力が常に同じ向きに生じて回転します。この DC モータの動作を抽象的に表現したものが図 4.21 のモデル図です。

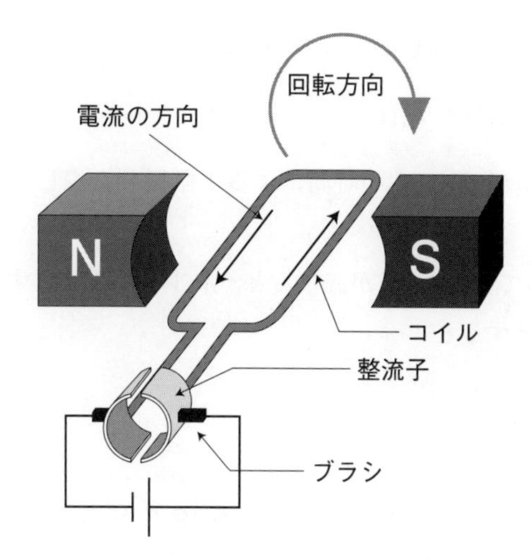

図 4.20　DC モータの動作原理

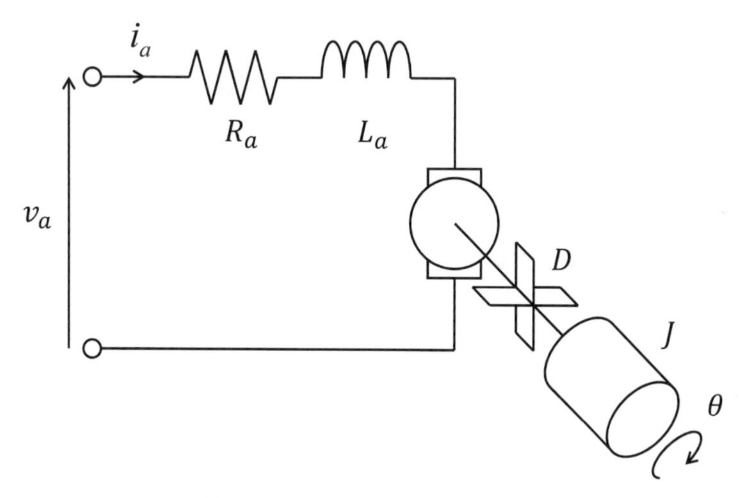

図 4.21　DC モータのモデル図

図 4.21 において，R_a [Ω] は電機子抵抗，L_a [H] は電機子のインダクタンスを表しており，モータへ電圧 $v_a(t)$ [V] を加えると，電機子には電流 $i_a(t)$ [A] が流れます。また，モータは回転すると，それによって，電圧が生じます。小型の手回し発電機などは，この原理を利用して，DC モータを発電機代わりに使用しています。この回転によって生じる電圧は**逆起電力**と呼ばれ，モータの回転速度に比例します。**逆起電力定数**と呼ばれる比例定数を K_e，電機子の回転角速度を $\omega(t)$ [rad/s] とすると，逆起電力は $K_e\omega(t)$ となります。

したがって，抵抗での電圧降下 $R_a i_a(t)$，コイルでの電圧降下 $L_a di_a(t)/dt$ [5]，そして逆起電力 $K_e\omega(t)$

[5] コイルは電流の時間変化に比例した電圧を生じます。そのときの比例定数 L をインダクタンスと呼び，単位はヘンリー [H] です。したがって，コイルに生じる電圧 $v_L(t)$ とそこを流れる電流 $i_L(t)$ との関係は $v_L(t) = L\,di_L(t)/dt$ となります。

を全て加えたものがモータへの印加電圧 $v_a(t)$ と釣り合うので，次の回路方程式が得られます。

$$R_a i_a(t) + L_a \dot{i}_a(t) + K_e \omega(t) = v_a(t) \tag{4.1}$$

なお，$i_a(t)$ のドットである $\dot{i}_a(t)$ は $i_a(t)$ の時間による 1 階微分を表しています。また，ドットが二つあると，2 階微分を表します。

(4.1) 式の回路方程式に従って電流 $i_a(t)$ が流れると，トルクが生じます。トルクは電流に比例するので，発生トルクを $\tau(t)$ [Nm] とすると

$$\tau(t) = K_t\, i_a(t) \tag{4.2}$$

となります。ここで，K_t はトルク定数と呼ばれます[6]。

さて，力学の基本から，慣性モーメントが J，粘性摩擦係数が D の回転体にトルク $\tau(t)$ が加わったときの運動方程式は次式となります。

$$J\dot{\omega}(t) + D\omega(t) = \tau(t) \tag{4.3}$$

また，電機子の回転角を $\theta(t)$ [rad] で定義すると，回転角の時間変化が回転角速度になるので

$$\dot{\theta}(t) = \omega(t) \tag{4.4}$$

が成り立ちます。

ここから制御工学の知識を使って伝達関数を求めてゆきます。制御工学では，入力に対して何らかの因果関係をもって出力が決まるものをシステムと呼んでいます。さらに，システムの中で，線形であり，時間と共に特性が変わらないものを，線形時不変システムあるいは **LTI** システム[7]と呼んでいて，LTI システムであれば，伝達関数が定義できます。

伝達関数は，図 4.22 に示すように，入力信号 $u(t)$ と出力信号 $y(t)$ をラプラス変換と呼ばれる変換によって

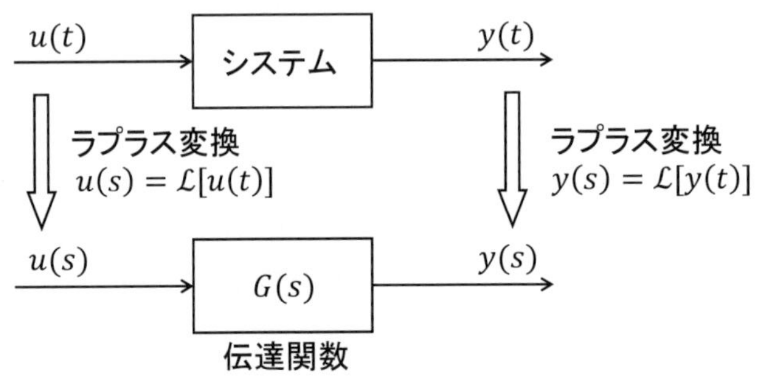

図 4.22　伝達関数とは

[6]理論的には，逆起電力定数 K_e とトルク定数 K_t は等しくなります。つまり，$K_e = K_t$ が成り立ちます。
[7]LTI は Linear Time Invariant の頭文字をとったもので，線形時不変の意味。

$$u(s) = \mathcal{L}[u(t)], \quad y(s) = \mathcal{L}[y(t)]$$

のように時間 t の関数から s の関数に変換したとき，入力に対する出力の比

$$G(s) = \frac{y(s)}{u(s)} \tag{4.5}$$

として定義されます。したがって，伝達関数 $G(s)$ が既知であれば，伝達関数 $G(s)$ と入力 $u(s)$ の積 $y(s) = G(s)u(s)$ を計算し，逆ラプラス変換によって再び時間関数に戻せば，微分方程式を解くことなく $y(t)$ の応答が求まります。つまり，

$$y(t) = \mathcal{L}^{-1}[y(s)] = \mathcal{L}^{-1}[G(s)u(s)]$$

ここで，$\mathcal{L}^{-1}$ は逆ラプラス変換を表します。

ラプラス変換は，負の時間で値が 0 となる時間関数 $f(t)$ に対して，次のように定義されます。

$$F(s) = \mathcal{L}[f(t)] = \int_0^\infty f(t)e^{-st}\,dt$$

ここで，s は複素数を値に持つ変数で，上記の積分が求まるように定義されます。ラプラス変換の定義式は実際にはあまり計算されず，公式集（ラプラス変換表）を使って，ラプラス変換，逆ラプラス変換を行います。公式の中でよく使うものを以下に挙げておきます。

$$\mathcal{L}[1] = \frac{1}{s}, \quad \mathcal{L}\left[e^{at}\right] = \frac{1}{s-a}$$

微分公式もよく使われます。これは，$f(t)$ のラプラス変換が $F(s)$ のとき，$f(t)$ の微分のラプラス変換が次のように求まるというものです。

$$\mathcal{L}\left[\frac{d}{dt}f(t)\right] = sF(s) - f(0)$$

$f(0)$ は $f(t)$ の初期値を表し，伝達関数を求める際には 0 と置くので，これを無視すれば

$$\frac{d}{dt} \Leftrightarrow s$$

という関係が見えます。これが，s は微分演算子と呼ばれる所以です[8]。ラプラス変換は線形変換なので，次式が成り立つことにも注意しておきます。

$$\mathcal{L}[f_1(t) + f_2(t)] = \mathcal{L}[f_1(t)] + \mathcal{L}[f_2(t)], \quad \mathcal{L}[\alpha f(t)] = \alpha\mathcal{L}[f(t)]$$

では，(4.1) 式の両辺をラプラス変換して s の関数に変換しましょう。$i_a(t)$ の初期値を 0 と仮定して微分公式を使うと，電流 $i_a(t)$ の微分のラプラス変換は次式となります。

[8]時間関数を微分するという操作が，ラプラス変換された世界では，単に s を掛けるという単純な操作に置き換わることを意味します。

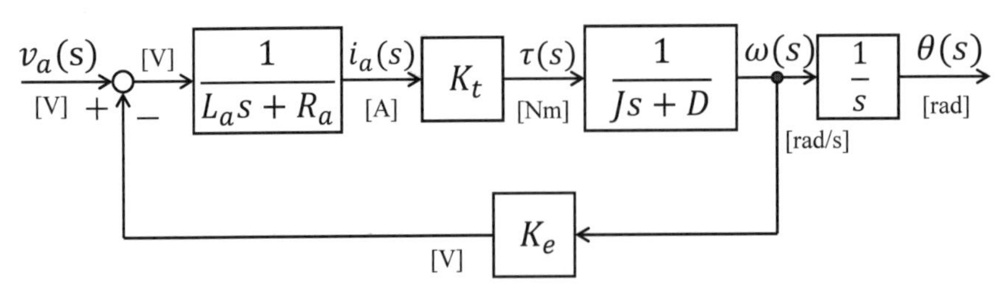

図 4.23　DC モータのブロック線図

$$\mathcal{L}\left[\dot{i}_a(t)\right] = \mathcal{L}\left[\frac{d}{dt}i_a(t)\right] = s\,i_a(s)$$

したがって，(4.1) 式の両辺をラプラス変換して $i_a(s)$ について解くと次式を得ます。

$$i_a(s) = \frac{1}{L_a s + R_a}(v_a(s) - K_e\omega(s)) \tag{4.6}$$

同様に (4.3) 式をラプラス変換して $\omega(s)$ についてまとめると

$$\omega(s) = \frac{1}{Js + D}\,\tau(s), \quad \tau(s) = K_t\,i_a(s) \tag{4.7}$$

また，(4.4) 式のラプラス変換は

$$\theta(s) = \frac{1}{s}\,\omega(s) \tag{4.8}$$

となります。

このようにして求まった関係式 (4.6), (4.7), (4.8) 式の入出力関係をつなげることにより，図 4.23 のブロック線図が得られます。さらに，(4.6), (4.7), (4.8) 式から $i_a(s)$, $\tau(s)$, $\omega(s)$ を消去し，$v_a(s)$ から $\theta(s)$ までの伝達関数 $P(s)$ を求めると次式が得られます。

$$P(s) = \frac{\theta(s)}{v_a(s)} = \frac{K_t}{s\left\{(Js + D)(L_a s + R_a) + K_t K_e\right\}} \tag{4.9}$$

このようにして得られた $P(s)$ は若干複雑です。そこで，さらに簡略化することを考えてみましょう。特に，小型の DC モータでは，電機子の応答である機械系の応答速度に比べて回路方程式で記述される電気系の応答速度は十分速くなります。したがって，インダクタンス L_a の影響はほぼ無視できると考えて問題ありません。そこで，$L_a = 0$ とおいてインダクタンスの影響を無視し，(4.9) 式を簡略化すると次式を得ます。

$$\begin{aligned} P(s) &= \frac{K_t/R_a}{s\left\{Js + D + K_t K_e/R_a\right\}} \\ &= \frac{K_t/R_a}{s(Js + \tilde{D})} \\ &= \frac{K}{s(Ts + 1)} \end{aligned}$$

ただし

$$\tilde{D} = D + K_t K_e / R_a, \quad K = K_t / R_a / \tilde{D}, \quad T = J / \tilde{D}$$

(4.8) 式から，$\omega(s)$ から $\theta(s)$ までの特性は積分特性 $(1/s)$ であることがわかるので，図 4.24 に示すように，$v_a(s)$ から $\omega(s)$ までの伝達関数は

$$\omega(s) = \frac{K}{Ts+1} v_a(s) \tag{4.10}$$

となります。このシステムは，**1 次遅れシステム**と呼ばれています。つまり，インダクタンスの影響を無視すると，モータの伝達関数は，1 次遅れシステムと積分器の積で表現できることがわかります。

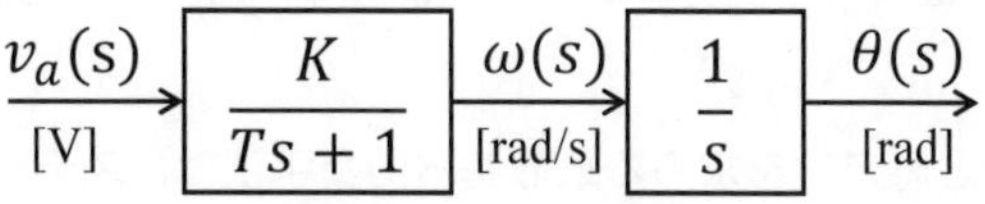

$$v_a(s)\ [\mathrm{V}] \rightarrow \boxed{\frac{K}{Ts+1}} \rightarrow \omega(s)\ [\mathrm{rad/s}] \rightarrow \boxed{\frac{1}{s}} \rightarrow \theta(s)\ [\mathrm{rad}]$$

図 4.24　DC モータのブロック線図（$L_a = 0$ の場合）

最後に，本章で使用している実験装置の伝達関数を求めておきましょう。この実験装置では，回転速度の検出に DC モータをタコメータとして用いています。したがって，観測出力 $y(t)$ はタコメータの電圧 $v_t(t)$ となります。これを，ブロック線図で表現すると図 4.25 のようになります。

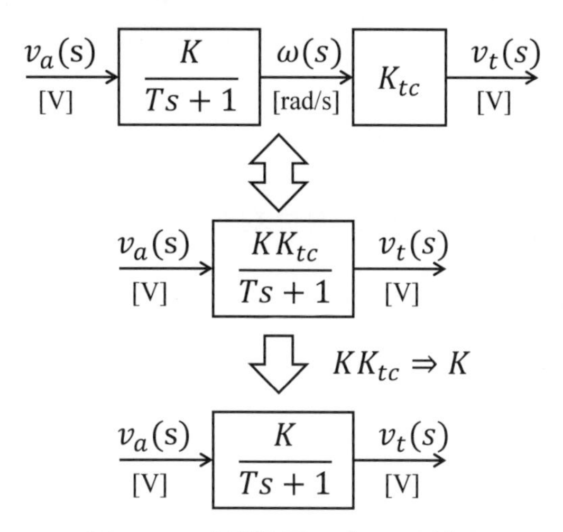

図 4.25　実験装置のブロック線図

図中の K_{tc} は回転速度 $\omega(t)$ [rad/s] をタコメータの出力電圧 $v_t(t)$ [V] に変換するための比例定数で，単位は Vs/rad です。K_{tc} の値を知るためには，実際の回転速度が検出できなければなりません。しかし，回転計は必ずしも安価ではないので，ここでは，K_{tc} の値は求めないことにします。そこで，

$$K \cdot K_{tc} \Rightarrow K$$

と定義しなおし，駆動用 DC モータへの印可電圧 $u(s) = v_a(s)$ からタコメータの出力電圧 $y(s) = v_t(s)$ までの伝達関数を次のように定義し，これを制御対象とします。

$$y(s) = \frac{K}{Ts+1}u(s) \tag{4.11}$$

■ 4.5.3　ステップ応答法によるパラメータ同定

本章で使用している実験装置の制御入力から出力までの伝達関数は (4.11) 式のように 1 次遅れシステムとなることがわかりました。それでは，未知定数である K と T を実際に求めてみましょう。ここで，K はゲイン，T は時定数と呼ばれます。実機からこのようなパラメータの値を求める作業をパラメータ同定といいます。

1 次遅れシステムのゲインと時定数を求める最も基本的な手法は，ステップ応答法です。この方法は，システムにステップ入力を加え，出力応答から時定数 T とゲイン K を直接読み取ります。そのためには，まず (4.11) 式のシステムにステップ入力を加えた場合，応答がどのようになるかを知る必要があります。

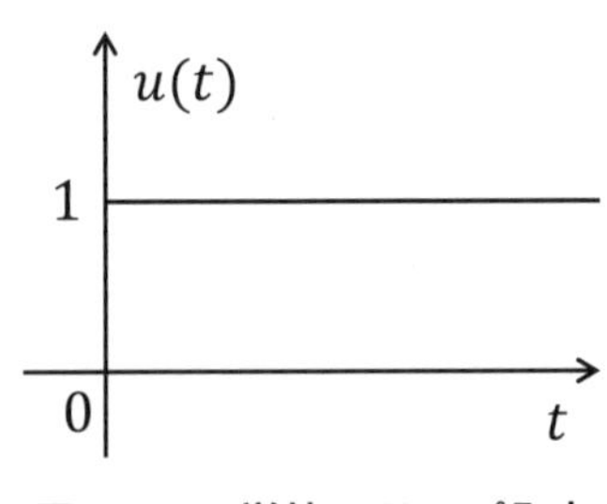

図 4.26　単位ステップ入力

図 4.26 に示すように，大きさが 1 のステップ入力を単位ステップ入力といい，次式で表現できます。

$$u(t) = \begin{cases} 0, & (t < 0) \\ 1, & (t \geq 0) \end{cases} \tag{4.12}$$

そして，そのラプラス変換は

$$u(s) = \frac{1}{s} \tag{4.13}$$

となります。したがって，(4.11) 式に単位ステップ入力を加えた時の出力のラプラス変換は

$$\begin{aligned} y(s) &= \frac{K}{Ts+1}u(s) \\ &= \frac{K}{Ts+1} \cdot \frac{1}{s} \end{aligned}$$

$$=K\left(\frac{1}{s}-\frac{1}{s+1/T}\right)$$

これを逆ラプラス変換することで，次式のようにして $y(t)$ が得られます。

$$y(t)=\mathcal{L}^{-1}\left[K\left(\frac{1}{s}-\frac{1}{s+1/T}\right)\right]$$
$$=K(1-e^{-t/T})$$

時間が充分たつと，$e^{-t/T}$ は 0 になるので $y(t)$ の定常値 $y(\infty)$ は次のようになります。

$$y(\infty)=K \tag{4.14}$$

また，$t=T$ となったときの $y(t)$ は

$$y(T)=K(1-e^{-T/T})=K(1-e^{-1})\simeq 0.632K \tag{4.15}$$

となります。したがって，(4.14) 式から，ステップ応答における $y(t)$ の定常値を読み取れば K が求まります。また，(4.15) 式から，定常値の 63.2 %になるまでの時間を読み取れば，時定数 T が求まります。これらの結果を図示すると図 4.27 のようになります。

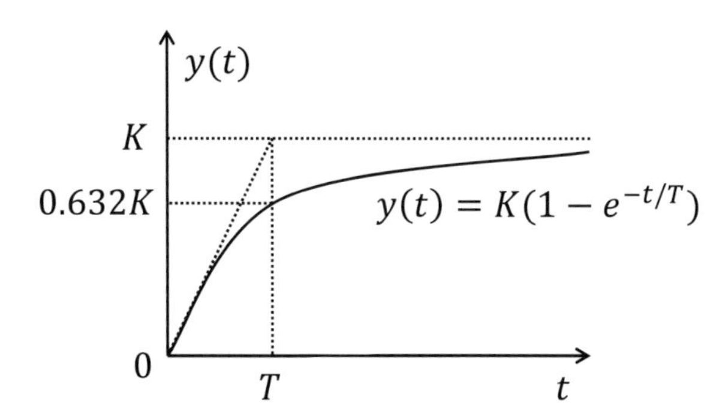

図 4.27　ステップ応答によるパラメータ T と K の同定

■ 4.5.4　同定実験 1（ゲイン K の同定）

まず，システムの定常特性からゲイン K を求めてみます。この同定実験から，システムがどの程度非線形性を有しているかがわかります。

(4.14) 式から，定常状態におけるモータの印加電圧 v_a とタコメータの出力電圧 v_t の関係は

$$v_t=Kv_a$$

となることがわかります。そこで，v_a と v_t の関係を実測してグラフにして直線近似し，その傾きから K を読み取ってみます。

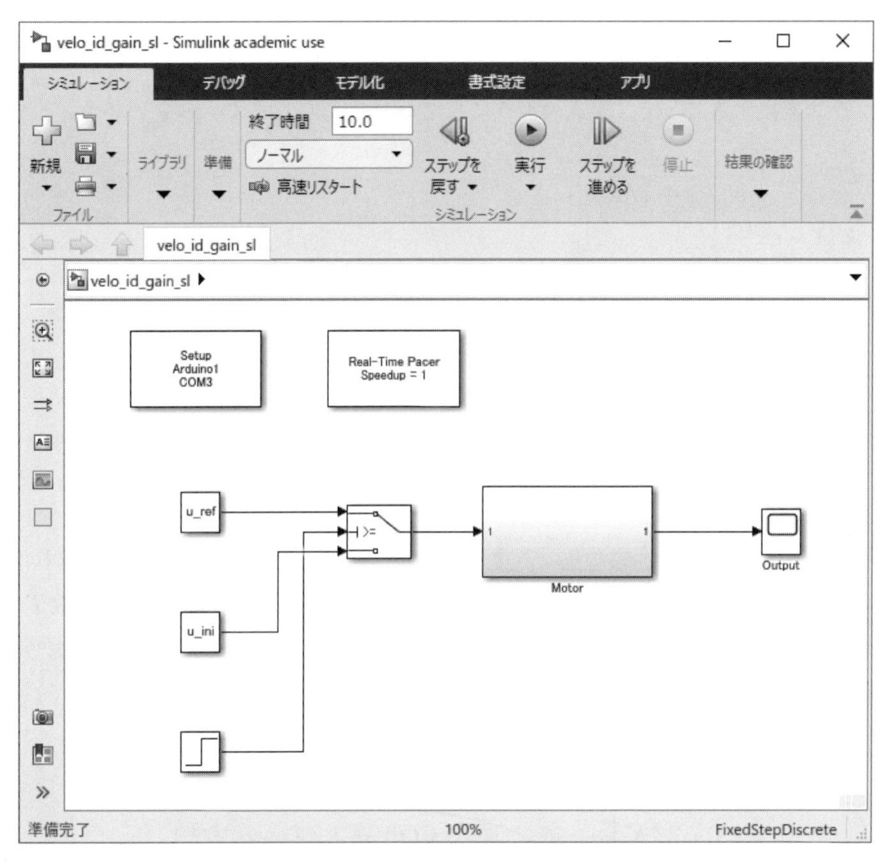

図 4.28　ゲイン同定のための Simulink ブロック [velo_id_gain_sl.mdl]

同定実験のために作成した Simulink モデル velo_id_gain_sl.mdl を開きます（図 4.28）。このSimulink モデルは，単体で実行するのではなく，プログラム 4-1 から呼び出す形で実行します。

プログラム 4-1 [velo_id_gain.m]

```
1  %% velo_id_gain.m
2
3  %% Initialize
4  clear all
5  close all
6
7  %% Parameters
8  ts    = 1/50;
9  u_ini = 1.5;
10
11 %% Define input voltage list
12 u_ref_list = 0.5:0.25:2;
13
14 %% Open simulink model
15 open_system('velo_id_gain_sl');
```

```
16  open_system('velo_id_gain_sl/Output');
17
18  %% Start experiment
19  y_mean_list = [];
20  for i=1:length(u_ref_list)
21      u_ref = u_ref_list(i);
22      sim('velo_id_gain_sl');
23      t = yout.time;
24      y = yout.signals.values;
25      y_mean = mean(y(250:end));
26      fprintf('y_mean = %f\n',y_mean);
27      y_mean_list(i) = y_mean;
28      % Plot figure
29      figure(1)
30      plot(t,y,t,ones(size(y))*y_mean,'r');
31      xlabel('Time [s]'), ylabel('Velocity [V]')
32      axis([0 10 0 3])
33      drawnow
34  end
35
36  %% Plot data
37  figure(2)
38  plot(u_ref_list,y_mean_list,'bo')
39  xlabel('Input voltage [V]')
40  ylabel('Velocity [V]')
41  axis([0 3 0 3])
42
43  %% Calculate parameters
44  while(1)
45      disp('Please input Umin and Umax for fit')
46      umin = input('Umin = ');
47      umax = input('Umax = ');
48      sidx = min(find(u_ref_list >= umin));
49      eidx = max(find(u_ref_list <= umax));
50      P = polyfit(u_ref_list(sidx:eidx),y_mean_list(sidx:eidx),1);
51      Pin  = 0:3;
52      Pout = P(1)*Pin + P(2);
53      u_offset = -P(2)/P(1);
54      fprintf('*** Motor paramters ***\n')
55      fprintf('K        = %f\n',P(1));
56      fprintf('u_offset = %f\n',u_offset);
57
58      figure(2)
59      plot(u_ref_list,y_mean_list,'o',...
60          u_ref_list(sidx:eidx),y_mean_list(sidx:eidx),'ro',...
61          Pin,Pout,'r-')
62      xlabel('Input voltage [V]')
63      ylabel('Velocity [V]')
64      axis([0 3 0 3])
65
66      sw = input('OK? (1:Quit, 2:Retry) = ');
67      switch sw
68          case 1;
69              break;
70          case 2;
```

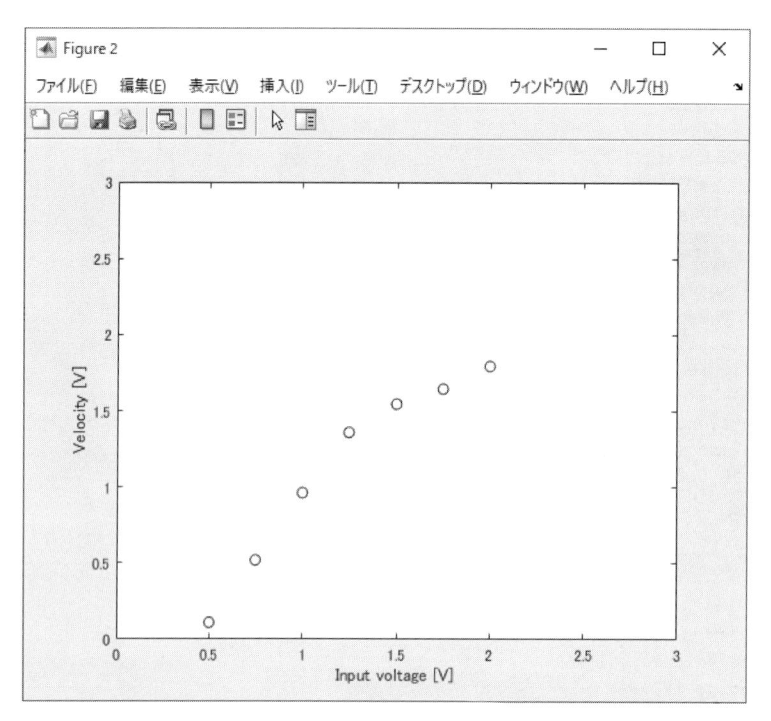

図 4.29　モータへの入力電圧とタコメータの出力電圧

```
71              continue;
72      end
73  end
74
75  %% EOF of velo_id_gain.m
```

このプログラムでは，12 行目で定義しているように，モータへの入力電圧 v_a を 0.5 V から 2 V まで 0.25 V 刻みで変化させながら，そのときのタコメータの出力電圧 v_t を自動的に記録していきます。そして，グラフにプロットします。このとき，v_a の範囲は実験装置に大きく依存しますので，予備実験を行って，適切な範囲を決めてください。一例として，図 4.29 のようなグラフが得られます。

理論的には v_t は v_a に比例するので，原点を通る直線になるはずです。しかし，実際にはこの図からもわかるように，原点は通らず，緩やかな曲線になっています。モータには静止摩擦のような非線形な摩擦があり，ある一定の入力電圧が加わるまでは回り出しません。また，モータの整流子には一定の電圧降下が存在します。そのような理由から，実際は原点を通りません。また，直線にはならず，緩やかな曲線になる点についても，さまざまな非線形特性が影響していると考えられます。

そこで，入力電圧の広い範囲で直線近似することは難しいため，範囲を限定して直線近似してみることにしましょう。図 4.29 が出力されると同時に，直線近似する際の入力電圧の範囲の入力が求められま

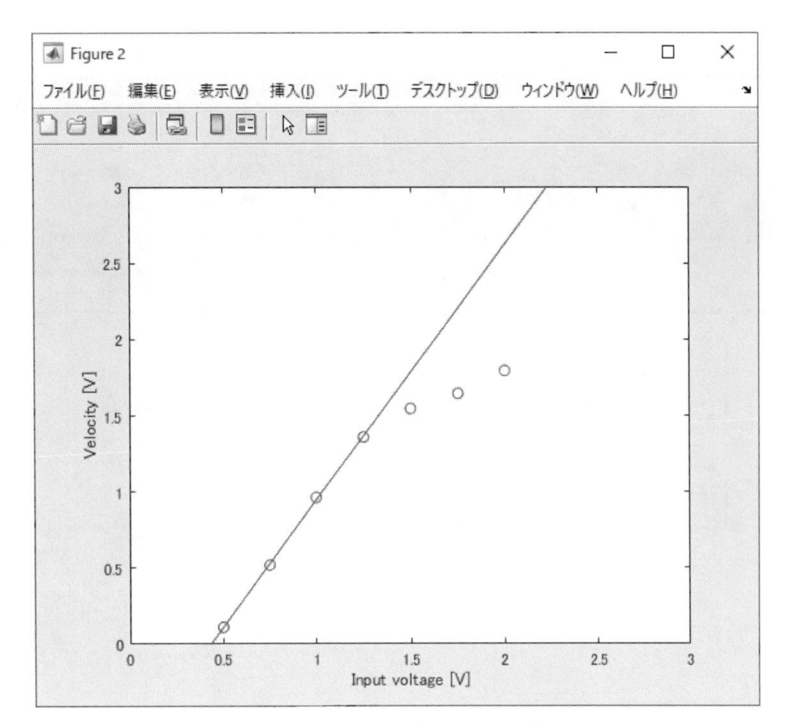

図 4.30　実験データと近似直線

す。ここでは，次のように入力してみます。

実行 4-2

```
Please input Umin and Umax for fit
Umin = 0.5
Umax = 1.25
```

この場合は，グラフの横軸（モータへの入力電圧）において，0.5 V から 1.25 V の範囲のデータを使って直線近似することを意味します。その結果，図 4.30 に示すように，実験データとそれを近似する直線が表示されます。なお，直線近似に使用されたデータは赤色になります。また，そのときのゲイン K とオフセット u_offset が表示されます。u_offset は，直線とグラフの横軸との交点の値を表しており，モータが回転をはじめるために必要な最小の電圧を表します。

直線近似をリトライするかどうか聞かれますので，これで良ければ終了，そうでなければ Umin と Umax を変えて直線近似をやり直してください。図 4.30 から求まったパラメータを次に示します。

実行 4-3

```
*** Motor paramters ***
K        = 1.675433
u_offset = 0.434884
```

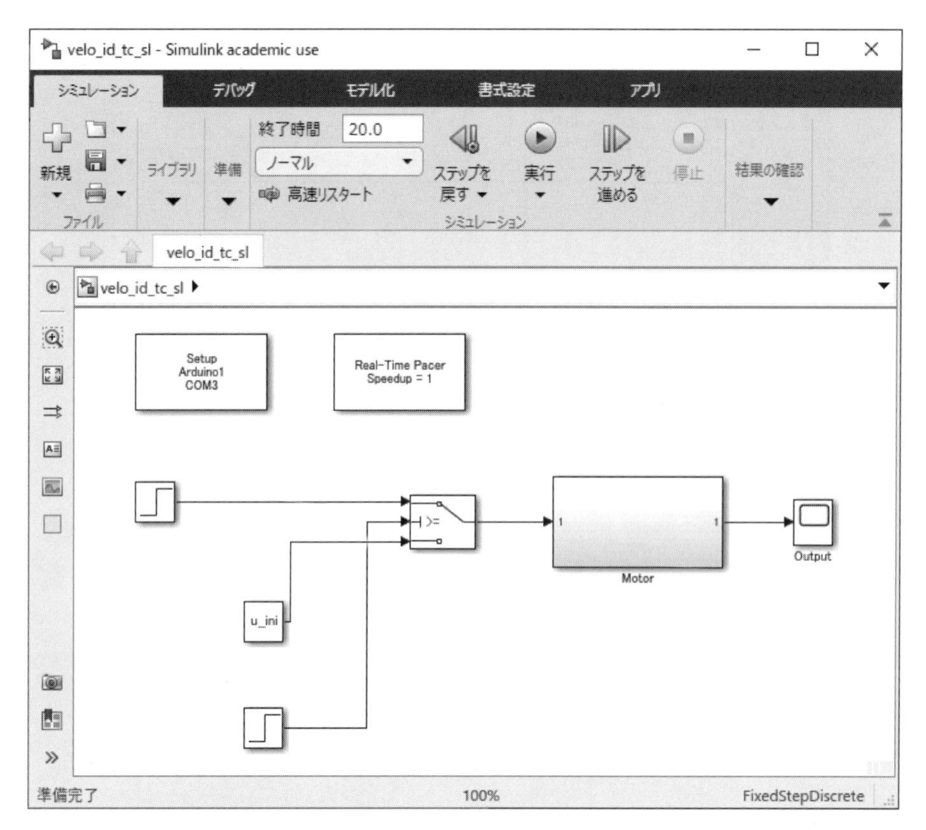

図 4.31 ステップ応答法による同定実験のための Simulink モデル [velo_id_tc_sl.mdl]

■ 4.5.5 同定実験 2（時定数 T とゲイン K の同定）

ステップ応答法によって K と T を求めます。まず，図 4.31 の Simulink モデル velo_id_tc_sl.mdl を開きます。また，出力を表示する「Output」も開いておきます。そして，ステップ応答実験のためのプログラム 4-2 を開きます。

プログラム **4-2** [velo_id_tc.m]

```
1  %% velo_id_tc.m
2
3  %% Initialize
4  clear all
5  close all
6
7  %% Parameters
8  ts      = 1/50;
9  u_ini   = 1.0; % initial input
10 r_const = 0.7; % offset voltage
11 p_const = 0.5; % step input voltage
12 s_time  = 10;  % step time
```

```
13  w_time  = 4;   % wait time
14
15  %% Open simulink model
16  open_system('velo_id_tc_sl');
17  open_system('velo_id_tc_sl/Output');
18
19  %% Start experiment
20  sim('velo_id_tc_sl');
21
22  %% Parameter identification
23  y = yout.signals.values;
24  t = yout.time;
25
26  c1 = mean(y(w_time/ts:s_time/ts));
27  c2 = mean(y((s_time+w_time)/ts:end));
28
29  figure(1)
30  plot(t,y,...
31      t,ones(size(t))*c1,'r--',...
32      t,ones(size(t))*c2,'r--')
33  xlabel('Time [s]')
34  ylabel('Velocity [V]')
35
36  %% Calculate Gain
37  K_id = (c2-c1)/p_const;
38  u_offset = (K_id*r_const -c1)/K_id;
39
40  %% Calculate time constant
41  y2 = y(s_time/ts:end) - c1;
42  t2 = t(s_time/ts:end);
43  t2 = t2 - t2(1);
44
45  tc_idx  = min(find(y2 > (c2-c1)*0.632));
46  T_id = t2(tc_idx);
47
48  figure(2)
49  plot(t2,y2,'.',...
50      T_id,(c2-c1)*0.632,'ro',...
51      t2,ones(size(t2))*(c2-c1),'r--')
52  xlim([0 w_time])
53  xlabel('Time [s]'), ylabel('Velocity [V]')
54
55  %% Display results
56  fprintf('== Results ==\n')
57  fprintf('K        = %f\n',K_id)
58  fprintf('T        = %f\n',T_id)
59  fprintf('u_offset = %f\n',u_offset)
60
61  %% EOF of velo_id_tc.m
```

プログラム 4-2 の 9〜13 行目で指定しているステップ応答実験の条件について簡単に説明しておきます。ステップ応答実験を行う際，モータが止まった状態からステップ応答をおこなうと，静止摩擦の影

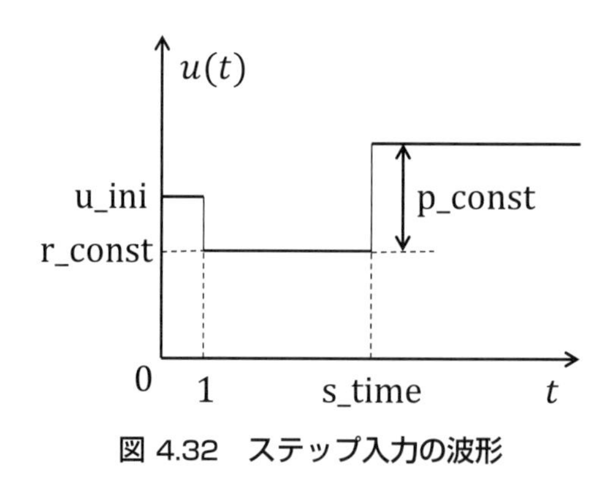

図 4.32　ステップ入力の波形

響が出てしまいます。そこで，1 秒間 u_ini を加えて静止摩擦に打ち勝って回転を始めるようにします。そのあと，r_const [V] の電圧を加えて一定速度で回転させた状態から，時刻 s_time [s] に，さらに p_const [V] のステップ電圧を加えるようにしています。ここで説明した入力の波形を図 4.32 に示します。また，w_time は，定常状態になったと見なすまでの時間で，ここでは，モータの応答速度を考えて 4 秒にしています。

velo_id_tc.m を実行すると，モータがゆっくり回転し，10 秒後にモータの入力電圧がステップ状に変化して回転速度が上がります。そして，20 秒後に停止し，図 4.33 と図 4.34 が表示されます。図 4.33 はタコメータの出力電圧の生データであり，それを，10 秒以降のところだけ抜き出したのが図 4.34 です。ステップ応答の始まりが 0 になるように，縦軸も調整しています。図 4.34 では，定常値の 63.2%のデータが赤になっています。また，MATLAB のコマンドラインには同定されたパラメータが次のように表示されます。

実行 4-4

```
== Results ==
K        = 1.595559
T        = 0.560000
u_offset = 0.437050
```

この実験から，時定数は 0.76 秒と求まりました。また，ゲイン K と u_offset も計算されています。これらの値は，ステップ応答実験において，ステップ応答前とステップ応答後の定常速度から計算しています。詳しくは，m-file を解析してみてください。

■ 4.5.6　同定結果の検証

同定実験 1 と同定実験 2 で得られた値を表 4.5 にまとめました。ゲイン K と u_offset の値は二つの実験によって値が異なっています。同定実験 1 の結果から，制御対象は非線形性を持つことがわかりました。したがって，動作範囲などによって，同定されるゲインの値は異なってくることから，この結果はむしろ当然と言えるでしょう。

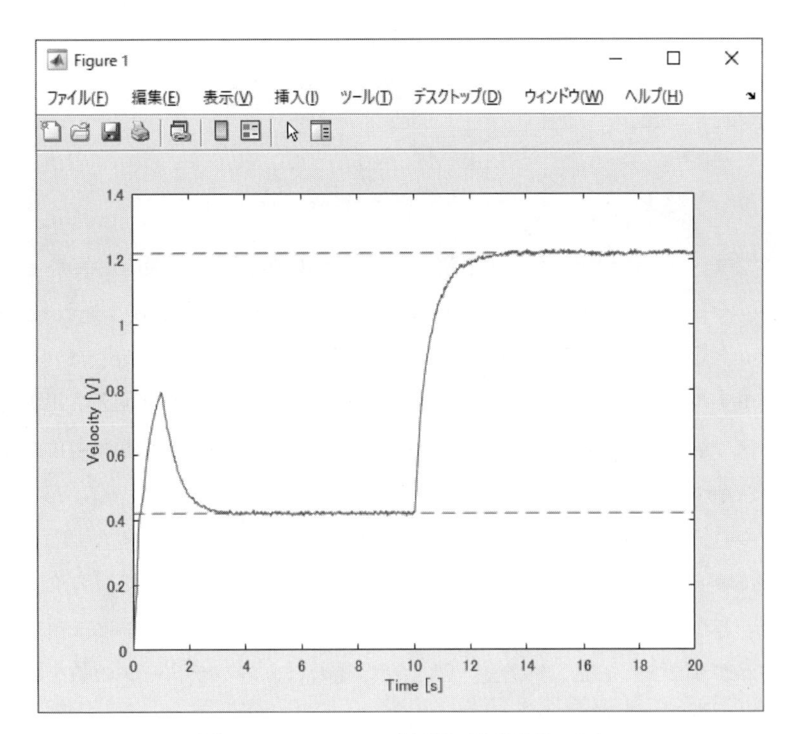

図 4.33　ステップ応答（取得データ）

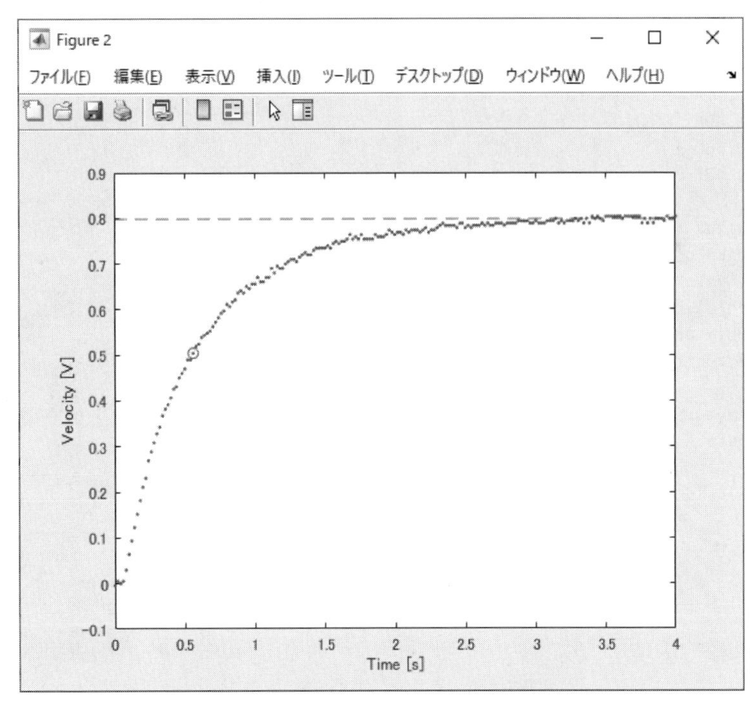

図 4.34　ステップ応答（時定数の計算）

表 4.5 同定されたパラメータ

	同定実験 1	同定実験 2
ゲイン K	1.675	1.596
`u_offset`	0.435	0.437
時定数 T		0.560

では，同定実験 2 で求まったパラメータを使って，モデルの応答と実機の応答がどの程度一致するか検証してみます。そこで，同定結果検証用のための Simulink モデル `velo_id_verify.mdl` を開き，「Output」をクリックしてグラフが表示されるようにしておきましょう。`velo_id_verify.mdl` では，実際の制御対象とモデルに対して，ステップ応答実験と同じステップ入力を加えて出力応答を比較します（図 4.35）。なお，実際の制御対象には `u_offset` として同定された不感帯が存在するため，モデルの入力からも `u_offset` を減じています。

では，検証のためのプログラム 4-3 を開き，同定実験で得られたパラメータ K, T, `u_offset` の値を書き込み，実行してみましょう。実験結果を図 4.36 に示します。図において，ノイズを含む方が実機の応答，そうでない方がモデルの応答を表します。この結果から，実機の応答とモデルの応答がほぼ一致していることがわかります。もし，応答が一致しない場合は，各パラメータの値を直接調整してみましょう。あるいは，同定実験をやり直してみましょう。

プログラム 4-3 [velo_id_verify.m]

```
1  %% velo_id_verify.m
2  
3  %% Set identified parameters
4  K        = 1.596
5  T        = 0.560
6  u_offset = 0.437
7  
8  %% Open simulink model
9  open_system('velo_id_verify_sl');
10 open_system('velo_id_verify_sl/Output');
11 
12 %% Start experiment
13 sim('velo_id_verify_sl')
14 
15 %% Save Parameters
16 save model_data K T u_offset
17 
18 %% EOF of velo_id_verify.m
```

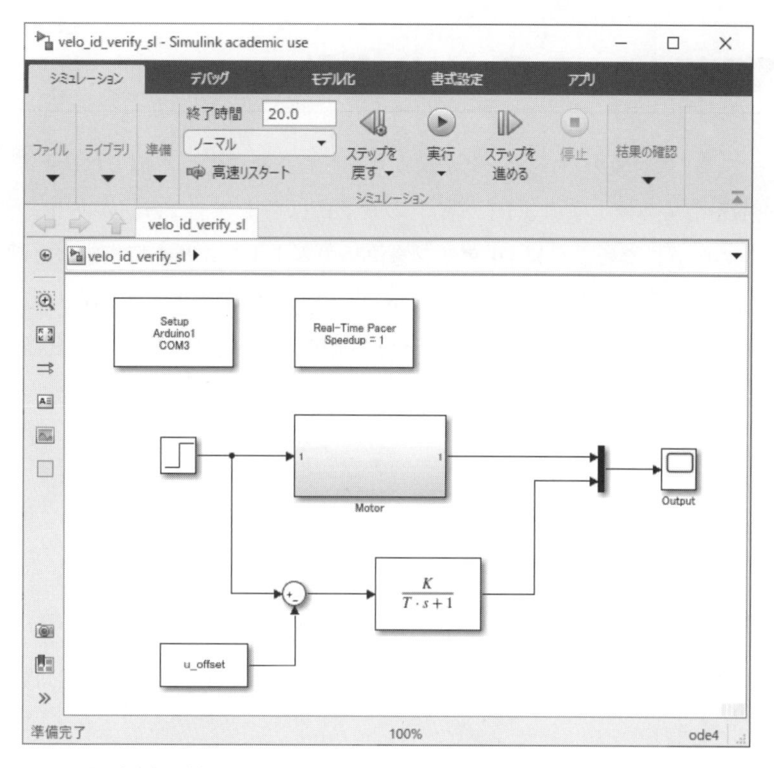

図 4.35　同定結果検証のための Simulink モデル [velo_id_verify_sl.mdl]

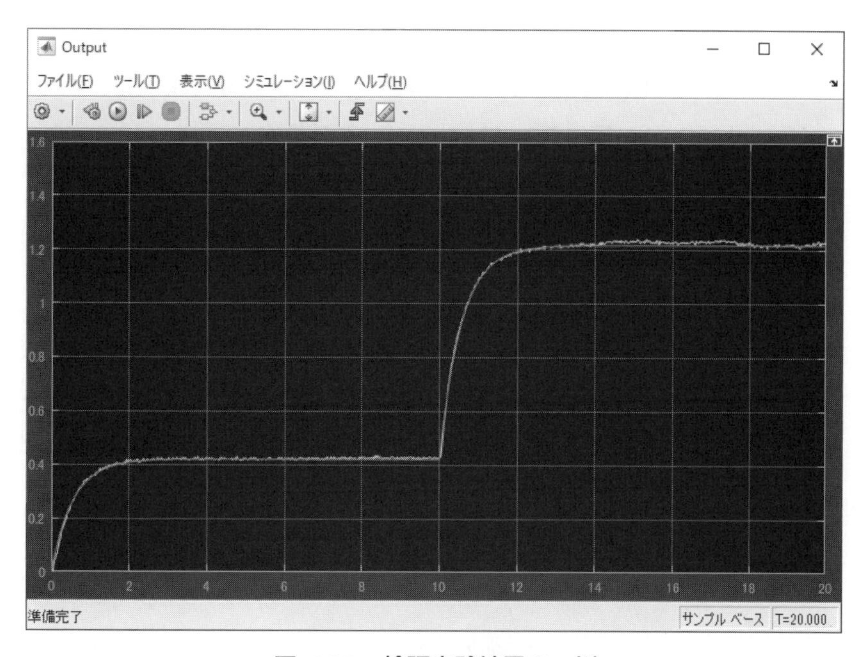

図 4.36　検証実験結果の一例

4.6 極指定法によるPIゲイン設計

同定実験によって，制御対象のパラメータが求まりました。そこで，本節では，所望の特性になるようにPIゲインを設計してみましょう。PIゲインの設計にはさまざまな方法がありますが，ここでは，閉ループ極[9]が所望の配置になるようにPIゲインを決めてみます。これを**極指定法**と呼びます。

通常，極指定法は現代制御における状態フィードバック制御の手法として知られています。しかし，制御対象の次数が1次や2次の場合には，P制御やPI制御によって閉ループ極を任意に配置できます。

さて，制御対象の伝達関数を

$$P(s) = \frac{K}{Ts+1}$$

PI制御器の伝達関数を

$$K(s) = K_P + \frac{K_I}{s}$$

とおいて，図4.37の閉ループ伝達関数，つまり，目標値 r から出力 y までの伝達関数を計算してみましょう。

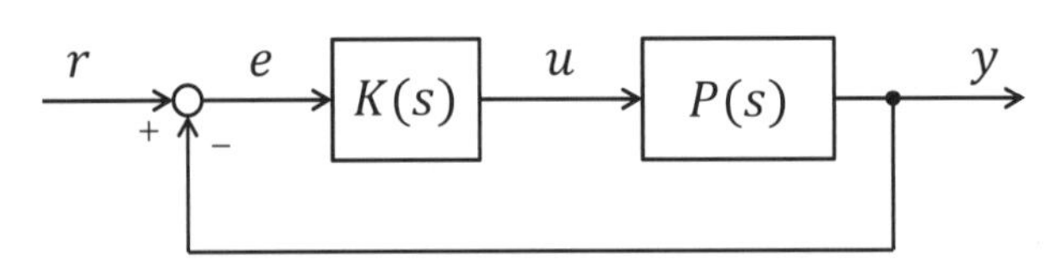

図 4.37　フィードバック制御系

閉ループ伝達関数は次の公式で計算できます。

$$\frac{(\text{前向き伝達関数})}{1+(\text{一巡伝達関数})}$$

ここで，「**前向き伝達関数**」は r から y へ向かってフィードバックパスを通らずまっすぐたどった時の伝達関数をすべて掛けたものなので，PK となります。一方，「**一巡伝達関数**」はフィードバックループを一周したときの伝達関数をすべて掛けたものなので，これも PK となります。よって，r から y までの伝達関数 G_{yr} は次式のように計算できます。

$$G_{yr} = \frac{PK}{1+PK}$$

[9] 伝達関数 $G(s) = n(s)/d(s)$ に対して $d(s) = 0$ の根を伝達関数の極，$G(s) = 0$ の根を伝達関数の零点といいます。極の配置は伝達関数の応答と密接にかかわっています（コラム参照）。

$$
\begin{aligned}
&= \frac{\dfrac{K}{Ts+1}(K_P + K_I/s)}{1 + \dfrac{K}{Ts+1}(K_P + K_I/s)} \\
&= \frac{\dfrac{KK_P}{T}s + \dfrac{KK_I}{T}}{s^2 + \dfrac{KK_P+1}{T}s + \dfrac{KK_I}{T}} \\
&= \frac{cs+b}{s^2+as+b}
\end{aligned}
$$

ただし

$$
a = \frac{KK_P + 1}{T}, \quad b = \frac{KK_I}{T}, \quad c = \frac{KK_P}{T}
$$

さて，$s^2+as+b=0$ の根が閉ループ極になるので，これが，p_1，p_2 になるようにPIゲインを決めてみましょう。p_1，p_2 を根に持つ方程式は

$$
(s-p_1)(s-p_2) = s^2 - (p_1+p_2)s + p_1p_2 = 0
$$

となるので，これが，$s^2+as+b=0$ に一致すればよいことになります。そこで，係数比較より

$$
a = -(p_1+p_2), \quad b = p_1p_2
$$

を満たすPIゲインを計算すると，次式が得られます。

$$
K_P = -\frac{(p_1+p_2)T+1}{K}, \quad K_I = \frac{p_1p_2T}{K}
$$

p_1，p_2 は負の実数か，共役な複素数で実部が負になるように選びます。極と応答の関係について，理論的な考察はコラムを参考にしていただくことにして，通常は図4.38を参考に極を決めます。

それでは，実際に極を与えて，そこからPIゲインを求めて実験を行ってみましょう。まず，モデルベース設計のためのPI制御モデル `velo_pi_mbd.mdl`（図4.39）を開き，実験中に応答が表示されるように「Output」を開いておきます。このSimulinkモデルは，上側のフィードバック系が実際のフィードバック制御系，下側の制御系が同定モデルに対するフィードバック制御系になっています。なお，実際の制御系は，制御入力が0〜3 Vの範囲しか出力できないことや `u_offset` が存在することなどから，モデルに対しても飽和（Staturation）ブロックと `u_offset` を考慮するためのブロックを入れています。

次に，極指定によるPIゲイン設計を行うためのプログラム4-4を開きましょう。このm-fileでは，6行目で `model_data.mat` を読み込んでいます。`model_data.mat` には，同定結果を検証する際に使った `velo_id_verify.m` の中で定義した `K`，`T`，`u_offset` が保存されています。そして，9行目で，指定極をMATLABのコマンドウインドウから入力します。プログラム4-4では，`p2` については簡単のため

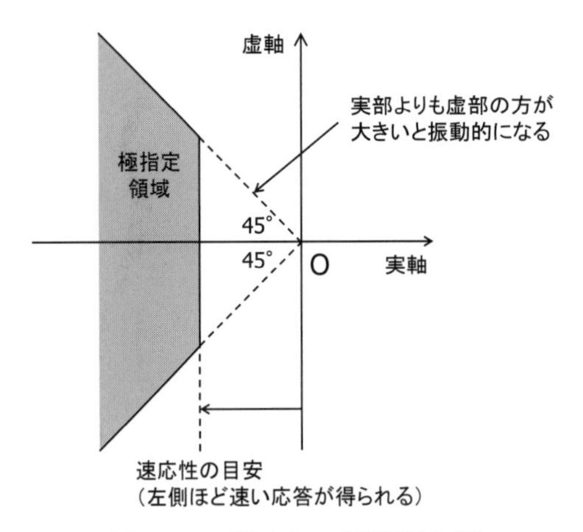

図 4.38　望ましい極配置の例

コラム 伝達関数の極と応答の関係

伝達関数 $G(s)$ にステップ入力 $u(s) = 1/s$ を加えた時の出力応答 $y(t)$ がどのようになるかを考えることによって，極と応答の関係を考察してみます。ステップ応答は，逆ラプラス変換により

$$
\begin{aligned}
y(t) &= \mathcal{L}^{-1}\left[G(s)u(s)\right] \\
&= \mathcal{L}^{-1}\left[G(s)\frac{1}{s}\right]
\end{aligned}
$$

と計算できます。ここで，$G(s)$ は極 α_i を持つ場合，次のように書けます。ただし，簡単のため α_i は互いに異なる非ゼロの実数とします。

$$
G(s) = \frac{n(s)}{(s-\alpha_1)(s-\alpha_2)\cdots(s-\alpha_n)}
$$

すると，

$$
\begin{aligned}
y(t) &= \mathcal{L}^{-1}\left[G(s)\frac{1}{s}\right] \\
&= \mathcal{L}^{-1}\left[\frac{\beta_1}{s-\alpha_1} + \frac{\beta_2}{s-\alpha_2} + \cdots + \frac{\beta_n}{s-\alpha_n} + \frac{c}{s}\right] \\
&= \beta_1 e^{\alpha_1 t} + \beta_2 e^{\alpha_2 t} + \cdots + \beta_n e^{\alpha_n t} + c
\end{aligned}
\tag{4.16}
$$

となります。なお，ここで次の逆ラプラス変換の公式を使いました。

$$
\mathcal{L}^{-1}\left[\frac{\beta}{s-\alpha}\right] = \beta e^{\alpha t}, \quad \mathcal{L}^{-1}\left[\frac{c}{s}\right] = c
$$

(4.16) 式から $G(s)$ の極 α_i は指数部の時間の係数になり，指数関数の線形和が出力応答になることがわかります。α_i が変わると収束の速さが変わるわけですから，極と応答の間には密接な関係があると言えます。

なお，各指数関数の係数 β_i も出力応答に影響を与えますが，これらは指定できません。β_i の値は $G(s)$ の分子多項式 $n(s)$ も関係することが知られています。

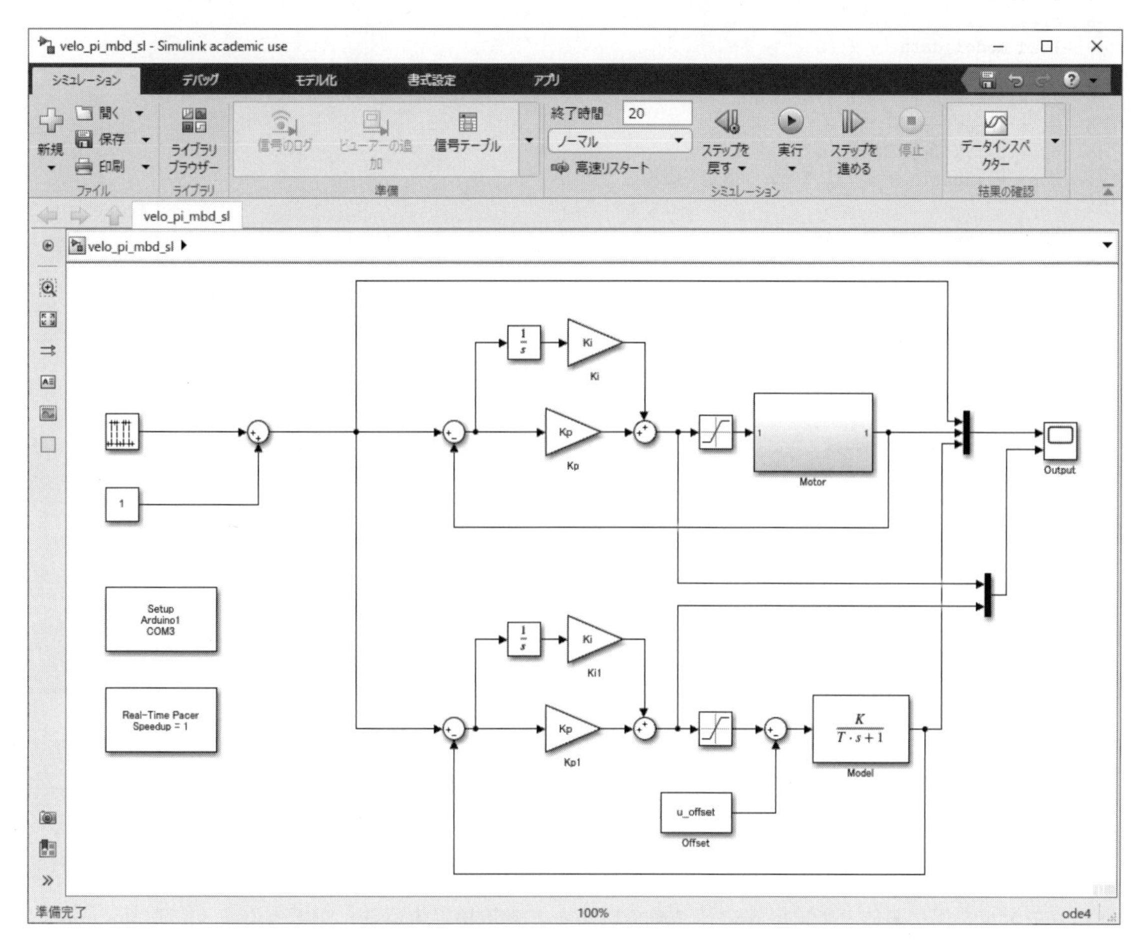

図 4.39　モデルベース設計による PI 制御 [velo_pi_mbd.mdl]

p1 と等しく（重根になるように）していますが，p2 も指定したい場合は，10 行目をコメントアウトして 11 行目を有効にしてください。

プログラム 4-4 [velo_pi_mbd.m]

```
1  %% velo_pi_mbd.m
2
3  %% Initialize & load data
4  close all
5  clear all
6  load model_data
7
8  %% PI design by pole placement
9  p1 = input('p1 = ');
10 p2 = p1; % 重根の場合
11 % p2 = input('p2 = '); % p2 も指定する場合
12
13 Kp = -((p1+p2)*T + 1)/K;
14 Ki = p1*p2*T/K;
15
16 %% Display PI parameters
17 disp('>>> PI parameters <<<')
18 fprintf('Kp  = %f\n',Kp);
19 fprintf('Ki  = %f\n',Ki);
20
21 %% Open simulink model
22 open_system('velo_pi_mbd_sl');
23 open_system('velo_pi_mbd_sl/Output');
24
25 %% Experiment
26 ts = 1/50;
27 sim('velo_pi_mbd_sl')
28
29 %% EOF of velo_pi_mbd.m
```

では，指定極を -2 の重根（Case 1），-4 の重根（Case 2），そして -8 の重根（Case 3）にした場合の 3 通りについて実験を行ってみましょう。Case 1（図 4.40）に比べて，極の絶対値を大きくした Case 2（図 4.41）の方が目標値への収束が速くなっていることが確認できます。また，実際の応答とモデルの応答も比較的よく一致しており，設計通りの実機応答が得られていることもわかります。このように，モデルを用いることで，応答の速さを極によって直接指定することができるようになり，設計の効率も上がります。

しかしながら，Case 3（図 4.42）のようにさらに応答を速くしようとすると，実際の応答はモデル出力通りにはならず，オーバーシュートが生じて振動的になるなど，応答の劣化がみられます。一般に，応答を速めるなどして，制御性能をどんどん上げてゆくと，モデルと実機の出力に違いが表れてきます。その原因の主なものはモデル化誤差ですので，制御対象をより厳密にモデル化することができれば，その違いは小さくなります。しかしながら，実際には限界があります。

モデル化誤差を完全に0にするモデリングは不可能であると考える方が自然であり，モデル化誤差を設計に取り込み，それらに対して頑健，つまりロバストになるように制御系を設計する手法が近年発達しました。このような制御手法をロバスト制御と言います。ロバスト制御については，本書の範囲を超えますが，本書をマスターした次のステップとして，ぜひ挑戦されるとよいでしょう。

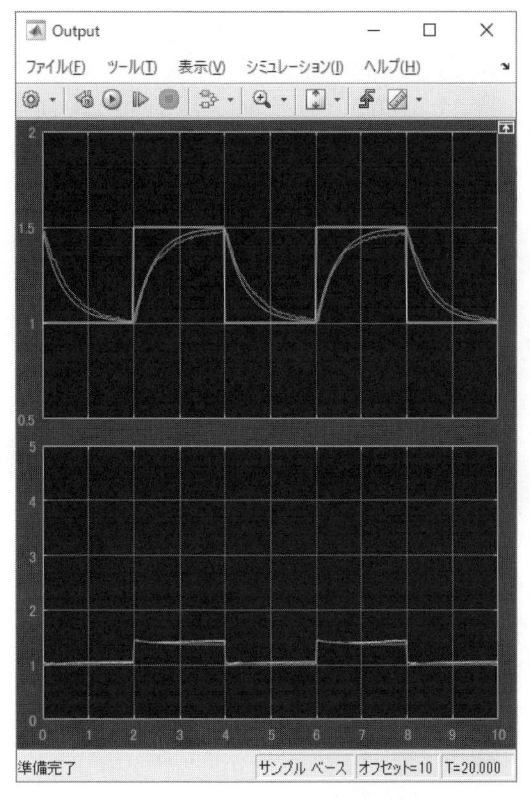

図 4.40　Case 1 の実験結果

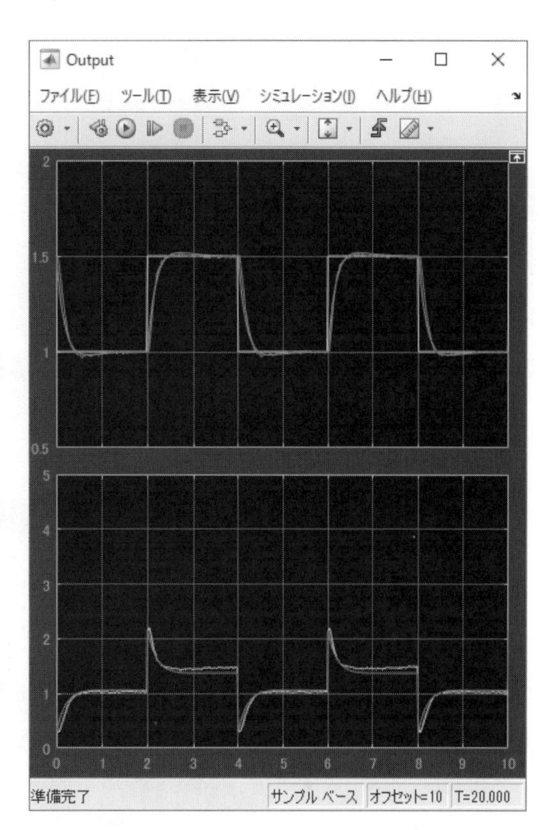

図 4.41　Case 2 の実験結果

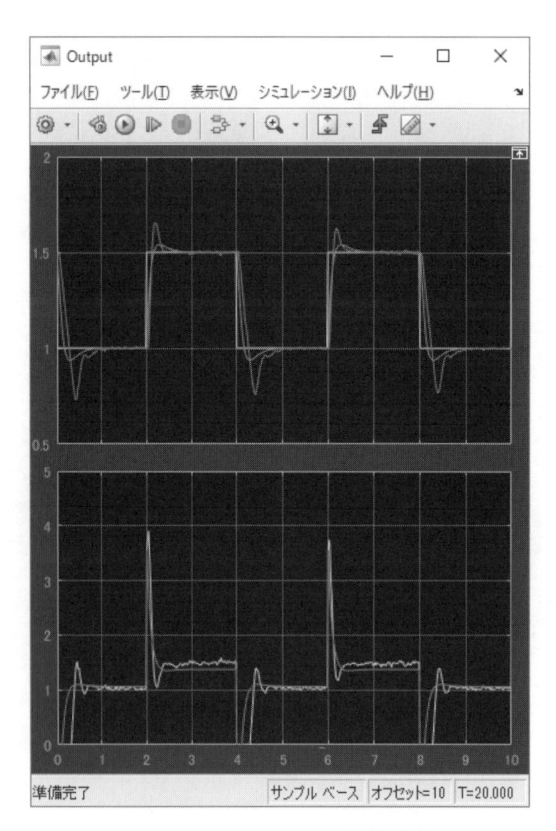

図 4.42　Case 3 の実験結果

第 5 章

モータの角度制御実験をしよう

第5章　モータの角度制御実験をしよう

5.1　はじめに

ロボットアームのように，角度を目標角度へ正確に追従させる制御は，制御の中でも基本中の基本です。身近なところでは，ラジコンのRCサーボも，角度制御系です。一般に，目標角度へ追従させる制御はサーボ制御と呼ばれます。本章では，タミヤのHigh Power Gearboxに，角度検出のポテンショメータを取り付けた実験装置（図5.1）を使ってサーボ制御を学習します。

図5.1　High Power Gearboxを使った自作サーボ実験装置

図 5.2　High Power Gearbox へのポテンショメータの取り付け

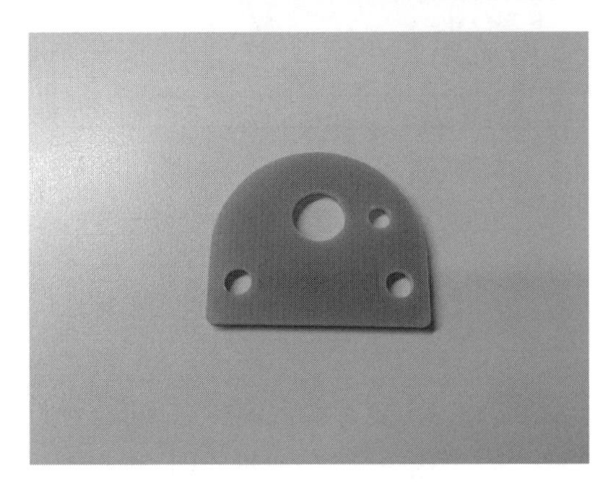

図 5.3　ポテンショメータを取り付けるための専用プレート

図 5.1 の実験装置（以下自作サーボと呼びます）では，High Power Gearbox を 64.8:1 のギヤ比で組み立てたあと，余ったオレンジ色のギヤの穴をテーパーリーマなどを使って広げ，10 kΩ のポテンショメータ（可変抵抗）の軸に通したあと，専用プレート[1]を作って緑色ギアに接触するように取り付けています（図 5.2，5.3）。

自作サーボの構成図を図 5.4 に示します。角度指令値はポテンショメータの電圧をアナログ入力端子 A1 から読み込みます[2]。また，High Power Gearbox の出力角度は，別のポテンショメータを使って，アナログ入力端子 A0 から読み込みます。

角度制御では，モータを正転と逆転の両方をさせなければなりませんので，モータを駆動するアンプについては専用のドライバ IC を使います。これまで，ホビー用途の定番といえば東芝製 TA7291P でし

[1]専用プレートを含む実験キットは TechShare から購入できます (`https://www.physical-computing.jp/`)。
[2]角度指令値用のポテンショメータは今後の拡張を考えて回路図に入れていますが，本書の実験では使用しませんので，なくても問題ありません。

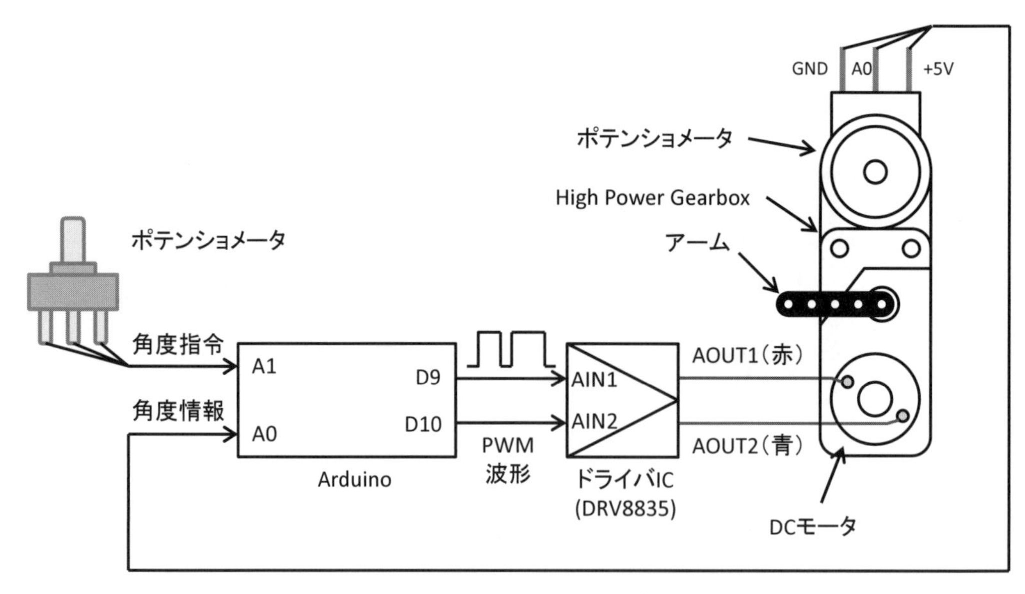

図 5.4　自作サーボの全体構成図

たが，生産中止となってしまいました。そこで，Texas Instruments 社製（以下，IT 社製）の DRV8835 というドライバ IC を使うことにします。このドライバ IC は，2 個の DC モータを同時に駆動することができ，各モータへ連続で 1.2A（最大 1.5A）の電流を流すことができます。また，モータを駆動するための電源電圧も 0〜11 V と幅広く，模型用モータなど，低電圧のモータを駆動するのに適しています。

このドライバ IC は，表面実装パッケージになっているため，直接，ブレッドボードに刺すことができません。そのため，ブレッドボードで使用できるようにした，ドライバモジュールが各社から発売されています。本書では，TechShare 製のドライバモジュールを使用することにします[3]。

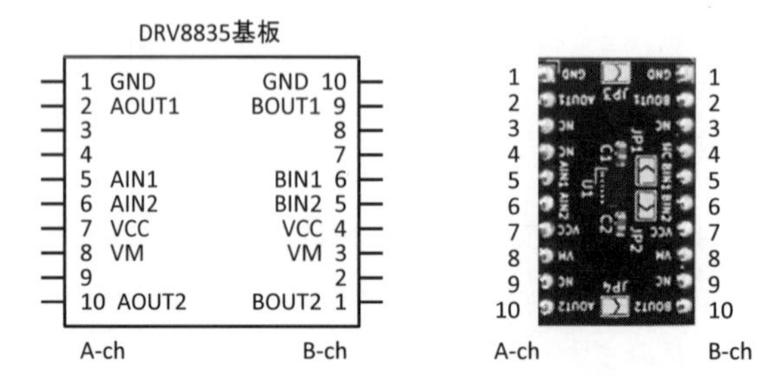

図 5.5　TechShare 製 DRV8835 ドライバモジュールのピン配置

DRV8835 には，動作モードが 2 種類（Mode 0 と 1）あります。Mode 0 は細かな制御ができる IN/IN モード，Mode 1 は 1 つのピンで回転方向を定め，もう一つのピンで回転の強さを PWM で指定する

[3] TechShare から購入できます（https://www.physical-computing.jp/）。

表 5.1　DRV8835 の機能（MODE0）

入力		出力		モード
xIN1	xIN2	xOUT1	xOUT2	
0	0	∞	∞	コースト
1	0	H	L	正転
0	1	L	H	反転
1	1	L	L	ブレーキ

PHASE/ENABILE モードです。TechShare 製ドライバモジュールは東芝製 TA7291P に合わせて Mode 0 (IN/IN モード) に設定されています。

Mode 0 で使用するときのピン配置を図 5.5 に示します。AOUT1 と AOUT2 に接続したモータは AIN1 と AIN2 で制御し，BOUT1 と BOUT2 に接続したモータは BIN1 と BIN2 で制御します。VCC は DRV8835 を制御するための電源（ロジック電源）であり，Arduino Uno/Mega では，マイコンボード上にある 5 V ピンと接続します[4]。また，VM にはモータを駆動するための電源（モータ電源）を接続します。供給電圧は使用するモータの定格電圧から決めるとよいでしょう。High Power Gearbox に附属する 260 タイプのモータの適正電圧は 3 V ですので，それに合わせて 3 V を供給します。GND にはロジック電源とモータ電源の両方の GND を接続します。

入出力の関係を表 5.1 に示します。なお，この表の x には A または B が入ります。また，xIN1 及び xIN2 に記されている 1 は該当するピンにロジック電源電圧と同じ電圧（5 V あるいは 3.3 V）を，0 は 0 V を加えることを意味します。一方，xOUT1 及び xOUT2 に記されている H は，モータ電源の VM

コラム モータを駆動するための Arduino のピンについて

Arduino などのマイコンでは，タイマーカウンタを使って PWM 信号を生成しており，Arduino Uno には 3 つ，Mega には 5 つのタイマーカウンタが搭載されています。各タイマーと出力ピンとの関係は以下の表のようになっており，使われるタイマーカウンタがピンによって異なる点に注意が必要です。

表　タイマーカウンタと PWM 信号のピンアサイン

Timer	Uno	Mega	周波数
Timer 0	5, 6pin	4, 13pin	977.56Hz
Timer 1	9, 10pin	11, 12pin	490.2Hz
Timer 2	3, 11pin	9, 10pin	490.2Hz
Timer 3		2, 3, 5pin	490.2Hz
Timer 4		6, 7, 8pin	490.2Hz

異なるタイマーカウンタから生成される PWM 信号を使ってドライバーモジュールの AIN1 と AIN2 を駆動すると，それらの間で同期がとれていなかったり，周波数が異なったりするため，思わぬ性能劣化を引き起こすことがあります。そこで本書では，Uno および Mega のどちらにおいても同一のタイマーカウンタに接続されている 9 ピンと 10 ピンを使うことにしました。

[4]Arduino Due など，動作電圧が 3.3V のマイコンを使う場合は 3.3 V ピンと接続してください。

レベルが出力され，L は GND レベルが出力されることを意味します。

自作サーボでは，A-ch を使うこととし，図 5.6 の回路を構成しました。実体配線図を図 5.7 に示します。モータの配線（赤）を DRV8835 の AOUT1 に，（青）を AOUT2 に接続してください。また，High Power Gearbox の角度検出用ポテンショメータは，図 5.4 のように，ポテンショメータに取り付けられたオレンジ色ギアを正面にしたとき，左から順に GND, A0, 5 V になるように配線してください。

コラム TA7291P の生産終了と DRV8835 の選定について

安価ということもあってホビー用途で広く普及していた東芝製 TA7291P ですが，残念ながら製造中止となり，最近では流通在庫を見つけるのも難しくなりました。筆者が調べた限りでは，数ボルト程度の小型モータが駆動できるドライバ IC はあまり多くありません。

今回，TA7291P の代わりに採用した TI 社製の DRV8835 は，本文でも説明したようにモータへの供給電圧の幅が 0〜11 V と広く，小型モータを使うホビー用途に適しています。DRV8835 は 2 個のモータを別々に駆動できますが，1 個のモータを駆動するのであれば，DRV8837 や DRV8838 も選択肢になります。これら二つのドライバ IC の性能は同じ（モータ駆動電圧：0〜11 V，出力電流：連続 1.7 A，最大 1.8 A）ですが，入力信号の与え方が異なりますので注意してください。

さて，DRV8835 は端子間隔が 0.65mm の小型面実装パッケージのため，ブレッドボードに刺して利用できるよう，TechShare にお願いしてドライバモジュールを作成してもらいました。ピン配置を以下に示します。

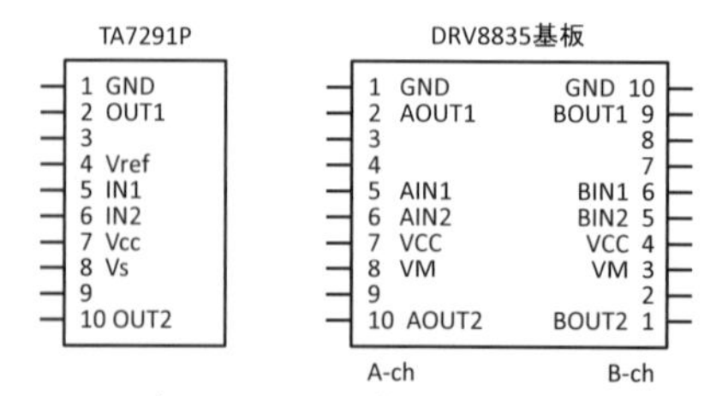

図　TA7291P および TechShare 製 DRV8835 搭載基板のピン配置

A-ch もしくは B-ch の片側だけを使用して TA7291P の代わりに使用することもできますし，両チャンネルを利用して 2 個のモータを別々に駆動することもできます。また，1 つのモータに対して 2ch を並列で使用できるようになっており，この場合，連続で 2.4A，ピークで 3A まで電流を流すことができます。なお，TA7291P では，Vref 端子によってモータ印加電圧が調整できましたが，DRV8835 にはそのような機能はありません。また，TA7191P は，IC 内部での電圧降下が大きく，モータへ 3 V 程度の電圧を印加するには，モータ電源を 5 V 程度にする必要がありました。しかし，DRV8835 には，そのような電圧降下がほとんどないため，モータ電源の電圧は，使用するモータの適正電圧に合わせる必要があります。そのため，改訂版の本書では，モータ電源を 3 V に変更しています。

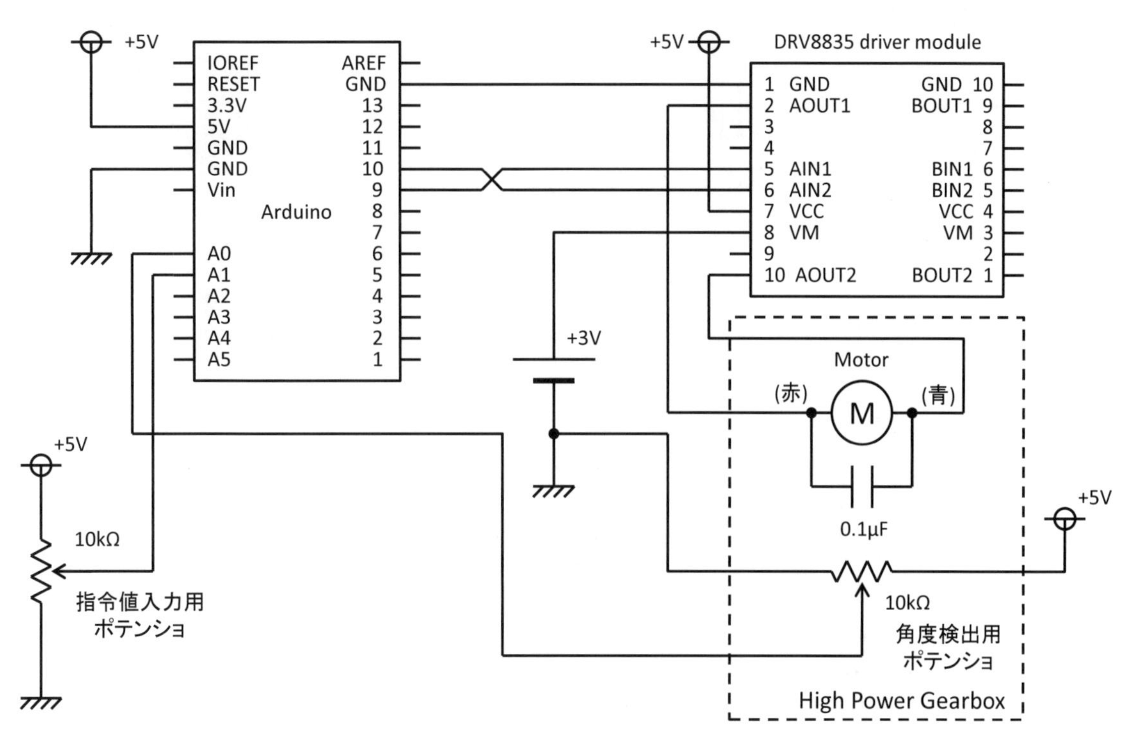

図 5.6　自作サーボの回路図

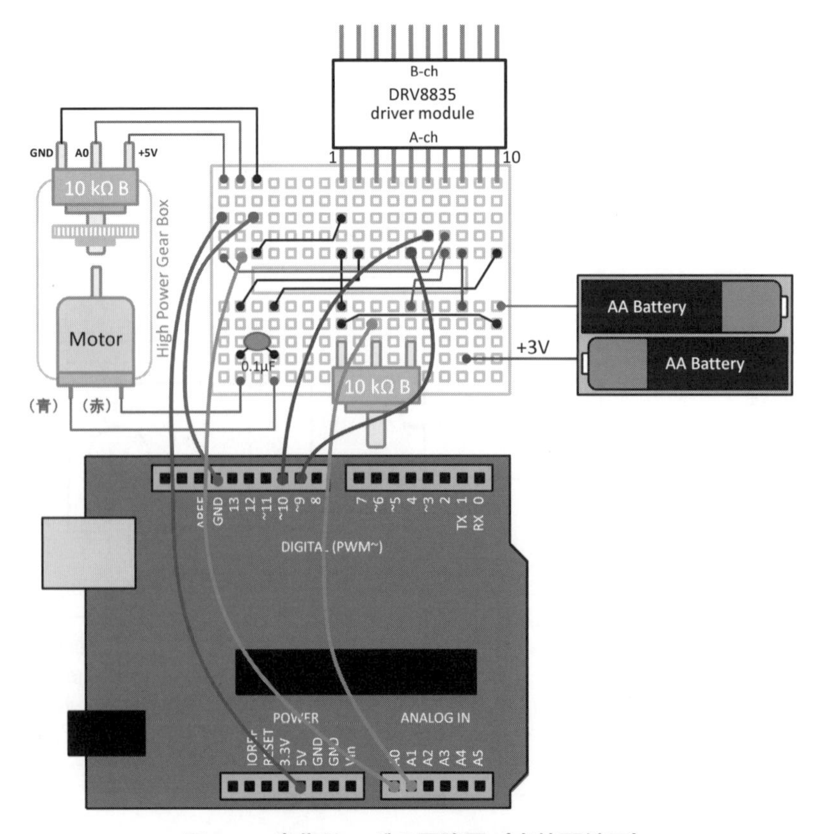

図 5.7　自作サーボの回路図（実体配線図）

5.2 制御対象と動作確認

■ 5.2.1 制御対象の伝達関数

前章の図 4.24 で示したように，DC モータの入力電圧 v_a [V] から出力軸角度 θ [rad]（図 5.4 のアームの角度）までの伝達関数は

$$\theta = \frac{K}{s(Ts+1)} v_a \tag{5.1}$$

となります。以後，直感的にイメージしやすいように，出力軸角度 θ の単位は度 [deg] を使うことにします。そこで，図 5.8 に示すように，[rad] から [deg] への変換係数 $180/\pi$ を K に含ませたものを改めて K とおき，これを制御対象とします。

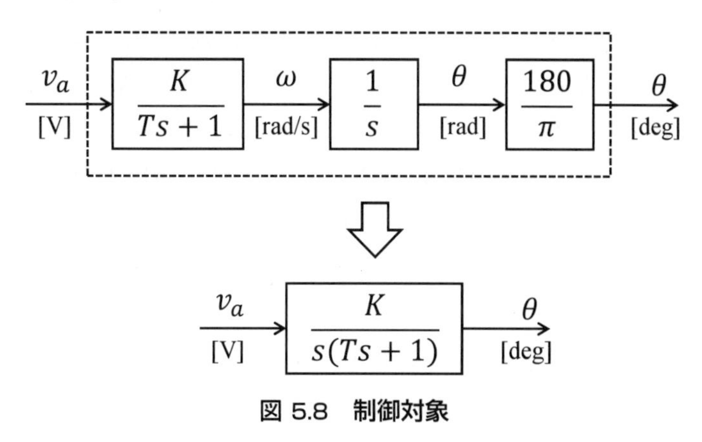

図 5.8 制御対象

■ 5.2.2 角度検出部

High Power Gearbox の出力軸角度は直接計測できないので，ギヤを介して接続されたポテンショメータの回転角度から検出しています。High Power Gearbox の出力軸にある緑色のギアの歯数は 40，また，ポテンショメータの軸にあるオレンジ色のギアの歯数は 36 となっています。したがって，ポテンショメータの回転角度 θ_{pot} [deg] と出力軸角度 θ の関係は

$$\theta_{pot} = \frac{40}{36} \theta$$

となります。さらに，ポテンショメータの出力感度を実測したところ，1 V あたり約 50 度でした。これを，$K_{pot} = 50$ deg/V で定義すると，θ_{pot} とポテンショメータの出力電圧 v_{pot} [V] との関係は次式となります。

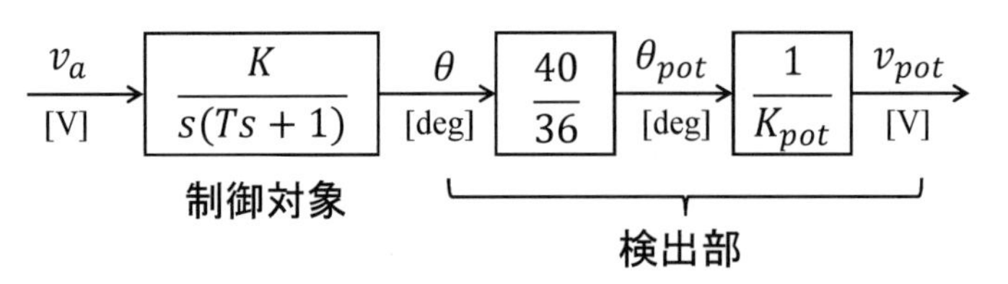

図 5.9 角度検出部の構成

$$v_{pot} = \frac{1}{K_{pot}} \theta_{pot}$$

以上をまとめて，モータへの印加電圧 v_a からポテンショメータの出力電圧 v_{pot} までの特性をブロック線図で表現すると図 5.9 のようになります。

■ 5.2.3 自作サーボの Simulink モデル

モータを駆動するには，DRV8835 の AIN1 と AIN2 に適切な信号を加える必要があります。表 5.1 より，AIN1 を 5 V，AIN2 を 0 V にするとモータは正転し，AIN1 を 0 V，AIN2 を 5 V にするとモータは逆転します。また，回転方向に合わせて AIN1 または AIN2 に PWM 信号を加えると出力が調整できます。例えば，正転の出力を r %にする場合には，AIN1 に 5 V を加え，AIN2 にデューティ $(100-r)$ %の PWM 信号を加えます。これにより，正転とブレーキの比が $r : 100-r$ になるため，出力を r %に抑えられます。逆転の場合は，AIN2 に 5 V を加え，AIN1 にデューティ $(100-r)$ %の PWM 信号を加えます。

このような PWM 信号が AIN1 と AIN2 に加わるよう，Simulink モデルの Motor 部を図 5.10 のように作成しました。モータの印加電圧である制御入力 ($-3 \sim 3$ V) に 255/3 を乗ずることにより，PWM のデューティ R ($-255 \sim 255$) に変換されます。そのあと，255 を加えて「Saturation」ブロックを通って「Arduino Analog Write Pin 9」へ入力されるパスと，符号反転したあとに 255 を加えて「Saturation」ブロックを通って「Arduino Analog Write Pin 10」へ入力されるパスに分かれます。これらの演算によって，各「Arduino Analog Write」ブロックには表 5.2 に示す値が入力され，その結果，所望の動作が実現できます。

表 5.2 Arduino Analog Write への入力変換

デューティ R ($-255 \leq R \leq 255$)	Arduino Analog Write	
	Pin 9	Pin 10
$R \geq 0$	255	$255 - \lvert R \rvert$
$R < 0$	$255 - \lvert R \rvert$	255

一方，`A0` ピンに入力されたポテンショメータの出力電圧については，「Arduino Analog Read」により読み取り，5/1024 を乗じて電圧に変換したあと，ポテンショメータの中点で出力が 0 度になるように

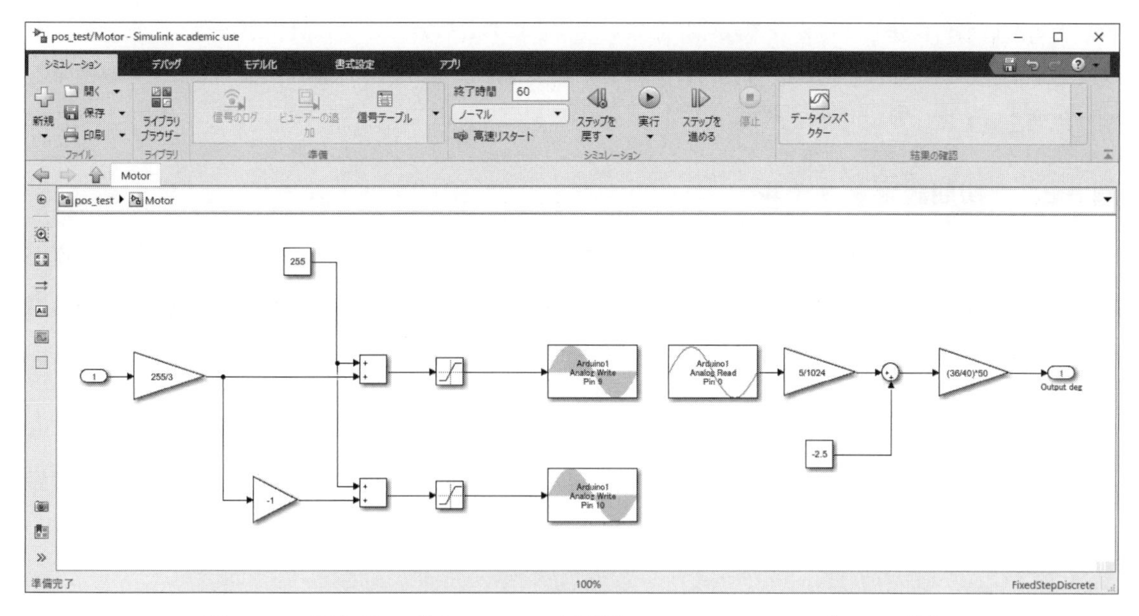

図 5.10　自作サーボの Simulink モデル [pos_test.mdl]（Motor 部）

2.5 を引きます。そして，$K_{pot} \times (36/40)$ を乗じることで，出力角度を得ます。

■ 5.2.4　動作確認

それでは，動作確認をしてみましょう。まず，pos_test.mdl 開き，サンプリング周期を MATLAB コマンドウインドウから次のように設定します。

実行 5-1

```
>> ts = 1/50;
```

そして，Simulink モデルにある「Scope」を開いたあと，「Input voltage」と書かれた定数ブロックが 0 になっていることを確認し，Simulink モデルを実行しましょう。

自作サーボの出力軸を「Scope」を見ながら手で左右に回してみます。右に回したときに出力角度が増加し，左に回したときに減少するはずです。また，出力軸を 90 度や 45 度回したときに「Scope」のグラフもおよそ同程度変化することも確認してください。以上で，角度検出部のチェックは終わりです。もし，グラフの変化が逆になる場合は，回路図をもう一度確かめてください。

次に，モータに電圧を加えて動かしてみましょう。まず，自作サーボの出力軸をほぼ中点に手で回転させておきます。そして，「Input voltage」と書かれた定数ブロックに小さな値，たとえば，0.8 程度を入れて，Simulink モデルを実行してください。出力軸が右回転するはずです。もし，左回転する場合は，モータ端子が逆に接続されている可能性があります。もう一度，回路図を確かめてください。

なお，「Input voltage」にあまり大きな値を入れると，出力軸が勢いよく回転し，ポテンショメータの最大角や最小角に達して動かなくなってしまいます。このとき，モータに負担がかかり，実験装置が壊れる可能性があります。このように，実験装置が意図しない動作をした場合には，モータを駆動する側の電源を直ちにオフにしてください。

■ 5.2.5　初期設定ファイル

各実験で共通する変数などの定義をプログラム 5-1 にまとめておきます。この m-file は最初に一度だけ実行し，sim_param.mat を作成してください。他の m-file は，ここで作成した sim_param.mat を参照します。サンプリング周期についても，プログラム 5-1 で定義されていますので，変更する場合は，プログラム 5-1 を書き換えて，sim_param.mat をアップデートしてください。

プログラム **5-1** [sim_init.m]

```
1   %% sim_init.m
2
3   %% Initialize
4   close all
5   clear all
6
7   %% Common parameters
8   ts = 1/50;
9   s  = tf('s');
10
11  %% PID gain
12  Kp = 0;
13  Ki = 0;
14  Kd = 0;
15
16  %% Reference parameters
17  r      = 40;
18  r_cyc  = 4;
19  dist   = 0;
20  Ncyc   = 2;
21  tfinal = r_cyc*Ncyc;
22
23  %% Save data
24  save sim_param
25
26  %% EOF of sim_init.m
```

5.3 制御対象のパラメータ同定

■ 5.3.1 はじめに

モデルベース設計を行うためには，制御対象の伝達関数である (5.1) 式の K と T の値を求める必要があります。図 5.8 で示すようにモータ電圧 v_a から角速度 ω までの伝達特性は 1 次遅れシステムとなるので，ステップ入力を加えた時の角速度を，出力角度を微分するなどしてプロットすれば，そこから，時定数 T とゲイン K を読み取ることができます。しかし，本実験装置では，ポテンショメータの回転範囲が限られているため，一定回転速度に達する前に出力軸は最大角に達して止まってしまいます。これでは，ステップ応答試験が行えません。

そこで，本節では制御対象をゲインフィードバックによって安定化した後にステップ応答実験を行い，そこから，パラメータを同定することにします。

■ 5.3.2 ゲインフィードバックによる安定化と 2 次遅れシステム

図 5.11 に示すように，制御対象をゲインフィードバックによって安定化したときの，目標値 r から出力 y までの閉ループ伝達関数を計算します。

$$
\begin{aligned}
y &= \frac{\dfrac{KK_p}{s(Ts+1)}}{1+\dfrac{KK_p}{s(Ts+1)}}r \\
&= \frac{KK_p}{Ts^2+s+KK_p}r \\
&= \frac{KK_p/T}{s^2+(1/T)s+KK_p/T}r \qquad (5.2)
\end{aligned}
$$

ここで，

$$2\zeta\omega_n = (1/T), \quad \omega_n^2 = KK_p/T$$

と置くと，r から y までの伝達関数は次式で示す **2** 次遅れシステムとなります。

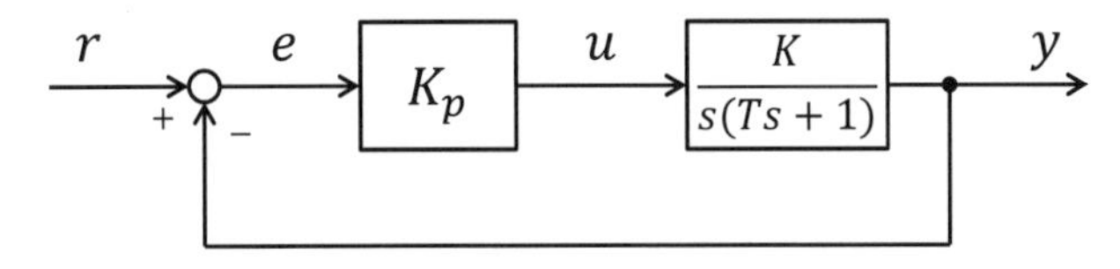

図 5.11 ゲインフィードバックによる安定化

$$y = \frac{\omega_n^2}{s^2 + 2\zeta\omega_n s + \omega_n^2} r$$

このとき，ω_n は固有角周波数，ζ は減衰比と呼ばれます。

2 次遅れシステムのステップ応答について，少し復習をしておきましょう。ステップ入力のラプラス変換は $1/s$ なので，次のようになります。

$$\begin{aligned}
y(t) &= \mathcal{L}^{-1}\left[\frac{\omega_n^2}{s^2 + 2\zeta\omega_n s + \omega_n^2} \cdot \frac{1}{s}\right] \\
&= \mathcal{L}^{-1}\left[\frac{\mu_1\mu_2}{(s-\mu_1)(s-\mu_2)}\frac{1}{s}\right] \\
&= \mathcal{L}^{-1}\left[\frac{1}{s} + \frac{k_1}{s-\mu_1} + \frac{k_2}{s-\mu_2}\right] \\
&= 1 + k_1 e^{\mu_1 t} + k_2 e^{\mu_2 t}
\end{aligned}$$

ここで，μ_1, μ_2 は $s^2 + 2\zeta\omega_n s + \omega_n^2 = 0$ の根，つまり 2 次遅れシステムの伝達関数の極であり

$$\mu_1, \mu_2 = -(\zeta \pm \sqrt{\zeta^2 - 1})\omega_n \tag{5.3}$$

となります。(5.3) 式より，ζ が 1 より大きい，等しい，または小さいかによって，応答が変わり，次のように分類できることが知られています。

(1) 不足減衰 $(0 < \zeta < 1)$ 減衰が弱く，応答は振動的となる。

(2) 過減衰 $(\zeta > 1)$ 減衰が強く，ゆっくり目標値へ収束する。

(3) 臨界減衰 $(\zeta = 1)$ (1) と (2) の臨界応答。

それでは，プログラム 5-2 の m-file を実行してみましょう。

プログラム **5-2** [second_sys.m]

```
1   %% second_sys.m
2
3   s = tf('s');
4   omega_n = 1;
5   zeta = 0.2;
6   P1 = omega_n^2/(s^2 + 2*zeta*omega_n*s + omega_n^2);
7   zeta = 1;
8   P2 = omega_n^2/(s^2 + 2*zeta*omega_n*s + omega_n^2);
9   zeta = 2;
10  P3 = omega_n^2/(s^2 + 2*zeta*omega_n*s + omega_n^2);
11
12  step(P1,'-',P2,'--',P3,':')
13  legend('zeta = 0.2','zeta = 1','zeta = 2')
14
15  %% EOF of second_sys.m
```

すると，$\omega_n = 1$，$\zeta = 0.2, 1, 2$ に対するステップ応答が表示されます（図 5.12）。$\zeta = 0.2$ の不足減衰では，振動がなかなか収まりません。不足減衰のときの 2 次遅れシステムの応答の概形を図 5.13 に示

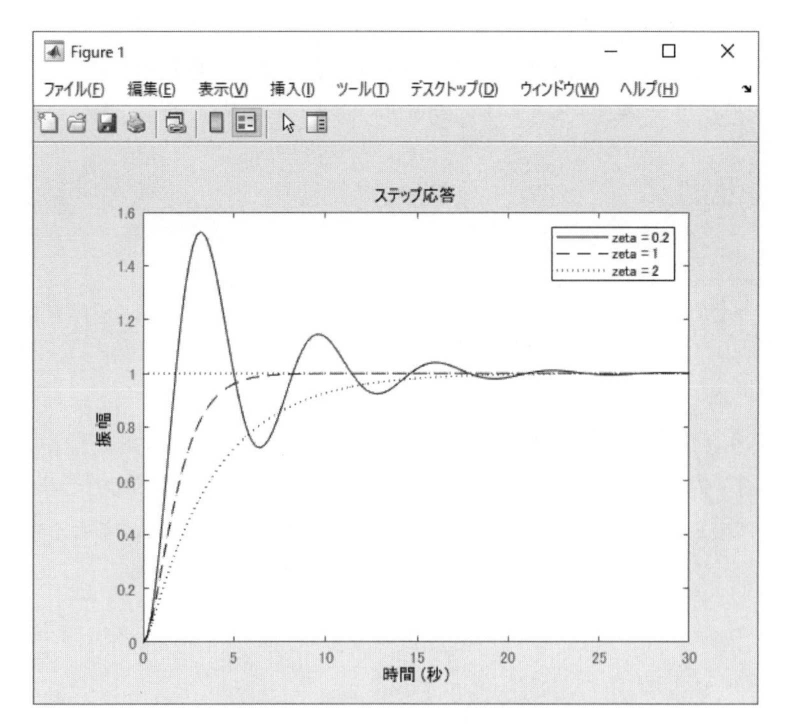

図 5.12　2 次遅れシステムのステップ応答

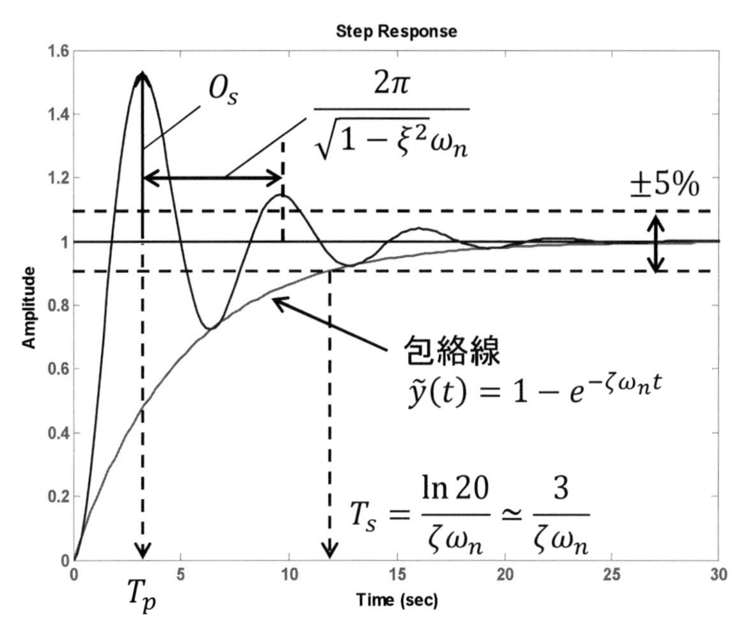

図 5.13　2 次遅れシステムのステップ応答の概形（$0 < \zeta < 1$）

します。ここで，出力が1を超えて行き過ぎることをオーバーシュートと呼び，その最大値 O_s を**最大オーバシュート量**と呼びます。最大のオーバーシュートは，ステップ応答の最初に起こり，出力が最大値になるときの時間 T_p を**オーバーシュート時間**と呼びます。O_s と T_p は ω_n と ζ を使って次のように計算できます。

$$O_s = e^{-\pi\zeta/\sqrt{1-\zeta^2}}$$
$$T_p = \frac{\pi}{\sqrt{1-\zeta^2}\omega_n}$$

O_s は ζ だけに依存し，ζ が小さくなればなるほど最大オーバーシュート量が大きくなることがわかります。

次に，図 5.13 に示すように，出力が ±5 %の範囲に入るまでの時間 T_s を求めてみましょう。T_s は**整定時間**と呼ばれます。T_s を正確に求めるためには，数値計算が必要になるので，その近似値を求めることにします。そこで，2 次遅れシステムのステップ応答の包絡線が次式になることを使います（図 5.13 参照）。

$$\tilde{y}(t) = 1 - e^{-\zeta\omega_n t}$$

そして，2 次遅れシステムの応答が ±5 %の範囲に入る代わりに，その包絡線が ±5 %の範囲に入る時間を計算します。これは，包絡線が ±5 % の範囲に入っていれば，実際の応答も必ず入ることによります。包絡線が −5 %に到達した条件

$$e^{-\zeta\omega_n t} = 0.05 = 1/20$$

を解くと

$$T_s = \frac{\ln 20}{\zeta\omega_n} \simeq \frac{3}{\zeta\omega_n} \tag{5.4}$$

を得ます。ただし，2 番目の近似式は $\ln 20 = 2.9957\cdots$ を使いました。つまり，整定時間は ω_n と ζ の積に反比例することがわかります。

ここで，2 次遅れシステムの時定数を，ステップ応答の包絡線が 63.2 %に達するまでの時間と定義して，これを T_c で表すと

$$T_c = \frac{1}{\zeta\omega_n}$$

となります。したがって，

$$T_s \simeq 3T_c \tag{5.5}$$

つまり，2 次遅れシステムでは，包絡線で定義した時定数の約 3 倍が整定時間になります。

なお，定常値の ±2 %に入る時間を整定時間として定義する場合もあります。この場合，(5.4) 式は

$$T_s \simeq \frac{4}{\zeta\omega_n}$$

にかわります。ただし，$\ln(1/0.02) = \ln 50 = 3.9120\cdots$ を使いました。また，(5.5) 式は

$$T_s \simeq 4T_c$$

となります。

■ 5.3.3 ステップ応答実験

実際にゲインフィードバックで安定化させたうえで，ステップ応答実験を行います。次の手順に従って実験を行います。

1. まず，同定実験のための Simulink モデル pos_id_step_sl.mdl を開きます（図 5.14）。そして，「Scope」を開いておきます。この Scope は上段が出力応答，下段が制御入力です。
2. pos_id_step.m を開きます（プログラム 5-3）。フィードバックゲインは 11 行目の Kp_id です。まず，デフォルト値で一度実験を行ってみます。予備実験の場合は，ステップ応答の回数 Ncyc を少なくして（Ncyc=2 程度）実験するとよいでしょう。pos_id_step.m を実行すればステップ応答実験が始まります。
3. Kp_id の値は，応答が多少振動的になるように設定します。振動的ではない応答にすると，非線形摩擦の影響で出力応答が途中で止まってしまいます。およそ，図 5.15 のような応答が得られれば良いでしょう。問題がなければ，Ncyc=5 程度に設定して，ステップ応答実験を行います。
4. 実験が終わると，上段に 1 回目を除いた Ncyc-1 回分のステップ応答（ただし，正転側のステップ応答のみ）と下段にそれらの平均応答が表示されます（図 5.16）。

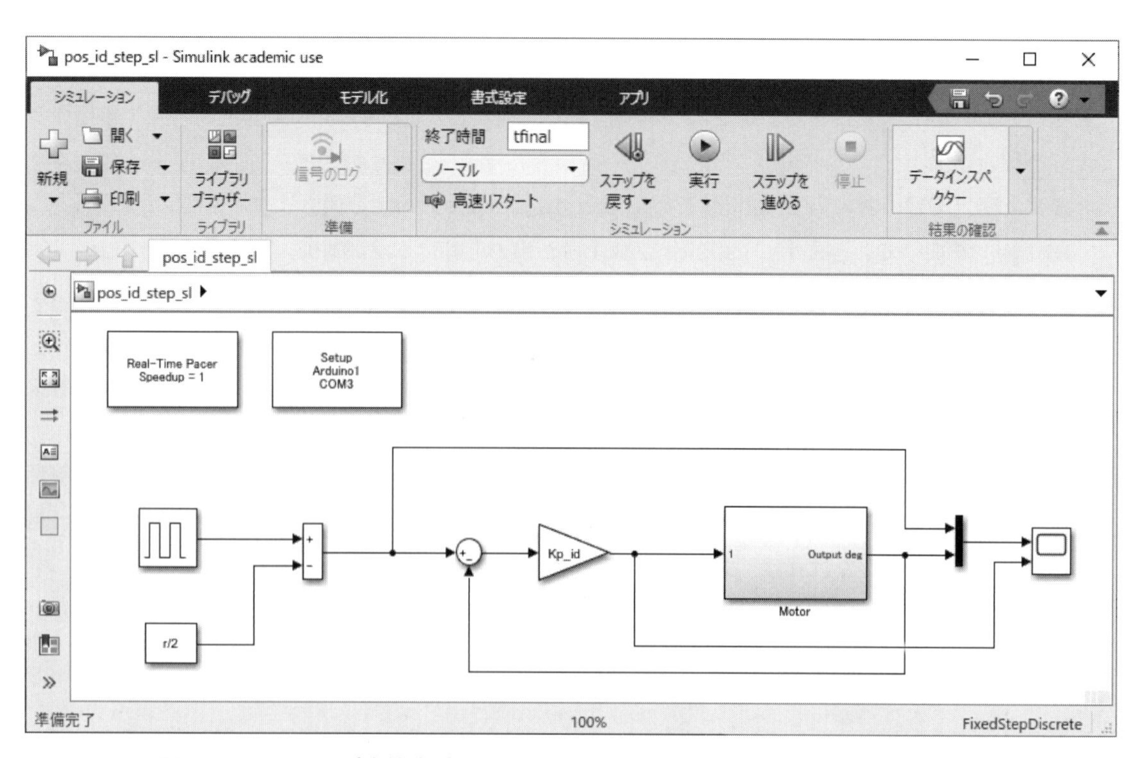

図 5.14　ステップ応答実験のための Simulink モデル [pos_id_step_sl.mdl]

プログラム **5-3** [pos_id_step.m]

```
1  %% pos_id_step.m
2
3  %% Initialize
4  close all
5  clear all
6  load sim_param
7
8  %% Parameters for identification
9  r      = 40;
10 r_cyc  = 8;
11 Kp_id  = 0.07;
12 Ncyc   = 5;
13 tfinal = r_cyc*Ncyc;
14
15 %% ID Experiment
16 open_system('pos_id_step_sl')
17 open_system('pos_id_step_sl/Scope')
18 sim('pos_id_step_sl')
19
20 %% Data processing
21 y = yout.signals(1).values(:,2);
22 t = yout.time;
23
24 NN = length(y);
25 N  = r_cyc/ts;
26 yy = reshape(y(2:NN),N,(NN-1)/N);
27 yf = yy(1:N/2,2:end); % 最初のデータを除き&前進データのみとする
28
29 % 平均化と正規化処理
30 ym = mean(yf')';
31 y0 = ym(1); yN = ym(end);
32 ym = (ym-y0)/(yN-y0);
33
34 %% Plot figure
35 t = (0:N/2-1)*ts;
36 figure(1)
37 subplot(211)
38 plot(t,yf), grid
39 xlabel('Time [s]'),ylabel('Output [deg]')
40 subplot(212)
41 plot(t,ym), grid
42 xlabel('Time [s]'),ylabel('Output [deg]')
43
44 %% EOF of pos_id_step.m
```

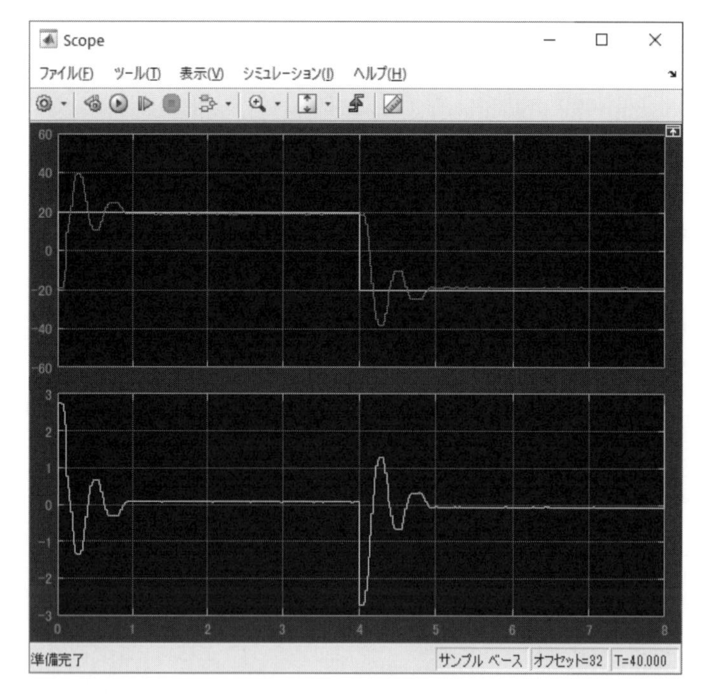

図 5.15　実験中の波形

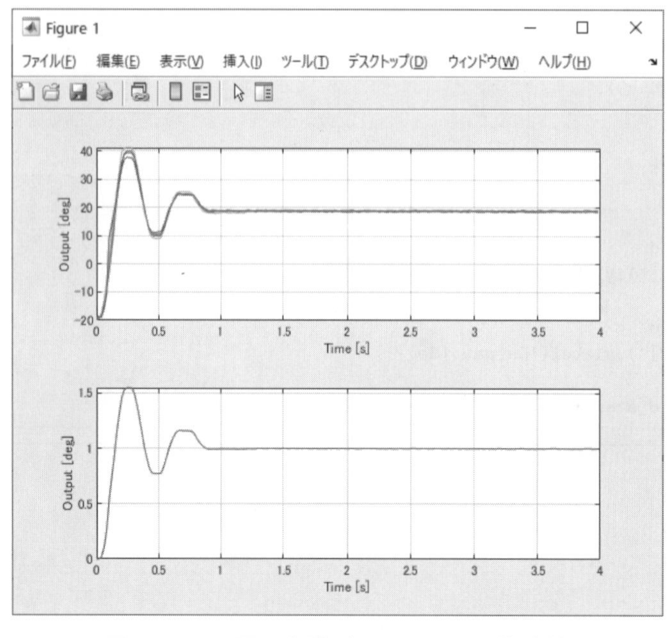

図 5.16　5 回の実験データとその平均応答

■ 5.3.4 パラメータの導出

得られたステップ応答から，2 次遅れシステムの ω_n と ζ を求める方法はいろいろあります。例えば，2 次遅れシステムの応答は図 5.13 のようになることから，得られた応答の振動の周期やオーバーシュート量を求めて，そこから ω_n と ζ を計算することができます。

しかし，本実験装置では，ディジタル制御を行っており，サンプリング周期が 20 ms とあまり短くないために，その影響を無視して制御対象のパラメータ K と T を求めると，実際の値と少しずれてしまうことがわかりました。そこで，離散化の影響も考慮して，K と T の値を求めることを考えます。

MATLAB には，fminsearch という最適化のための関数が用意されています。fminsearch を使うと，導関数を使わずに，制約条件のない多変数関数の最小値を見つけることができます。そこで，fminsearch から呼び出される関数として，プログラム 5-4 を作成しました。この関数は，K と T と実験で得られたステップ応答データ $y[k]$ $(k = 0, 1, \ldots, L-1)$ を与えると，2 乗積分誤差

$$J = \sum_{i=0}^{L-1} (y[k] - y_{sim}[k])^2 \qquad (5.6)$$

を計算してその値を返します。ここで，モデルの応答 $y_{sim}[k]$ は，制御対象のモデルをサンプリング周期 20ms で離散化し，それをゲイン Kp_id でフィードバックしたうえで計算しています。つまり，制御対象の離散化の影響を考慮してモデルの応答を計算しています。この myfunc を fminsearch から呼び出すことで，K と T をいろいろと変化させながら，(5.6) 式が最小になる K と T をサーチしてくれます。

プログラム 5-4 [myfunc.m]

```
1  function J = myfunc(x,y,t,ts,Kp_id);
2  % x     = [K,T]'
3  % y     = step response data obtained by experiment
4  % t     = time vector
5  % ts    = sampling time
6  % Kp_id = feedback gain for identification
7
8  K    = x(1);
9  T    = x(2);
10 P    = tf([0 0 K],[T 1 0]); % P = K/(Ts^2 + s);
11 Pd   = c2d(P,ts,'zoh');     % Discretization
12 Ld   = Pd*Kp_id;            % Loop transfer function
13 Gd   = feedback(Ld,1);      % Closed-loop system
14 ysim = step(Gd,t);          % Step response
15 J    = norm(y-ysim,2);      % Error
16
17 %% EOF of myfunc.m
```

myfunc.m は直接実行するのではなく，pos_id_step_fit.m（プログラム 5-5）を実行して，そこから呼び出してください。

プログラム **5-5** [pos_id_step_fit.m]

```
1  %% pos_id_step_fit.m
2
3  %% Parameter identification
4  Lt    = input('Time length for fitting = ');
5  L     = Lt/ts;
6  y_fit = ym(1:L);
7  t_fit = (0:L-1)*ts;
8  x0    = [500,0.5];
9  % Search parameters
10 xmin  = fminsearch(@(x) myfunc(x,y_fit,t_fit,ts,Kp_id),x0);
11
12 %% Plot figure
13 K_id = xmin(1);
14 T_id = xmin(2);
15 P  = tf([0 0 K_id],[T_id 1 0]);
16 Pd = c2d(P,ts,'zoh');
17 Ld = Pd*Kp_id;
18 Gd = feedback(Ld,1);
19 ymodel = step(Gd,t);
20 figure(2)
21 plot(t,ym,'b-',t_fit,y_fit,'b*',t,ymodel,'r-');
22 xlabel('Time [s]'), ylabel('Output [deg]')
23
24 %% Display results
25 fprintf('== Results ==\n')
26 fprintf('K = %f\n',K_id)
27 fprintf('T = %f\n',T_id)
28
29 %% EOF of pos_id_step_fit.m
```

プログラム 5-5 を実行すると，0 秒から何秒の範囲において，(5.6) 式を計算するかを聞いてきます。振動が収まるに従って，非線形摩擦である静止摩擦の影響が出てきますので，出力応答振幅が比較的大きい時間範囲を与えるのが良いでしょう。試行錯誤を繰り返しながら，実験データとモデルから計算される応答が良く一致する時間範囲を見つけてください。

pos_id_step_fit.mの実行結果の例を図 5.17 に示します。実機には非線形摩擦だけではなく，いろいろな不確定要素を含んでいますから，完全な一致は不可能です。ここでは，この図に示す程度の一致が見られれば良いものとしましょう。図 5.17 に対するコマンドウインド出力は以下の通りです。

実行 **5-2**

```
>> pos_id_step_fit
Time length for fitting = 1
== Results ==
K = 347.121852
T = 0.140618
```

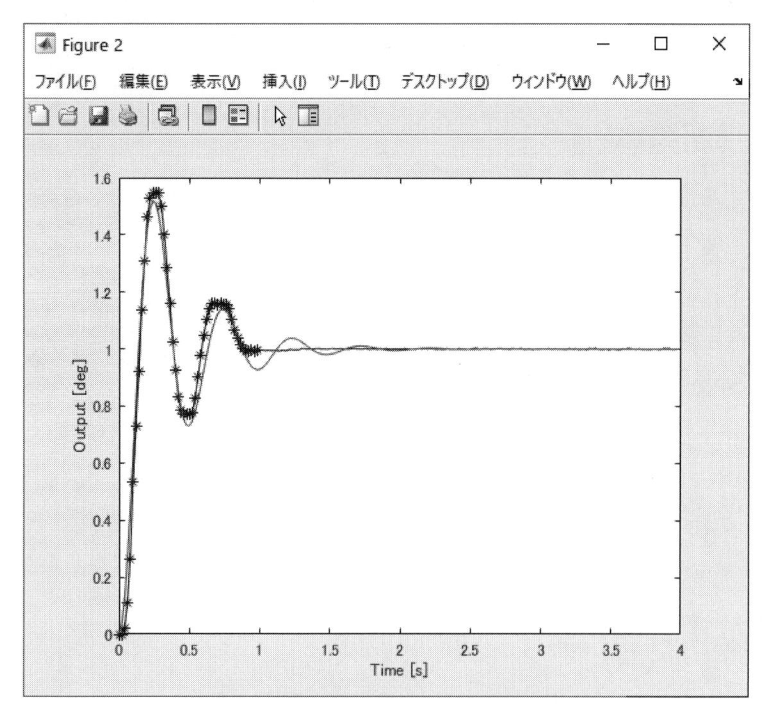

図 5.17　実機の応答との比較の例

■ 5.3.5 検証実験

得られたモデルパラメータ T と K の妥当性を検証するため，実機とモデルの両方に同じフィードバック制御を行い，両者の出力を比較します。そのための Simulink モデル pos_pid_mbd_sl.mdl を開きます（図 5.18）。pos_pid_mbd_sl.mdl では，あとの実験でも使用できるように，一般的な PID 制御器が実装されています（図 5.19）。

制御対象のモデル「Discrete-time plant」は，制御対象 $K/(s(Ts+1))$ を零次ホールドで離散化したものを用いています（コラム参照）。また，実機のブロック「Motor」と制御対象のモデルの双方に，±3 V の入力制約のための「Saturation」ブロックを入れています。

プログラム 5-6 [pos_id_verify.m]

```
1  %% pos_id_verify.m
2
3  %% Set identified parameters
4  K = 347.121852
5  T = 0.140618
6
7  %% Discrete-time plant model
8  P  = K/(T*s^2 + s);
9  Pd = c2d(P,ts,'zoh');
10 [numpd,denpd] = tfdata(Pd,'v');
11
12 %% Start experiment
13 tfinal = 16;
14 Kp     = Kp_id;
15 Ki     = 0;
16 Kd     = 0;
17 open_system('pos_pid_mbd_sl')
18 open_system('pos_pid_mbd_sl/Scope')
19 sim('pos_pid_mbd_sl')
20
21 %% Save Parameters
22 save model_data K T numpd denpd
23
24 %% EOF of pos_id_verify.m
```

それでは，プログラム 5-6 を開き，冒頭にある制御対象のパラメータ（T と K）を，同定実験で得られた値に書き換えます。そして，実行してみましょう。プログラム 5-6 では，同定実験の時に使用したゲインフィードバックを用いて，実機とモデルの応答を比較します。実行結果の一例を図 5.20 を示します。ステップ入力直後においては，実機の応答とモデルの応答がほぼ一致していますが，1 秒以降では両者の応答は異なってきます。実機には非線形摩擦があり，振動が止まりますが，モデルの応答は振動が続きます。

実機とモデル出力があまりにも一致しない場合には，同定実験をやり直すなどしてください。ただし，両者は完全に一致することはないので，ある程度の誤差はやむを得ません。

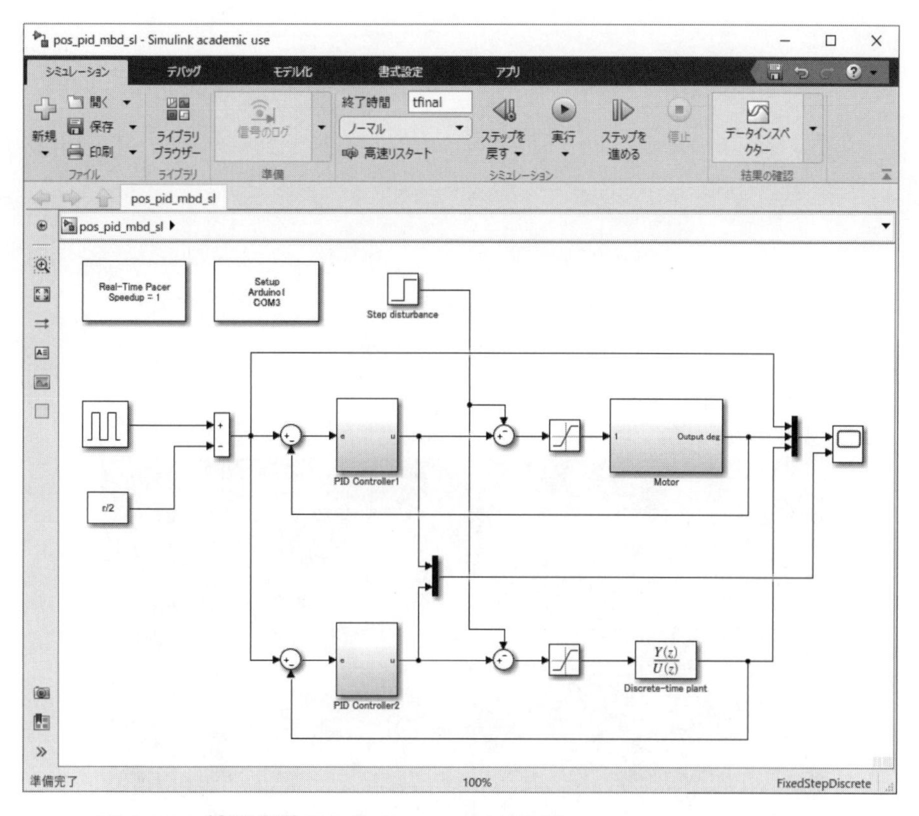

図 5.18　検証実験のための Simulink モデル [pos_pid_mbd_sl.mdl]

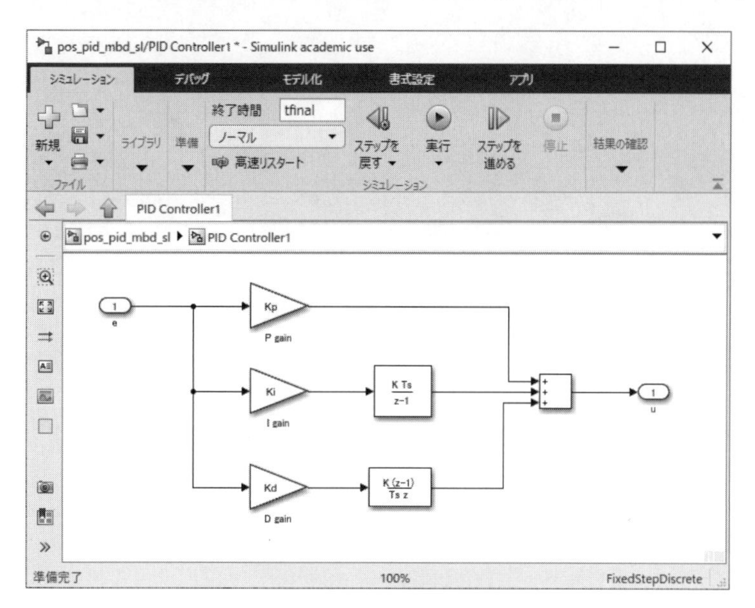

図 5.19　PID 制御器

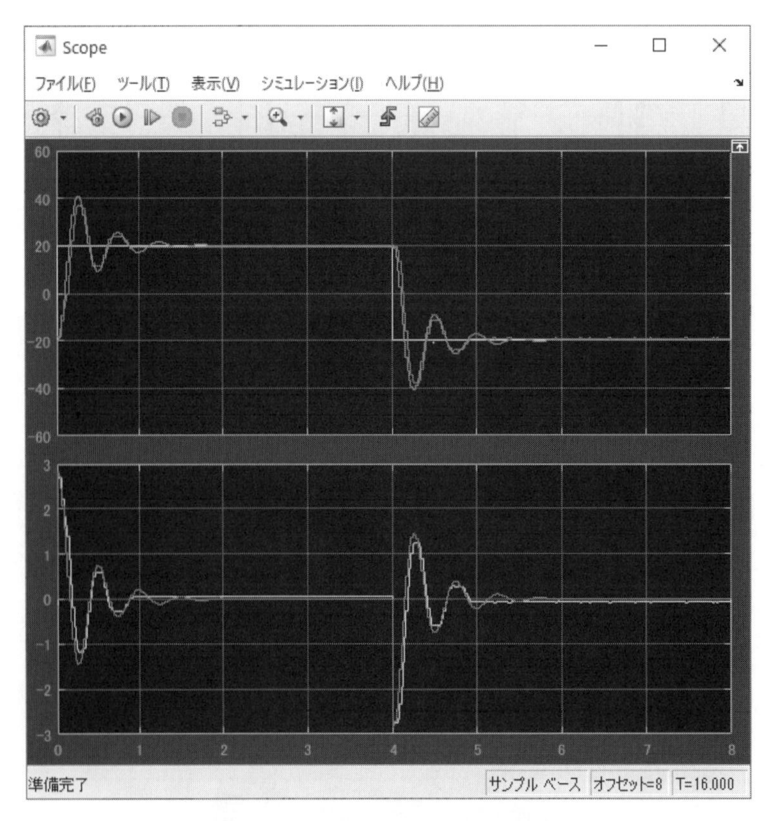

図 5.20　検証実験の出力応答例

コラム 離散化について

制御対象の離散化は，図 5.21 に示すように，連続時間制御対象の前後に零次ホールド（**ZOH**）とサンプラを接続したときの，離散時間入力 $u[k]$ から出力 $y[k]$ までの離散時間伝達関数を求めるものであり，近似なしに正確に計算できます。MATLAB では次のようにして連続時間制御対象 `P` を離散時間制御対象 `Pd` に変換します。

実行 **5-3**

```
Pd = c2d(P,ts,'zoh')
```

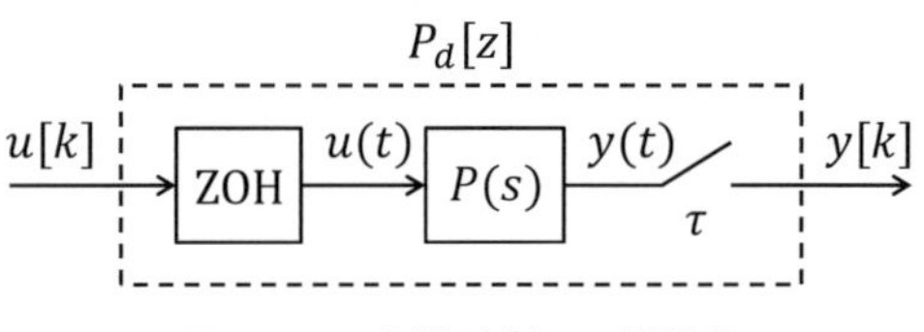

図 5.21　制御対象の離散化

一方，制御器が連続時間システムで与えられた場合は，マイコン実装するために，離散化しなければなりません。制御器の離散化では，連続時間制御器 $K(s)$ の特性を近似する離散時間制御器 $K[z]$ を求めることが目的なので，近似の仕方によっていくつかの方法があります。通常は**双一次変換**がよく使われます。

双一次変換は図 5.22 に示すように，

$$s = \frac{2}{\tau}\frac{z-1}{z+1}$$

によって，s 平面の左半面を z 平面の単位円内に移す変換です。双一次変換は **Tustin** 変換とも呼ばれ，MATLAB では次のようにして連続時間伝達関数 `K` を離散時間伝達関数 `Kd` へ変換します。ただし，`ts` はサンプリング周期です。

実行 **5-4**

```
Kd = c2d(K,ts,'tustin')
```

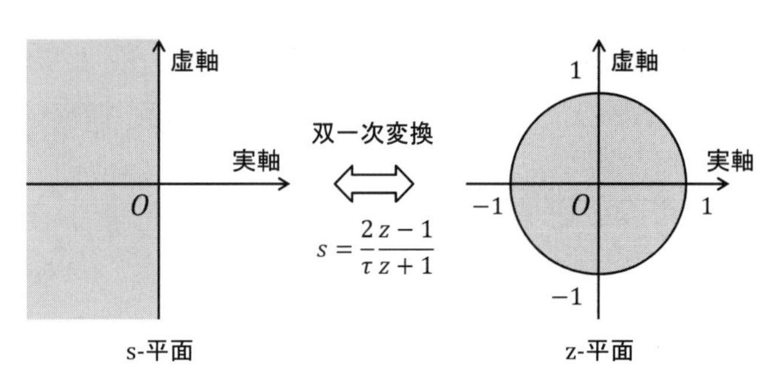

図 5.22　双一次変換

5.4 PID 制御実験

■ 5.4.1 ハンドチューニングによる PD 制御

PD 制御器のゲインをハンドチューニングしてみる前に，前章で行った速度制御の PI 制御系と角度制御の PD 制御系が同じ構造を持つことを示しておきましょう。まず，図 5.23 に示す速度制御の PI 制御系の目標値 r から出力 $y = \omega$ までの閉ループ伝達関数を計算してみます。制御対象 P および PI 制御器 K は

$$P = \frac{K}{Ts+1}, \quad K = K_P + \frac{K_I}{s}$$

なので，

$$\begin{aligned} y &= \frac{PK}{1+PK} r \\ &= \frac{\dfrac{KK_P}{T}s + \dfrac{KK_I}{T}}{s^2 + \dfrac{KK_P+1}{T}s + \dfrac{KK_I}{T}} r \end{aligned} \tag{5.7}$$

となります。

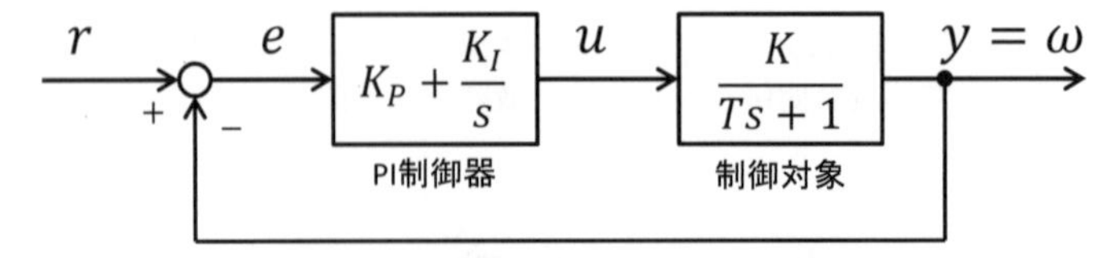

図 5.23 速度制御における PI 制御系

一方，角度制御系における PD 制御系のブロック線図は図 5.24 のようになります。先ほどと同様に，目標値 r から出力 $y = \theta$ までの閉ループ伝達関数を計算してみると，制御対象 P および PD 制御器 K は

$$P = \frac{K}{s(Ts+1)}, \quad K = K_P + K_D s$$

なので，

$$\begin{aligned} y &= \frac{PK}{1+PK} r \\ &= \frac{\dfrac{KK_D}{T}s + \dfrac{KK_P}{T}}{s^2 + \dfrac{KK_D+1}{T}s + \dfrac{KK_P}{T}} r \end{aligned} \tag{5.8}$$

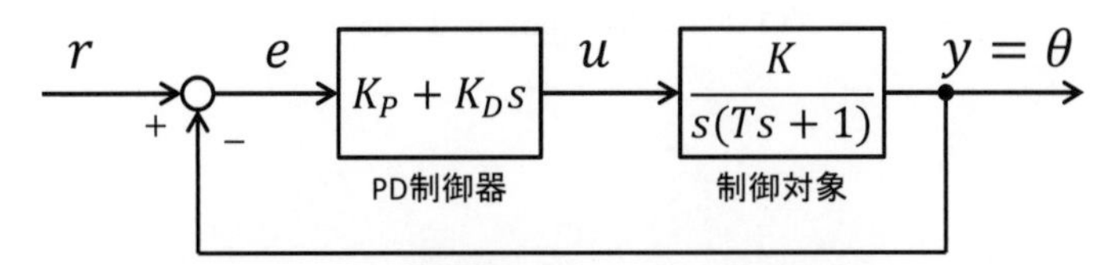

図 5.24　角度制御における PD 制御系

となります。

ここで，(5.7) 式と (5.8) 式を見比べてみましょう。すると，速度制御系の PI ゲインを次のように置き換えたものが角度制御系の PD ゲインになっていることがわかります。

$$K_I \Rightarrow K_P, \quad K_P \Rightarrow K_D \tag{5.9}$$

実は，このことは，図 4.14 の PI 制御器の積分器を

$$K_P + \frac{K_I}{s} = \frac{1}{s}(K_I + K_P s)$$

のように抜き出して制御対象へ移動させ，(5.9) 式の置き換えを行うと，図 5.24 の PD 制御系に一致することからも確認できます。

それでは，実際にハンドチューニングにより，PD ゲインを決定してみましょう。まず，Simulink モデル `pos_pid_mbd_sl.mdl` を開き，「Scope」を開いておきます。そのあと，プログラム 5-7 の PD パラメータ（10〜12 行目）を設定し，実行します。次の手順で PD ゲインをチューニングすると良いでしょう。

1. PID ゲインすべてをゼロにする。
2. P ゲインを大きくし，応答が振動的になるように調整する。
3. P ゲインを固定し，D ゲインを大きくしながら，振動が収まるように調整する。
4. P ゲインと D ゲインを微調整する。

このような手順で調整した PD ゲインによる応答の例を図 5.25 に示します。また，PD ゲインの値は次のようになりました。

```
Kp      = 0.07;
Kd      = 0.004;
```

プログラム **5-7** [pos_pid_set.m]

```
1  %% pos_pid_set.m
2
3  %% Initialize
4  close all
5  clear all
6  load sim_param
7  load model_data
8
9  %% Set PID parameters
10 Kp     = 0.07;
11 Ki     = 0;
12 Kd     = 0.004;
13
14 %% Display PID parameters
15 disp('>>> PID parameters <<<')
16 fprintf('Kp  = %f\n',Kp);
17 fprintf('Ki  = %f\n',Ki);
18 fprintf('Kd  = %f\n',Kd);
19
20 %% Experiment
21 r      = 40;
22 r_cyc  = 4;
23 dist   = 0;
24 Ncyc   = 4;
25 tfinal = r_cyc*Ncyc;
26 open_system('pos_pid_mbd_sl')
27 open_system('pos_pid_mbd_sl/Scope')
28 sim('pos_pid_mbd_sl')
29
30 %% EOF of pos_pid_set.m
```

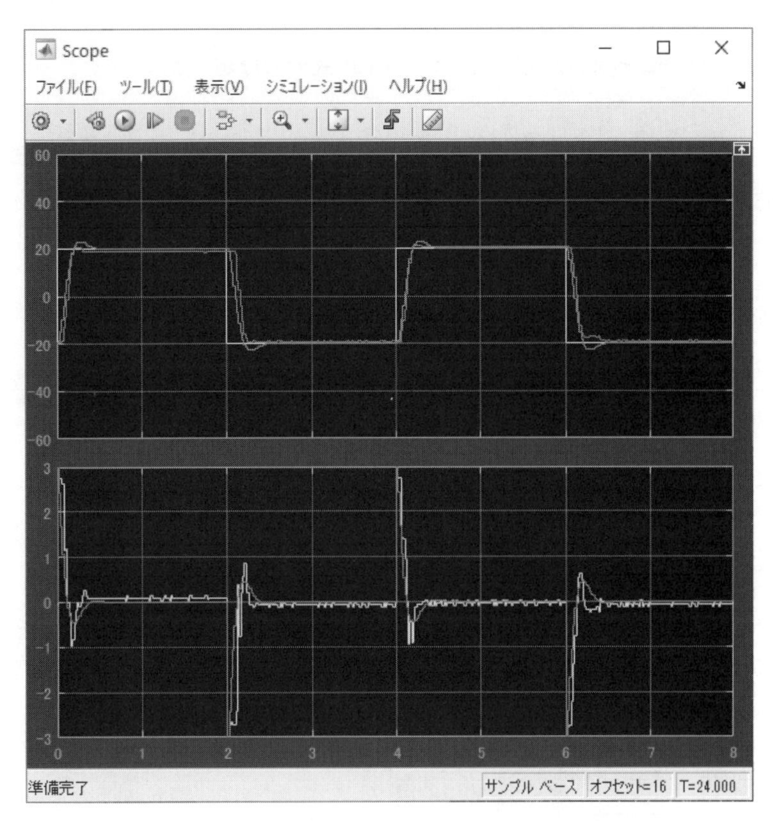

図 5.25　ハンドチューニングによる PD 制御の例

■ 5.4.2　極指定による PD 制御器設計

ここでは PD ゲインを閉ループ極を指定することで求めてみましょう。考え方は，速度制御系の PI ゲインを極指定で求めたときと同じです。

目標値 r から出力 y までの閉ループ伝達関数 G_{yr} は (5.8) 式より

$$G_{yr} = \frac{\dfrac{KK_D}{T}s + \dfrac{KK_P}{T}}{s^2 + \dfrac{KK_D + 1}{T}s + \dfrac{KK_P}{T}} \tag{5.10}$$

となります。G_{yr} の極が p_1, p_2 になるためには，(5.10) 式の分母が

$$(s - p_1)(s - p_2) = s^2 - (p_1 + p_2)s + p_1p_2$$

に一致しなければなりません。そこで，係数比較を行うと次式を得ます。

$$p_1 + p_2 = -\frac{KK_D + 1}{T}, \quad p_1p_2 = \frac{KK_P}{T}$$

これらの式を K_P，K_D について解くことで PD ゲインが次のように求まります。

$$K_P = \frac{p_1p_2T}{K}, \quad K_D = -\frac{(p_1 + p_2)T + 1}{K}$$

速度制御実験では，p_1 と p_2 を直接与えて PD ゲインを設計していました。ここでは，2 次遅れシステムの伝達関数

$$\frac{\omega_n^2}{s^2 + 2\zeta\omega_n s + \omega_n^2}$$

の極に等しくなるように p_1 と p_2 を決めてみましょう。$s^2 + 2\zeta\omega_n s + \omega_n^2 = 0$ の根が p_1，p_2 に等しくなればよいので，次式を得ます。

$$p_1 = -\zeta\omega_n + j\omega_n\sqrt{1 - \zeta^2}$$
$$p_2 = -\zeta\omega_n - j\omega_n\sqrt{1 - \zeta^2}$$

この時の極配置を図 5.26 に示します。この図から，$\zeta = \sqrt{2}/2$ のとき，虚軸と実軸の長さが等しくなり，$\zeta = 1$ のとき重根となることがわかります。したがって，ζ によって実部と虚部の比が変えられます。一方，ω_n によって原点から極までの距離を変えることができます。ただし，(5.10) 式と 2 次遅れシステムでは，分子が異なりますので，5.3.2 項で説明した 2 次遅れシステムの応答とは異なります。

それでは，ω_n と ζ を与えて極指定してみましょう。まず，Simulink モデル `pos_pid_mbd_sl.mdl` を開き，「Scope」を開いておきます。そのあと，プログラム 5-8 の `omega_n` と `zeta` を設定します。`zeta` を $\sqrt{2}/2 \simeq 0.71$ 付近に設定し，`omega_n` を調整してみるとよいでしょう。

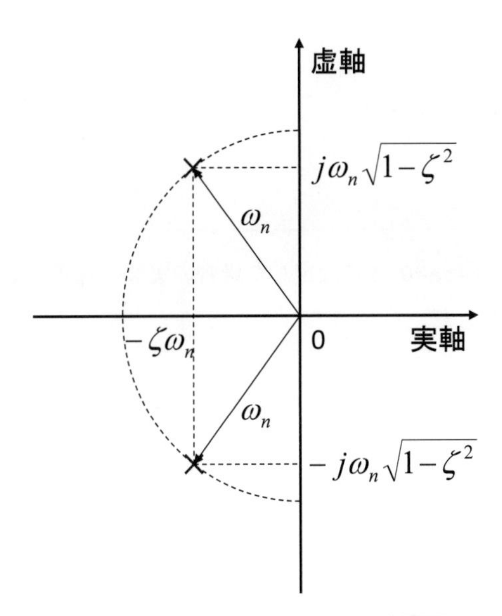

図 5.26　2 次遅れシステムの極配置

プログラム **5-8** [pos_pd_mbd.m]

```
1  %% pos_pd_mbd.m
2
3  %% Initialize & load data
4  close all
5  clear all
6  load sim_param
7  load model_data
8
9  %% PD design by pole placement
10 omega_n = 12;
11 zeta    = 0.6;
12 p1 = (-zeta + j*sqrt(1-zeta^2))*omega_n;
13 p2 = (-zeta - j*sqrt(1-zeta^2))*omega_n;
14
15 %% Set PD parameters
16 Kp = p1*p2*T/K;
17 Kd = -((p1+p2)*T + 1)/K;
18 Ki = 0;
19
20 %% Display PI parameters
21 disp('>>> PI parameters <<<')
22 fprintf('Kp  = %f\n',Kp);
23 fprintf('Ki  = %f\n',Ki);
24 fprintf('Kd  = %f\n',Kd);
25
26 %% Experiment
27 r      = 40;
28 r_cyc  = 4;
29 dist   = 0; % 0 or 1 for dist test
30 Ncyc   = 4;
```

```
31   tfinal = r_cyc*Ncyc;
32   open_system('pos_pid_mbd_sl')
33   open_system('pos_pid_mbd_sl/Scope')
34   sim('pos_pid_mbd_sl')
35
36   %% EOF of pos_pd_mbd.m
```

一例として，omega_n=12，zeta=0.6 に設定した場合の実験の様子を図 5.27 に示します。この時の PD ゲインは次のようになりました。

```
Kp   = 0.058334
Kd   = 0.002953
```

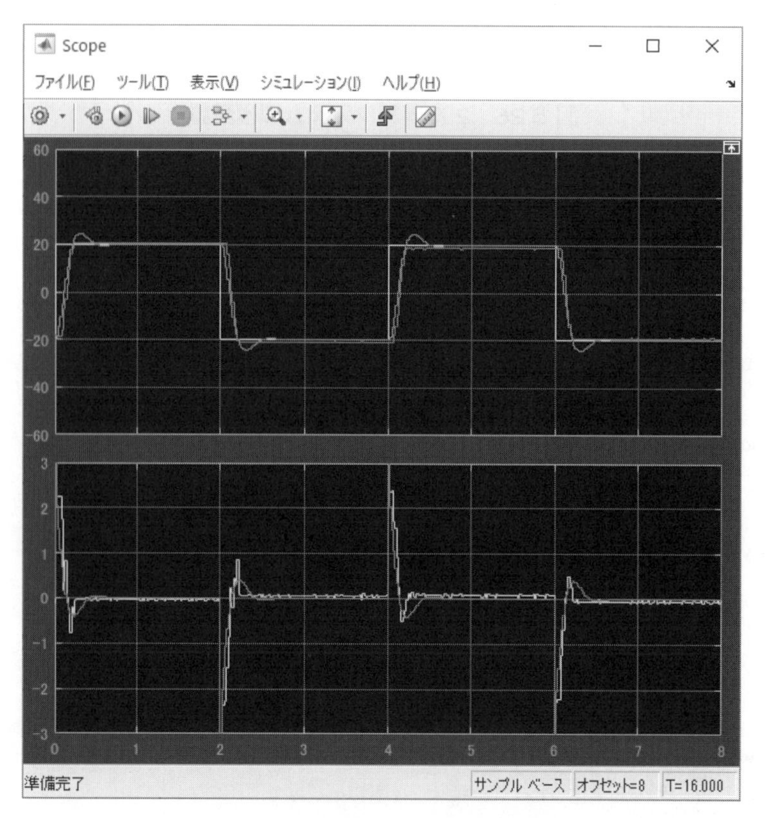

図 5.27 極指定による PD 制御の例

■5.4.3 極指定による PID 制御器設計

モータの角度制御系では，制御対象に積分器を含むため，PD 制御のように制御器に積分器を含まなくても定常偏差は生じません。しかし，定常外乱に対して制御対象の積分器は有効ではありませんので，PD 制御では偏差が生じてしまいます。そこでまず，PD 制御で定常外乱がある場合の実験を行ってみます。Simulink モデル pos_pid_mbd_sl.mdl の「Scope」を開いたうえで，プログラム 5-8 を開き，パラメータを次のようにセットします[5]。

```
%% PD design by pole placement
omega_n = 12;
zeta    = 0.6;
```

そして，下の方にあるステップ外乱の大きさを決めるパラメータを dist = 2 に設定します。dist を 0

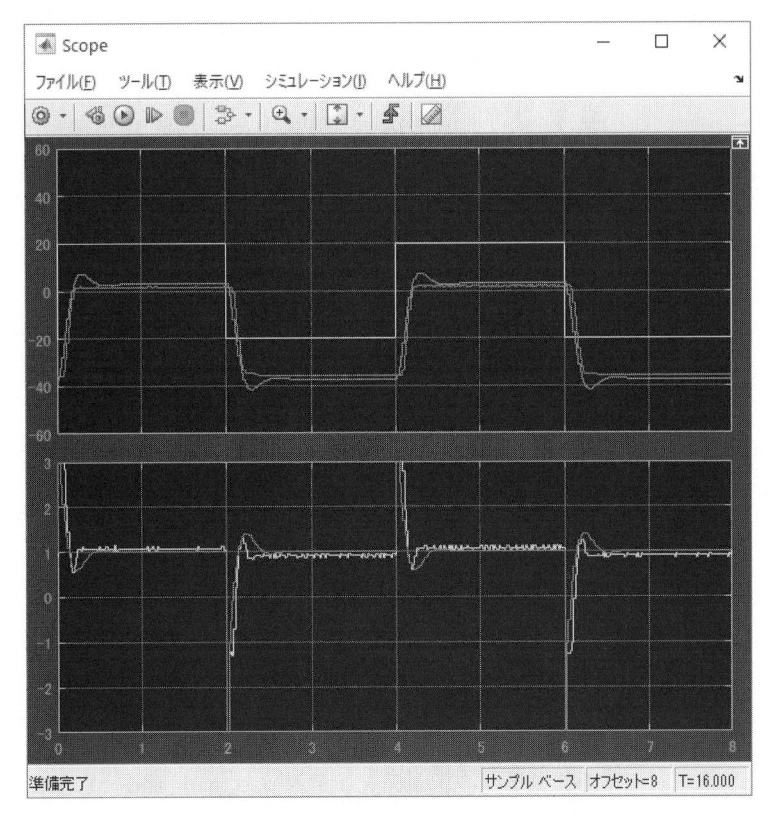

図 5.28　定常外乱抑圧特性（PD 制御）

[5]実験を行った時に，応答が振動的になったり，不安定になる場合は，omega_n を少し小さくしてみてください。

以外の値に設定すると，r_cyc/4の時間に大きさdistのステップ外乱が制御対象の入力端に加わります。実験結果の一例を図5.28に示します。この図から，定常偏差が確認できます。

では，積分補償を加えたPID制御器を極指定法によって設計してみましょう。制御対象PおよびPID制御器Kを

$$P=\frac{K}{s(Ts+1)},\quad K=K_P+\frac{K_I}{s}+K_Ds$$

と与えて，rからyまでの閉ループ伝達関数G_{yr}を計算すると次式を得ます。

$$\begin{aligned}G_{yr}=&\frac{PK}{1+PK}\\=&\frac{\frac{K}{T}(K_Ds^2+K_Ps+K_I)}{s^3+\frac{1+KK_D}{T}s^2+\frac{KK_P}{T}s+\frac{KK_I}{T}}\end{aligned}$$

G_{yr}の分母多項式の次数は3次なので，極は3つ指定する必要があります。それらを，p_1，p_2，p_3と置けば，一致させたい多項式は次のようになります。

$$(s-p_1)(s-p_2)(s-p_3)=s^3-(p_1+p_2+p_3)s^2+(p_1p_2+p_2p_3+p_3p_1)s-p_1p_2p_3$$

これを，G_{yr}の分母多項式と係数比較することによって，PIDゲインは次のように求まります。

$$K_P=\frac{T}{K}(p_1p_2+p_2p_3+p_3p_1) \tag{5.11}$$

$$K_I=-\frac{T}{K}p_1p_2p_3 \tag{5.12}$$

$$K_D=-\frac{1}{K}\left((p_1+p_2+p_3)T+1\right) \tag{5.13}$$

ここで，二つの極p_1，p_2は固有角周波数ω_nと減衰比ζで与え，残りの極p_3は正のパラメータαによって$p_3=-\alpha$と与えることにします。つまり，

$$\begin{aligned}p_1=&-\zeta\omega_n+j\omega_n\sqrt{1-\zeta^2}\\p_2=&-\zeta\omega_n-j\omega_n\sqrt{1-\zeta^2}\\p_3=&-\alpha\end{aligned}$$

とします。

では，PID制御実験を行ってみましょう。Simulinkモデルpos_pid_mbd_sl.mdlの「Scope」を開いたうえで，プログラム5-9を開き，パラメータを次のようにセットします[6]。

[6]実験を行った時に，応答が振動的になったり，不安定になる場合は，omega_nを少し小さくしてみてください。

```
%% PID design by pole placement
omega_n = 12;
zeta    = 0.6;
alpha   = 2;
```

そして，下の方にあるステップ外乱の大きさを決めるパラメータを dist=2 に設定します。実験結果の一例を図 5.29 に示します。入力端のステップ外乱が実験開始 1 秒後に加えられますが，図 5.28 とは異なり，偏差が次第に小さくなってゆく様子が確認できます。これが，積分器の効果です。

なお，alpha の値については，実験を繰り返しながらいろいろと調整してみてください。ただし，あまり大きな値にすると，制御系が不安定になりますので注意が必要です。

プログラム **5-9** [pos_pid_mbd.m]

```
1  %% pos_pid_mbd.m
2
3  %% Initialize & load data
4  close all
5  clear all
6  load sim_param
7  load model_data
8
9  %% PID design by pole placement
10 omega_n =  12;
11 zeta    =  0.6;
12 alpha   =  2;
13
14 p1 = (-zeta + j*sqrt(1-zeta^2))*omega_n;
15 p2 = (-zeta - j*sqrt(1-zeta^2))*omega_n;
16 p3 = -alpha;
17
18 %% Set PID parameters
19 Kp =   (p1*p2 + p2*p3 + p3*p1)*T/K;
20 Kd = -((p1+p2+p3)*T + 1)/K;
21 Ki = -p1*p2*p3*T/K;
22
23 %% Display PI parameters
24 disp('>>> PI parameters <<<')
25 fprintf('Kp  = %f\n',Kp);
26 fprintf('Ki  = %f\n',Ki);
27 fprintf('Kd  = %f\n',Kd);
28
29 %% Experiment
30 r      = 40;
31 r_cyc  = 4;
32 dist   = 0; % 0 or 1 for dist test
33 Ncyc   = 4;
34 tfinal = r_cyc*Ncyc;
35 open_system('pos_pid_mbd_sl')
36 open_system('pos_pid_mbd_sl/Scope')
```

```
37  sim('pos_pid_mbd_sl')
38
39  %% EOF of pos_pid_mbd.m
```

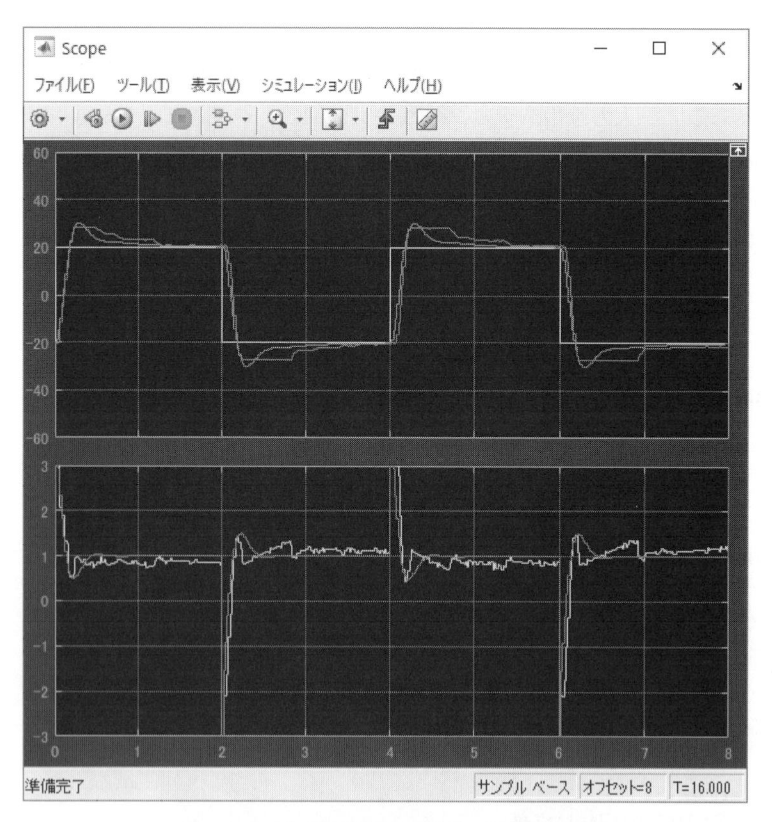

図 5.29　定常外乱抑圧特性（PID 制御）

5.5 PI-D制御とI-PD制御

5.5.1 はじめに

PID制御では，図5.30に示すように目標値rと出力yとの偏差$e=r-y$に，比例，積分，微分要素を掛け，それらの和を制御入力uとしています。目標値がステップ状に変化すると偏差もステップ状に変化しますが，ステップ入力の傾きは無限大となるため，微分器はインパルス状の非常に大きな出力を生成してしまいます。このような急峻な入力は，アクチュエータに負担を掛けたり，普段は無視できるレベルの制御対象の共振特性を励起して残留振動を起こしたりと，必ずしも好ましくはありません。

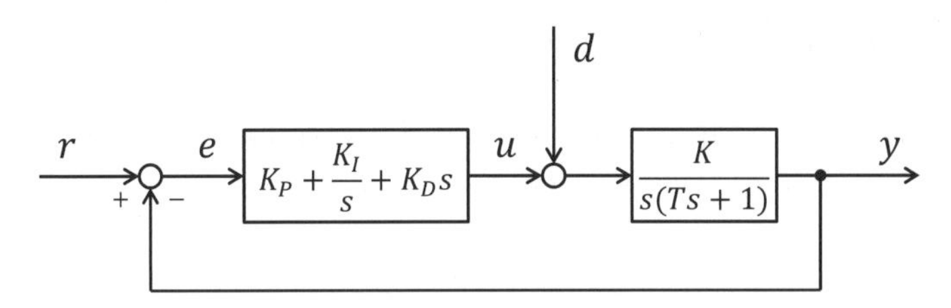

図5.30　PID制御系

そこで，本節では，上記の問題を回避するために考案された，**PI-D制御**（微分先行型**PID**制御）や**I-PD**制御（比例微分先行型**PID**制御）について説明します。さらに，目標値応答を改善するためのフィードフォワード項の導入によって，I-PD制御系の応答改善を図ります。これらの制御系は，**2**自由度制御の一種になっていることから，最後に，2自由度制御の代表的手法である，モデルマッチング2自由度制御について説明します。

5.5.2 PI-D制御とI-PD制御

PI-D制御は，微分先行型PID制御とも呼ばれ，図5.31に示すように微分項については，目標値rと出力yとの偏差ではなく，出力yをその入力とします。これによって，rにステップ入力が加えられても，それを微分することがないので，インパルス状の制御入力を避けることができます。なお，図中にあるdは外乱を表しており，まず$d=0$として議論を進めます。

では，rからyまでの伝達関数を求めてみましょう。そこで，微分器によるローカルなフィードバックループG_Dを次のようにして求めます。

$$G_D=\frac{\frac{K}{s(Ts+1)}}{1+\frac{K}{s(Ts+1)}K_D s}$$

$$=\frac{K}{s(Ts+KK_D+1)}$$

G_D を使うと，r から y までの閉ループ伝達関数 G_{yr} は次のように計算できます。

$$G_{yr}=\frac{G_D(K_P+K_I/s)}{1+G_D(K_P+K_I/s)}$$

$$=\frac{\frac{K}{T}(K_Ps+K_I)}{s^3+\frac{1+KK_D}{T}s^2+\frac{KK_P}{T}s+\frac{KK_I}{T}}$$

一方，外乱 d の影響を調べるため，$r=0$ として d から y までの閉ループ伝達関数 G_{yd} を計算してみましょう。すると，次のようになります。

$$G_{yd}=\frac{\frac{K}{T}s}{s^3+\frac{1+KK_D}{T}s^2+\frac{KK_P}{T}s+\frac{KK_I}{T}} \tag{5.14}$$

実は，図 5.30 に示す通常の PID 制御系でも，d から y までの特性は，(5.14) 式と等しくなります。つまり，PID 制御系と PI-D 制御系では目標値応答特性だけが異なります。

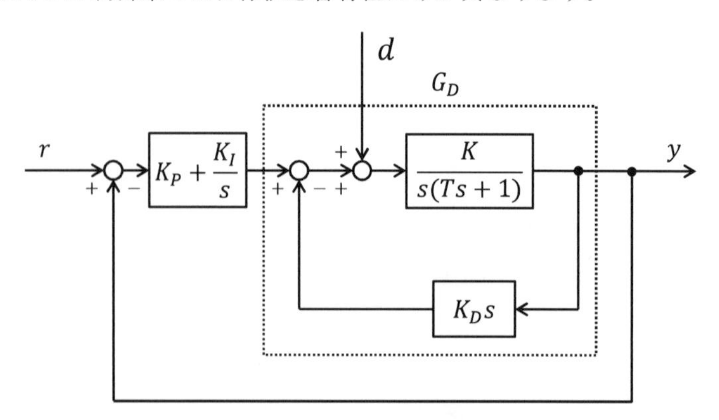

図 5.31　PI-D 制御系

ところで，PI-D 制御では，目標値との偏差に比例要素と積分要素が作用しますので，目標値がステップ状に変化すると，それが比例ゲイン倍されて，制御入力もステップ状に変化します。このような，制御入力のステップ状の変化も避けるためには，偏差には積分器だけを作用させる方法が考えられます。これが，図 5.32 に示す I-PD 制御器（比例微分先行型 PID 制御）です。

では，I-PD 制御系において r から y までの伝達関数 G_{yr} を求めてみます。まず，図 5.32 において，マイナーループである G_{PD} の伝達関数を計算します。

$$G_{PD}=\frac{\frac{K}{s(Ts+1)}}{1+\frac{K}{s(Ts+1)}(K_P+K_Ds)}$$

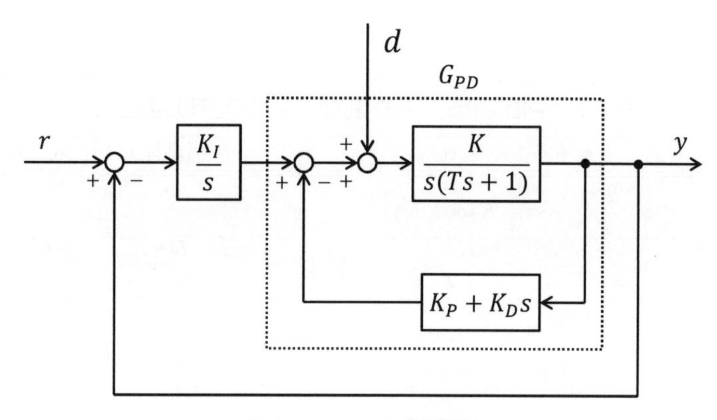

図 5.32　I-PD 制御系

$$
\begin{aligned}
&= \frac{K}{Ts^2 + (KK_D + 1)s + KK_P} \\
&= \frac{K}{D(s)}
\end{aligned}
\tag{5.15}
$$

上記のように，G_{PD} の分母多項式を $D(s)$ で定義しておきます。すると，G_{yr} は次のように計算できます。

$$
\begin{aligned}
G_{yr} &= \frac{\frac{K_I}{s}\frac{K}{D(s)}}{1 + \frac{K_I}{s}\frac{K}{D(s)}} \\
&= \frac{K_I K}{sD(s) + K_I K} \\
&= \frac{\frac{K_I K}{T}}{s^3 + \frac{1 + KK_D}{T}s^2 + \frac{KK_P}{T}s + \frac{KK_I}{T}}
\end{aligned}
$$

一方，PI-D 制御系の場合と同様に，外乱 d から出力 y までの伝達特性を求めると，(5.14) 式と完全に一致します。つまり，PID，PI-D，I-PD 制御は，目標値応答特性だけが異なり，外乱抑圧特性はすべて等しくなります。これらの制御系の目標値応答特性と外乱抑圧特性を表 5.3 にまとめました。

それでは，同じ PID ゲインを用いたときに，PID，PI-D，I-PD 制御系の応答がどの程度変わるか，シミュレーションで確認しましょう。そこで，プログラム 5-10 を用意しました。この m-file を実行すると，図 5.33 に示す応答が表示されます。PID，PI-D 制御に比べて，I-PD 制御の応答が遅いことがわかります。I-PD 制御では，積分器だけが目標値と出力との偏差に作用しますので，積分ゲインが小さいと，目標値への収束が遅くなります。

表 5.3　PID 制御，PI-D 制御，I-PD 制御のまとめ

制御系	目標値応答特性（G_{yr}）	外乱抑圧特性（G_{yd}）
PID 制御	$\dfrac{\frac{K}{T}(K_D s^2 + K_P s + K_I)}{s^3 + \frac{1+KK_D}{T}s^2 + \frac{KK_P}{T}s + \frac{KK_I}{T}}$	$\dfrac{\frac{K}{T}s}{s^3 + \frac{1+KK_D}{T}s^2 + \frac{KK_P}{T}s + \frac{KK_I}{T}}$
PI-D 制御	$\dfrac{\frac{K}{T}(K_P s + K_I)}{s^3 + \frac{1+KK_D}{T}s^2 + \frac{KK_P}{T}s + \frac{KK_I}{T}}$	$\dfrac{\frac{K}{T}s}{s^3 + \frac{1+KK_D}{T}s^2 + \frac{KK_P}{T}s + \frac{KK_I}{T}}$
I-PD 制御	$\dfrac{\frac{K_I K}{T}}{s^3 + \frac{1+KK_D}{T}s^2 + \frac{KK_P}{T}s + \frac{KK_I}{T}}$	$\dfrac{\frac{K}{T}s}{s^3 + \frac{1+KK_D}{T}s^2 + \frac{KK_P}{T}s + \frac{KK_I}{T}}$

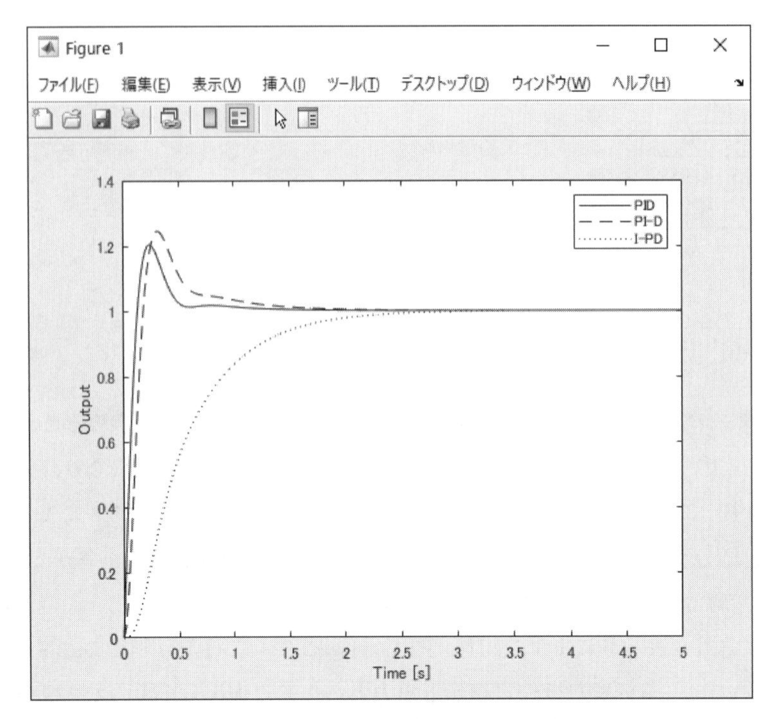

図 5.33　PID, PI-D, I-PD 制御系の目標値応答比較

プログラム **5-10** [pid_compare.m]

```
1  %% pid_compare.m
2
3  %% Initialize & load data
4  close all
5  clear all
6  load sim_param
7  load model_data
8
9  %% PID design by pole placement
10 omega_n =  12;
11 zeta    =  0.6;
12 alpha   =  2;
13
14 p1 = (-zeta + j*sqrt(1-zeta^2))*omega_n;
15 p2 = (-zeta - j*sqrt(1-zeta^2))*omega_n;
16 p3 = -alpha;
17
18 %% Set PID parameters
19 Kp =  (p1*p2 + p2*p3 + p3*p1)*T/K;
20 Kd = -((p1+p2+p3)*T + 1)/K;
21 Ki = -p1*p2*p3*T/K;
22
23 %% Display PI parameters
24 disp('>>> PI parameters <<<')
25 fprintf('Kp  = %f\n',Kp);
26 fprintf('Ki  = %f\n',Ki);
27 fprintf('Kd  = %f\n',Kd);
28
29 %% Closed-loop transfer function
30 % Common
31 s   = tf('s');
32 den = s^3 + (1+K*Kd)/T*s^2 + K*Kp/T*s + K*Ki/T;
33 % PID
34 Gyr1 = (Kd*s^2 + Kp*s + Ki)*K/T/den;
35
36 % PI-D
37 Gyr2 = (Kp*s + Ki)*K/T/den;
38
39 % I-PD
40 Gyr3 = Ki*K/T/den;
41
42 %% Step response
43 t=0:ts:5;
44 y1 = step(Gyr1,t);
45 y2 = step(Gyr2,t);
46 y3 = step(Gyr3,t);
47
48 %% Plot figure
49 plot(t,y1,'b-',t,y2,'b--',t,y3,'b:')
50 xlabel('Time [s]'), ylabel('Output')
51 legend('PID','PI-D','I-PD')
52
53 %% EOF of pid_compare.m
```

積分ゲイン K_I は (5.12) 式から計算できることを示しました。つまり，積分ゲインの大きさは極の積に比例します。そこで，プログラム 5-10 において，alpha の値を少し大きくしてみてください。たとえば，1 から 2 へ 2 倍にすると，積分ゲインも 2 倍になります。この状態で，I-PD 制御系のステップ応答を計算すると，目標値への収束が速くなることがわかります。

それでは，I-PD 制御系を使って実際に実験を行ってみましょう。まず，pos_pid2_mbd_sl.mdl を開きます (図 5.34)。I-PD 制御器は「I-PD+FF Controller」ブロックに実装されています (図 5.35)。このブロックに含まれる「FF gain」と書かれたブロックは，このあとの 2 自由度制御のところで説明します。ここでは，値を 0 にしておきます。目標値と出力の偏差は積分器だけに入力されるようになっていることが確認できます。

では，プログラム 5-11 を開いて実行してみましょう。同じ極でも，PID 制御に比べて，I-PD 制御の場合は応答の収束が遅いことが確認できます。

プログラム **5-11** [pos_pid2_mbd.m]

```
1  %% pos_pid2_mbd.m
2
3  %% Initialize & load data
4  close all
5  clear all
6  load sim_param
7  load model_data
8
9  %% PID design by pole placement
10 omega_n =  12;
11 zeta    =  0.6;
12 alpha   =  2;
13
14 p1 = (-zeta + j*sqrt(1-zeta^2))*omega_n;
15 p2 = (-zeta - j*sqrt(1-zeta^2))*omega_n;
16 p3 = -alpha;
17
18 %% Set PID parameters
19 Kp  =  (p1*p2 + p2*p3 + p3*p1)*T/K;
20 Kd  = -((p1+p2+p3)*T + 1)/K;
21 Ki  = -p1*p2*p3*T/K;
22 Kff = 0;
23 % Kff = Ki/alpha;
24
25 %% Display PI parameters
26 disp('>>> PI parameters <<<')
27 fprintf('Kp  = %f\n',Kp);
28 fprintf('Ki  = %f\n',Ki);
29 fprintf('Kd  = %f\n',Kd);
30 fprintf('Kff = %f\n',Kff);
31
32 %% Experiment
33 r      = 40;
34 r_cyc  = 4;
35 dist   = 0;
```

```
36  Ncyc   = 4;
37  tfinal = r_cyc*Ncyc;
38  open_system('pos_pid2_mbd_sl')
39  open_system('pos_pid2_mbd_sl/Scope')
40  sim('pos_pid2_mbd_sl')
41
42  %% EOF of pos_pid2_mbd.m
```

実験結果の一例を図 5.36 に示します。alpha を大きくすることで，応答の収束が速くなりますが，制御系が不安定になるので，あまり大きくはできないでしょう。

極は変えずに，目標値応答特性をもっと自由に設計することはできないでしょうか。実は，次に説明する 2 自由度制御を使えば可能になります。

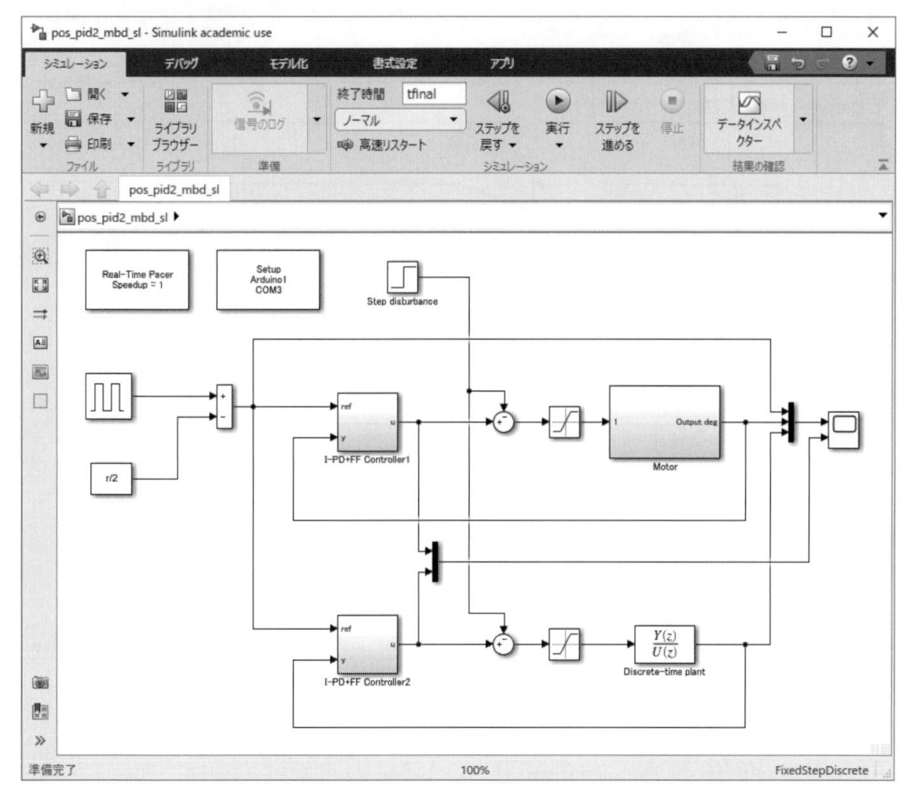

図 5.34　I-PD 制御実験のための Simulink モデル [pos_pid2_mbd_sl.mdl]

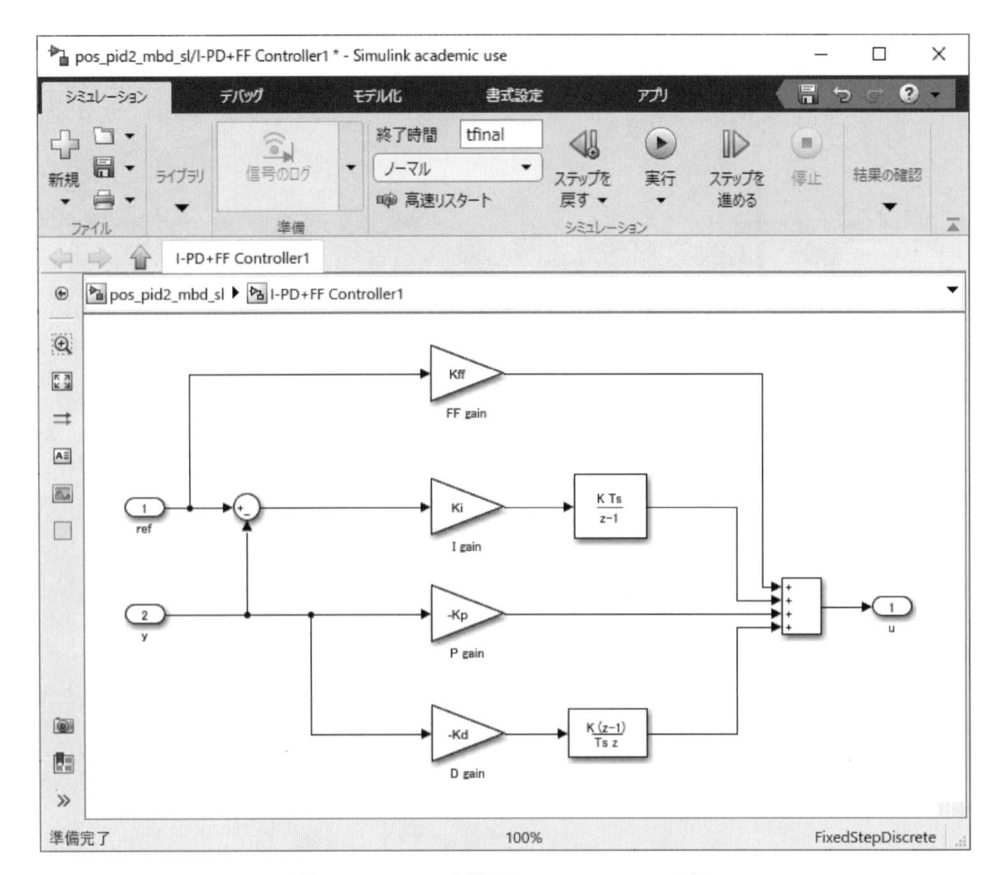

図 5.35　I-PD 制御器の Simulink モデル

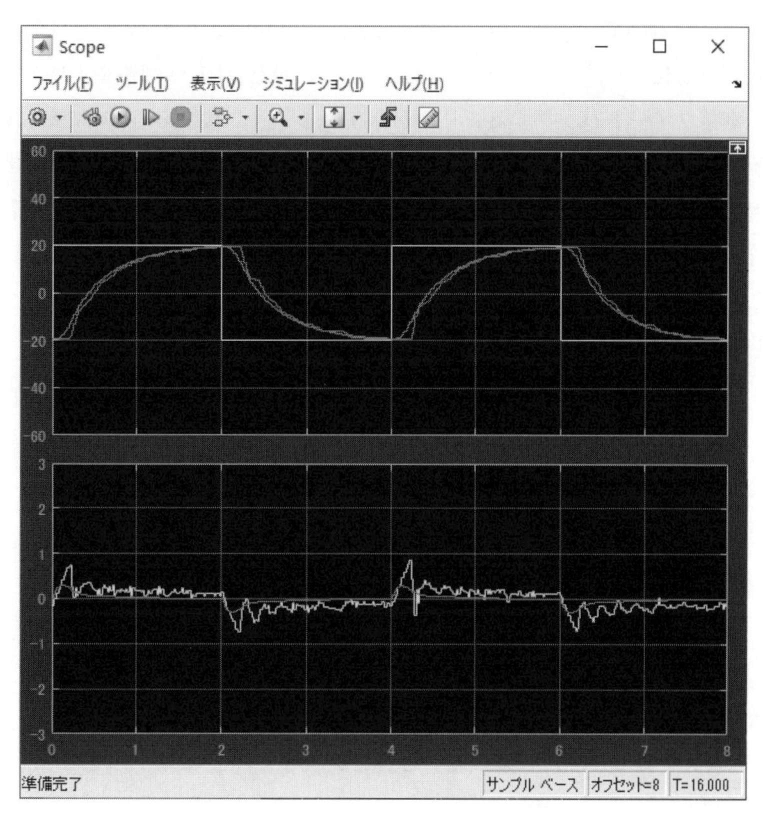

図 5.36　I-PD 制御の実験結果

5.6　2自由度制御

■ 5.6.1　2自由度制御による目標値応答の改善

PID と PI-D 制御，I-PD 制御では，閉ループ極が同じにも関わらず，目標値応答が異なりました。表 5.3 の G_{yr} を見ると，分子が違うことがわかります。つまり，零点が異なっているのです。それでは，本質的な違いはどこにあるのでしょう。図 5.30， 5.31，5.32 を見比べてみると，PID 制御では，目標値と出力との偏差だけを使ってフィードバックしているのに対し，PI-D 制御や I-PD 制御には，y を D 制御や PD 制御で直接フィードバックするループが存在します。これを実現するためには，図 5.37 に示すように，目標値 r と出力 y の情報を別々に得られる構成になっていなければなりません。このような制御系は **2 自由度制御系**と呼ばれます。実は，PI-D 制御や I-PD 制御は 2 自由度制御系の一種だったのです。2 自由度制御系は，外乱抑圧特性や安定性といったフィードバック特性を変えずに，目標値応答特性を改善することができます。つまり，フィードバック特性と目標値応答特性の二つの設計自由度を持つことから 2 自由度制御と呼ばれているのです。

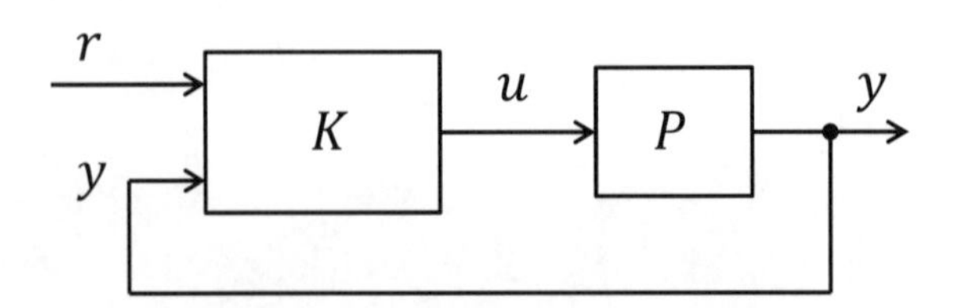

図 5.37　2自由度制御系の一般系

PI-D 制御や I-PD 制御では，2 自由度制御の構成をとっていながら，目標値応答特性を自由に設計することはできません。そこで，図 5.38 に示すように I-PD 制御器にフィードフォワードパス K_{FF} を設け，K_{FF} をうまく設計することで，収束の悪い応答を改善してみましょう。ただし，簡単のため K_{FF} は単なるゲインとします。

図 5.38 において，r から y までの伝達関数を計算してみましょう。まず，図 5.38 は図 5.39 に等価変換できます。ただし，G_{PD} は (5.15) 式です。すると，r から y までの伝達関数 G_{yr} は次のようにして計算できます。

$$G_{yr}=\frac{G_{PD}}{1+\dfrac{K_I}{s}G_{PD}}K_{FF}+\frac{\dfrac{K_I}{s}G_{PD}}{1+\dfrac{K_I}{s}G_{PD}}$$

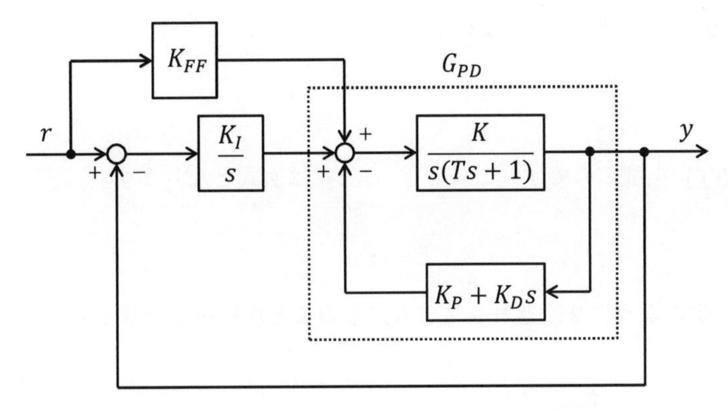

図 5.38　I-PD&フィードフォワード制御系

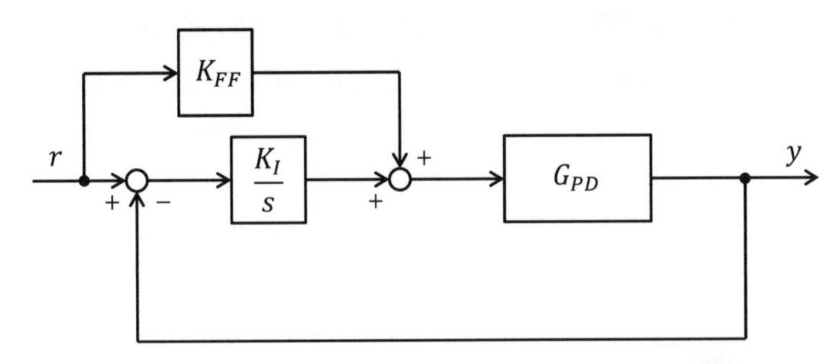

図 5.39　I-PD&フィードフォワード制御系（等価変換）

$$
=\frac{\frac{K}{T}(K_{FF}s+K_I)}{s^3+\frac{1+KK_D}{T}s^2+\frac{KK_P}{T}s+\frac{KK_I}{T}} \tag{5.16}
$$

ここで，3 つの極をこれまでと同様に

$$
p_1=-\zeta\omega_n+j\omega_n\sqrt{1-\zeta^2}
$$

$$
p_2=-\zeta\omega_n-j\omega_n\sqrt{1-\zeta^2}
$$

$$
p_3=-\alpha
$$

で与えることにすると (5.16) 式は次式となります。

$$
G_{yr}=\frac{\frac{K}{T}(K_{FF}s+K_I)}{(s^2+2\zeta\omega_n s+\omega_n^2)(s+\alpha)}
$$

$$
=\frac{\frac{KK_{FF}}{T}\left(s+\frac{K_I}{K_{FF}}\right)}{(s^2+2\zeta\omega_n s+\omega_n^2)(s+\alpha)} \tag{5.17}
$$

これまでのシミュレーションや実験から，α はあまり大きくできないことがわかっています。したがって，閉ループ極に応答の遅い極 $-\alpha$ が残ることを意味します。そこで，G_{yr} の零点が $-\alpha$ になるように

K_{FF} を選んでこの遅い極を相殺してしまいましょう。つまり，

$$\alpha = \frac{K_I}{K_{FF}}$$

が成り立つように K_{FF} を選ぶのです。このとき，K_{FF} は次式となります。

$$K_{FF} = \frac{K_I}{\alpha} \tag{5.18}$$

すると，(5.17) 式は次のように 2 次遅れシステムになることが簡単な計算から確かめられます。

$$G_{yr} = \frac{\omega_n^2}{s^2 + 2\zeta\omega_n s + \omega_n^2}$$

では，$K_{FF} = 0$ として通常の I-PD 制御を行った場合と，(5.18) 式に従って K_{FF} を選んだ場合で，応答がどのように変わるか，シミュレーションで確認しておきましょう。そこで，プログラム 5-12 を実行してみます。結果を図 5.40 に示しますが，収束の遅い応答が，大幅に改善されていることが確認できます。

プログラム **5-12** [ipd_ff.m]

```
1  %% ipd_ff.m
2
3  %% Initialize & load data
4  close all
5  clear all
6  load sim_param
7  load model_data
8
9  %% PID design by pole placement
10 omega_n =  12;
11 zeta    =  0.6;
12 alpha   =  2;
13
14 p1 = (-zeta + j*sqrt(1-zeta^2))*omega_n;
15 p2 = (-zeta - j*sqrt(1-zeta^2))*omega_n;
16 p3 = -alpha;
17
18 %% Set PID parameters
19 Kp =  (p1*p2 + p2*p3 + p3*p1)*T/K;
20 Kd = -((p1+p2+p3)*T + 1)/K;
21 Ki = -p1*p2*p3*T/K;
22
23 %% Display PI parameters
24 disp('>>> PI parameters <<<')
25 fprintf('Kp  = %f\n',Kp);
26 fprintf('Ki  = %f\n',Ki);
27 fprintf('Kd  = %f\n',Kd);
28
29 %% Closed-loop transfer function
30 % Common
31 den = s^3 + (1+K*Kd)/T*s^2 + K*Kp/T*s + K*Ki/T;
```

```
32  % I-PD
33  Kff = 0;
34  Gyr1 = (Kff*s+Ki)*K/T/den;
35
36  % I-PD + Kff
37  Kff = Ki/alpha;
38  Gyr2 = (Kff*s+Ki)*K/T/den;
39
40  %% Step response
41  t=0:ts:5;
42  y1 = step(Gyr1,t);
43  y2 = step(Gyr2,t);
44
45  %% Plot figure
46  plot(t,y1,'b--',t,y2,'b-')
47  xlabel('Time [s]'), ylabel('Output')
48  legend('I-PD','I-PD+FF');
49
50  %% EOF of ipd_ff.m
```

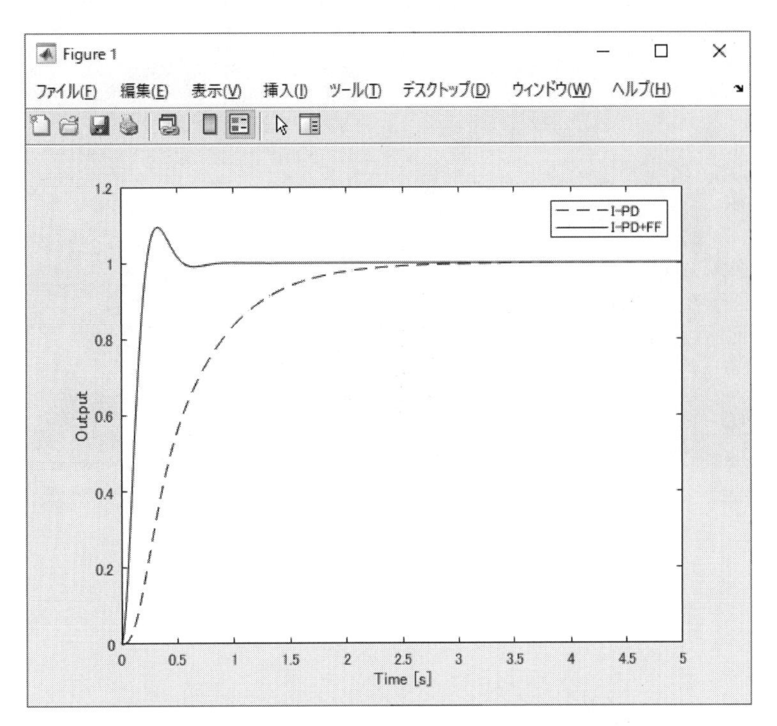

図 5.40　I-PD 制御と I-PD+FF 制御の応答比較

実機実験も行ってみましょう。Simulink モデルは I-PD 制御実験の時と同様に pos_pid2_mbd_sl.mdl を使います。プログラム 5-11 において，K_{FF} を次のように設定して実験を行ってみてください。

```
Kff = Ki/alpha;
```

実験結果の一例を図 5.41 に示しますが，図 5.36 の結果（$K_{FF} = 0$）に比べて，収束がだいぶ速くなっていることが確認できます。

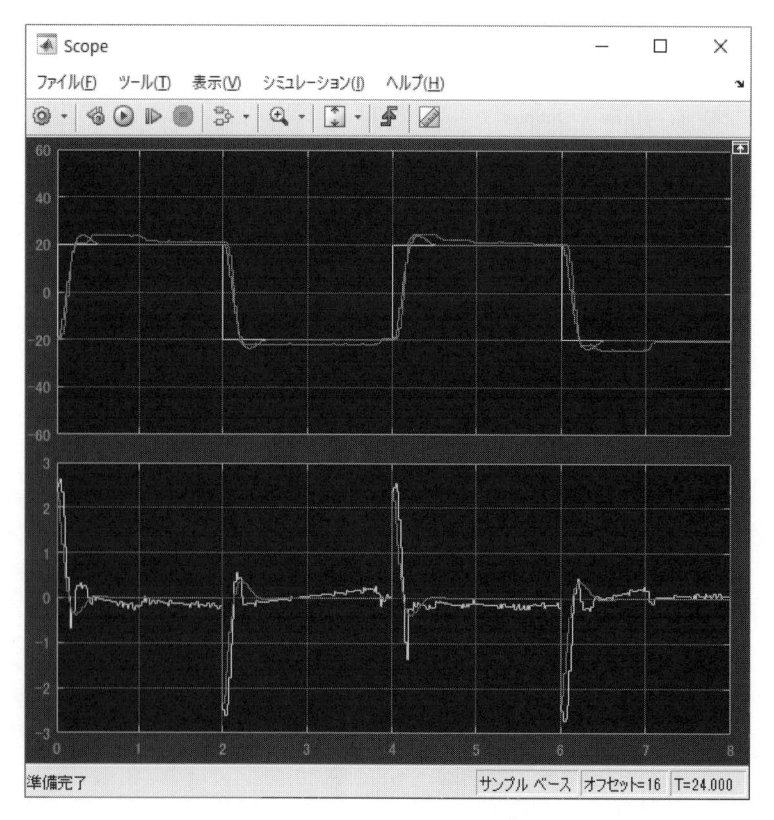

図 5.41　I-PD+FF 制御の実験結果

■ 5.6.2　モデルマッチング 2 自由度制御

I-PD 制御系にフィードフォワード項 K_{FF} を追加し，閉ループ系の遅い極 $s = -\alpha$ を相殺するように K_{FF} を選ぶことで，応答が大幅に改善されました。しかし，応答特性を任意に設計することはできません。そこで，目標値応答特性が自由に設計できるモデルマッチング **2** 自由度制御を紹介します。

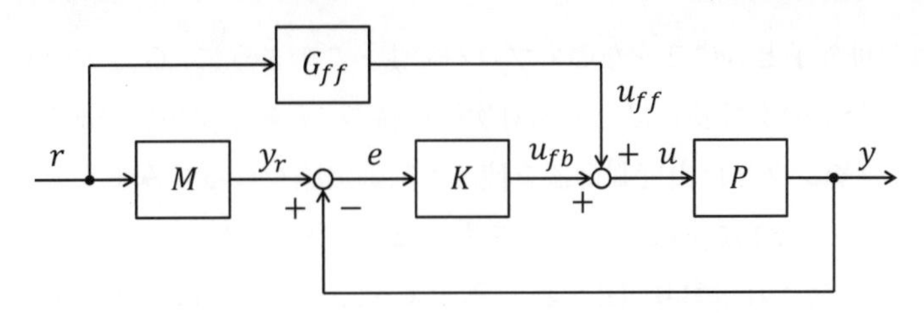

図 5.42　モデルマッチング 2 自由度制御系

モデルマッチング 2 自由度制御系は図 5.42 に示す構成をとります。ここで，M は規範モデルと呼ばれ，希望する応答を持つ伝達関数に選びます。つまり，M が設計パラメータです。そして，フィードフォワード伝達関数 G_{ff} を

$$G_{ff} = \frac{M}{P} \tag{5.19}$$

のように選ぶと，r から y までの伝達関数は M になることが示せます。つまり，r から y までの目標値応答特性が規範モデル M に一致（マッチング）するのです。この時，r から y までの特性は，フィードバック制御器の特性とは無関係になることに注意します。つまり，フィードバック特性と目標値応答特性は完全に独立して設計できます。

なお，制御対象が P から $\tilde{P} = P(1+\Delta)$ のように変動すると，r から y までの伝達特性は次のように変化します。

$$G_{yr} = \left(1 + \Delta\frac{1}{1+\tilde{P}K}\right)M$$

つまり，制御対象が変動すると，変動要素 Δ の影響が出力に現れ，その大きさは，閉ループ特性 $1/(1+\tilde{P}K)$ に依存することがわかります。

さて，規範モデル M に課せられた設計制約は，(5.19) 式から計算される G_{ff} が安定でプロパになることです。プロパとは分母と分子の次数を比べた時，(分子の次数) $\leq$ (分母の次数) となることを言います。たとえば，制御対象

$$P = \frac{K}{s(Ts+1)}$$

に対して規範モデルを

$$M = \frac{\omega_n^2}{s^2 + 2\zeta\omega_n s + \omega_n^2} \tag{5.20}$$

と選んだ場合は

$$G_{ff} = M/P = \frac{s(Ts+1)}{(s^2 + 2\zeta\omega_n s + \omega_n^2)}\frac{\omega_n^2}{K}$$

となります。G_{ff} は分母分子ともに 2 次なのでプロパです。このように，G_{ff} がプロパになるためには，P の相対次数（分母と分子の次数差）以上の相対次数を持つ M を選ぶ必要があることがわかります。

それでは，モデルマッチング 2 自由度制御器を使って制御実験を行ってみましょう。まず，2 自由度制御器の Simulink モデル pos_tdof_mbd_sl.mdl を開きます（図 5.43）。2 自由度制御器はサブシステム「TDOF Controller」で実装されており，図 5.44 に示すように，「Feedforward controller」と「Reference model」，および「PID Controller」から構成されています。

Simulink モデルを開いた状態でプログラム 5-13 を実行しましょう。規範モデル M およびフィードフォワード制御器 G_{ff} が計算されて，離散化されたのちに Simulink モデルが実行されて 2 自由度制御系の応答が見られます。実験結果の一例を図 5.45 に示します。実際の応答が規範モデルの応答とよく一致していることが確認できます。プログラム 5-13 では，規範モデル M を (5.20) 式で定義しています。規範モデルの ζ と ω_n はそれぞれ変数 m_omega_n と m_zeta で定義しています。これらのパラメータを変えると，目標値応答がどのように変化するか，確認してみましょう。

プログラム **5-13** [pos_tdof_mbd.m]

```
1  %% pos_tdof_mbd.m
2
3  %% Initialize & load data
4  close all
5  clear all
6  load sim_param
7  load model_data
8
9  %% PID design by pole placement
10 omega_n =  12;
11 zeta    =  0.6;
12 alpha   =  2;
13
14 p1 = (-zeta + j*sqrt(1-zeta^2))*omega_n;
15 p2 = (-zeta - j*sqrt(1-zeta^2))*omega_n;
16 p3 = -alpha;
17
18 %% TDOF reference model design
19 m_omega_n = 6;
20 m_zeta    = 0.7;
21
22 % Reference model
23 Mc = m_omega_n^2/(s^2 + 2*m_zeta*m_omega_n*s + m_omega_n^2);
24 % Feedforward controller
25 P   = K/(T*s^2 + s);
```

```
26  Gfc = Mc/P;
27  % Discretization
28  Md = c2d(Mc,ts,'zoh');
29  [nummd,denmd] = tfdata(Md,'v');
30  Gfd = c2d(Gfc,ts,'zoh');
31  [numgfd,dengfd] = tfdata(Gfd,'v');
32
33  %% Set PID parameters
34  Kp  =  (p1*p2 + p2*p3 + p3*p1)*T/K;
35  Kd  = -((p1+p2+p3)*T + 1)/K;
36  Ki  = -p1*p2*p3*T/K;
37
38  %% Display PI parameters
39  disp('>>> PI parameters <<<')
40  fprintf('Kp  = %f\n',Kp);
41  fprintf('Ki  = %f\n',Ki);
42  fprintf('Kd  = %f\n',Kd);
43
44  %% Experiment
45  r      = 40;
46  r_cyc  = 4;
47  dist   = 0;
48  Ncyc   = 4;
49  tfinal = r_cyc*Ncyc;
50  open_system('pos_tdof_mbd_sl')
51  open_system('pos_tdof_mbd_sl/Scope')
52  sim('pos_tdof_mbd_sl')
53
54  %% EOF of pos_tdof_mbd.m
```

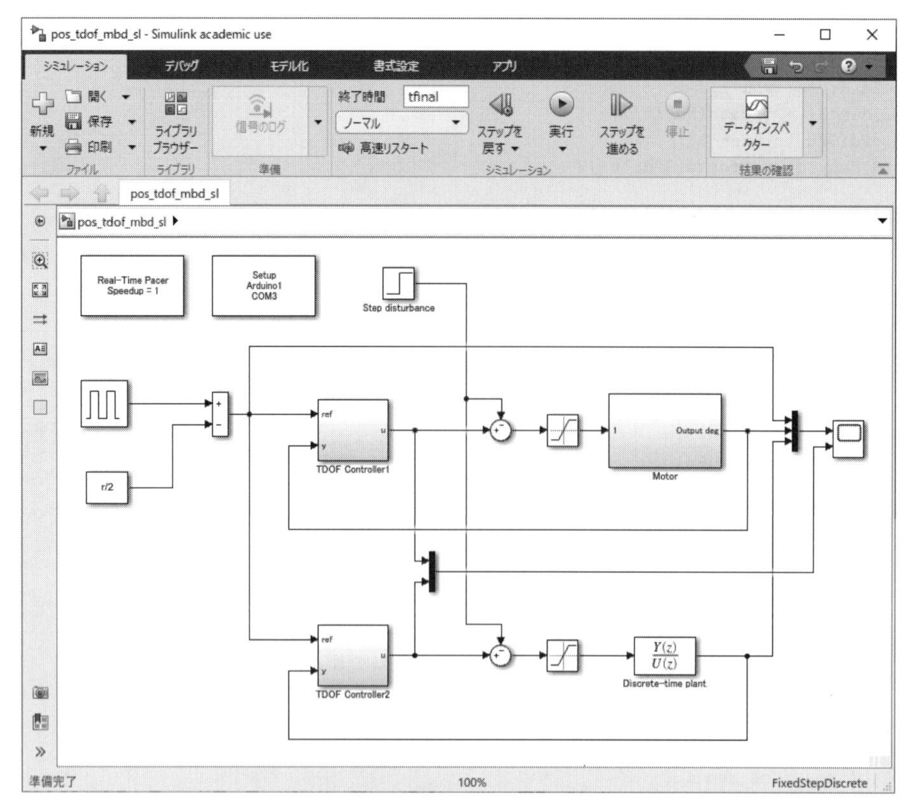

図 5.43　モデルマッチング 2 自由度制御実験の Simulink モデル [pos_tdof_mbd_sl.mdl]

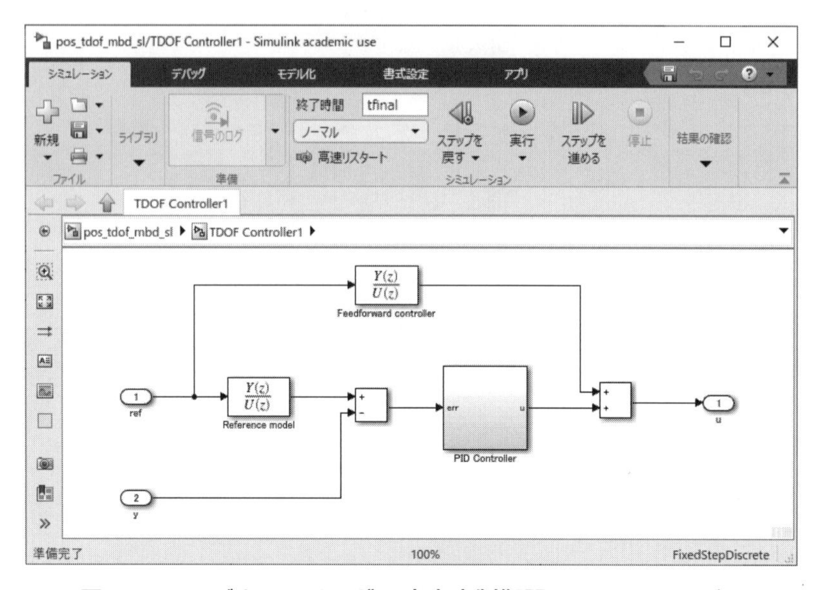

図 5.44　モデルマッチング 2 自由度制御器の Simulink モデル

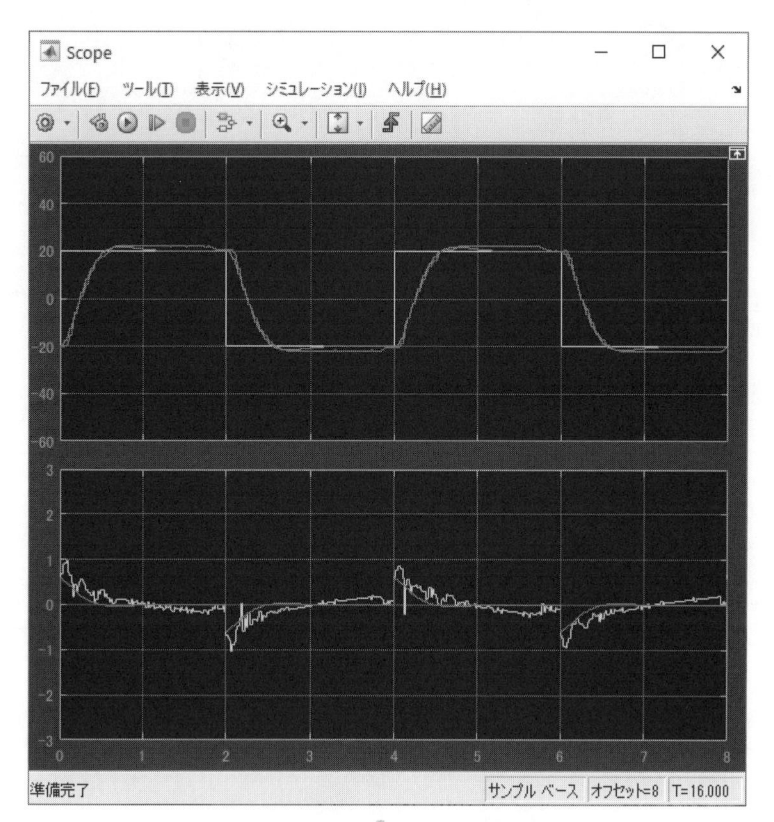

図 5.45　2 自由度制御系の実験結果の一例

第 6 章

Ball & Beamの実験をしよう

第6章　Ball & Beamの実験をしよう

6.1　はじめに

これまで，モータの速度制御や角度制御を通じて，制御系設計の基礎を学んできました。機械システムの制御において，速度や角度を正確に制御する技術は欠かせません。それらを基礎として，移動体の走行制御や，ロボットアームの角度制御などといった，制御の応用が可能になります。本章では，これまで体験&学習してきた制御技術の応用として，図 6.1 に示す **Ball & Beam** 実験装置の制御を行ってみましょう。

図 6.1　Ball & Beam 実験装置

Ball & Beam 実験装置では，アームの角度をリアルタイムに制御して，ボールを所定の位置に位置決めすることが目的となります。アームの角度制御については，RC サーボを用いる場合と，前章で設計した High Power Gearbox による自作サーボを用いる場合の二通りについて行います。

実験装置の土台やアームなどの構造体は，入手が容易で安価，かつ加工も容易なものとして，タミヤの構造材シリーズを使用しています。使用した主なパーツは次の通りです。

- ロングユニバーサルアームセット（ITEM 70156）
- ユニバーサルアームセット（ITEM 70143）
- ユニバーサル金具 4 本セット（ITEM 70164）
- ユニバーサルプレート (2 枚セット)（ITEM 70157）

組み立て方法については付録を参照してください。

本実験装置ではボールにピンポン球を使いますが，その位置検出には，**PSD**（**Position Sensitive Detector**）を使った光学距離計として知られるシャープ製の GP2Y0A21 を使用します（図 6.2)。このセンサーは，距離にほぼ反比例した電圧を出力します。出力電圧を Arduino で取り込み，電圧から距離へ変換するための演算を行うことで，ボールまでの距離を得ます。これについては，あとで詳しく説明します。なお，出力端子の意味は，図 6.2 のように正面を見たときに，左から順に，センサ出力電圧 Vo，GND，電源 Vcc（+ 5V）となります。

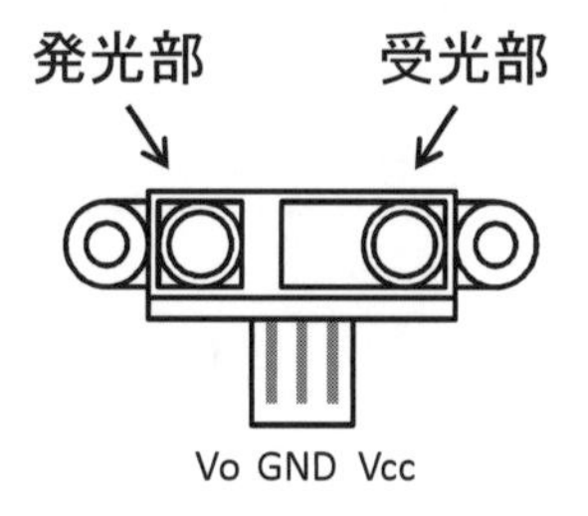

図 6.2　赤外線距離計（GP2Y0A21）

RC サーボでアームを駆動する場合の構成図を図 6.3 に示します。距離計はアームの左側に設置し，図 6.4 に示すように，発光部を上側に，受光部を下側になるように取り付けます。これを上下逆に設置すると，発光部から出た光がアームに反射して，ボールまでの距離が正しく計測できなくなりますので，注意してください。また，発光部から出た赤外線がボールにあたるように，距離計の向き（上下・左右）を調整してください (コラム参照)。RC サーボはアームの右側に設置し，リンク機構によって，アームを駆動します。リンクの長さについては，筆者が組み立てた実験装置の場合，$L_1 = 115$ mm，$L_2 = 15$ mm となりました。また，L_3 については，RC サーボの出力軸が中点にあるときに，アームが平行になるように調整します。回路図を図 6.5 に，実体配線図を図 6.6 に示します。

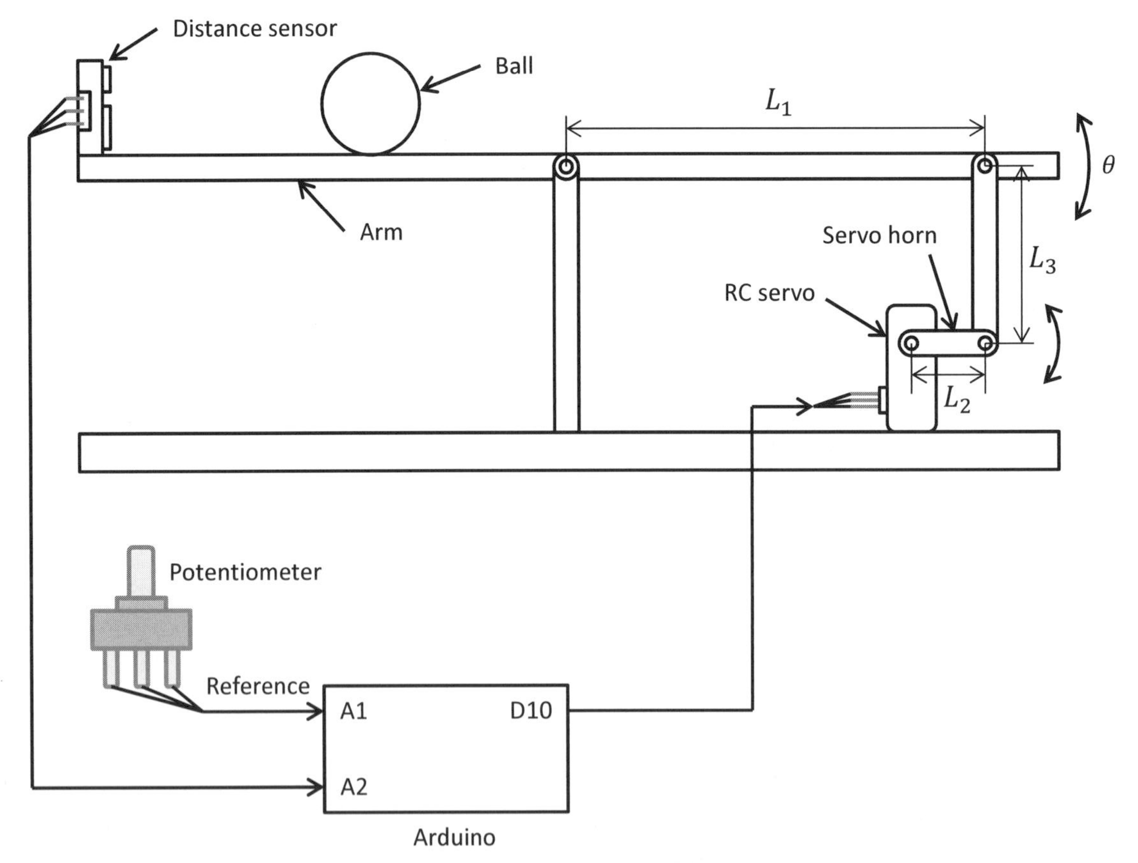

図 6.3　RC サーボで駆動する場合の構成図

図 6.4　PSD センサーの取り付け

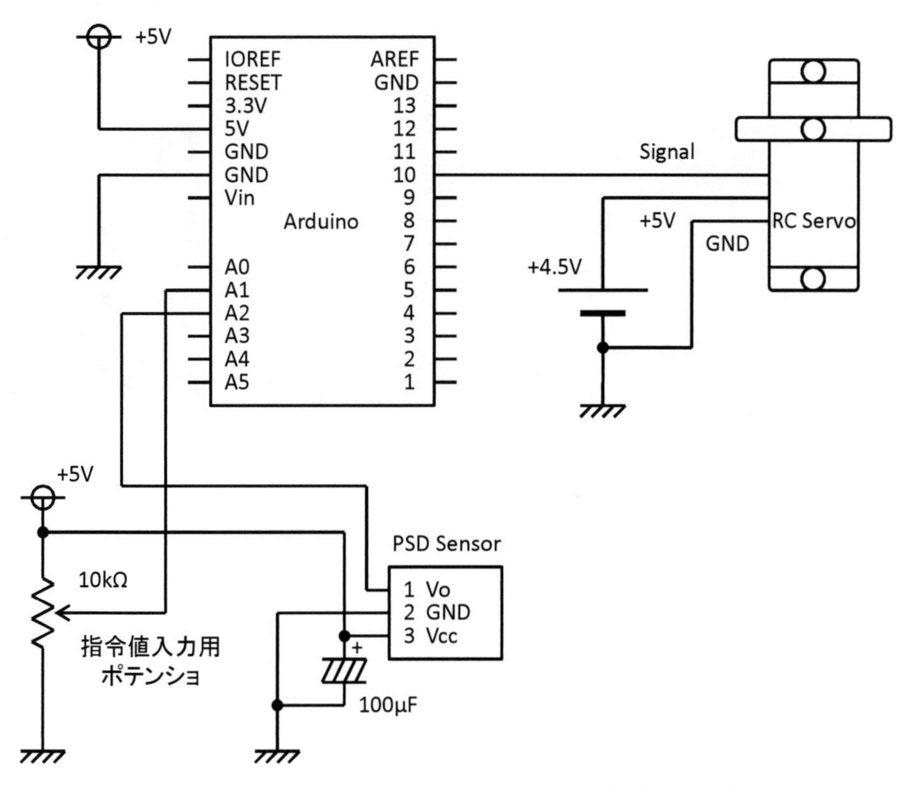

図 6.5　RC サーボを使った Ball & Beam 実験装置の回路図

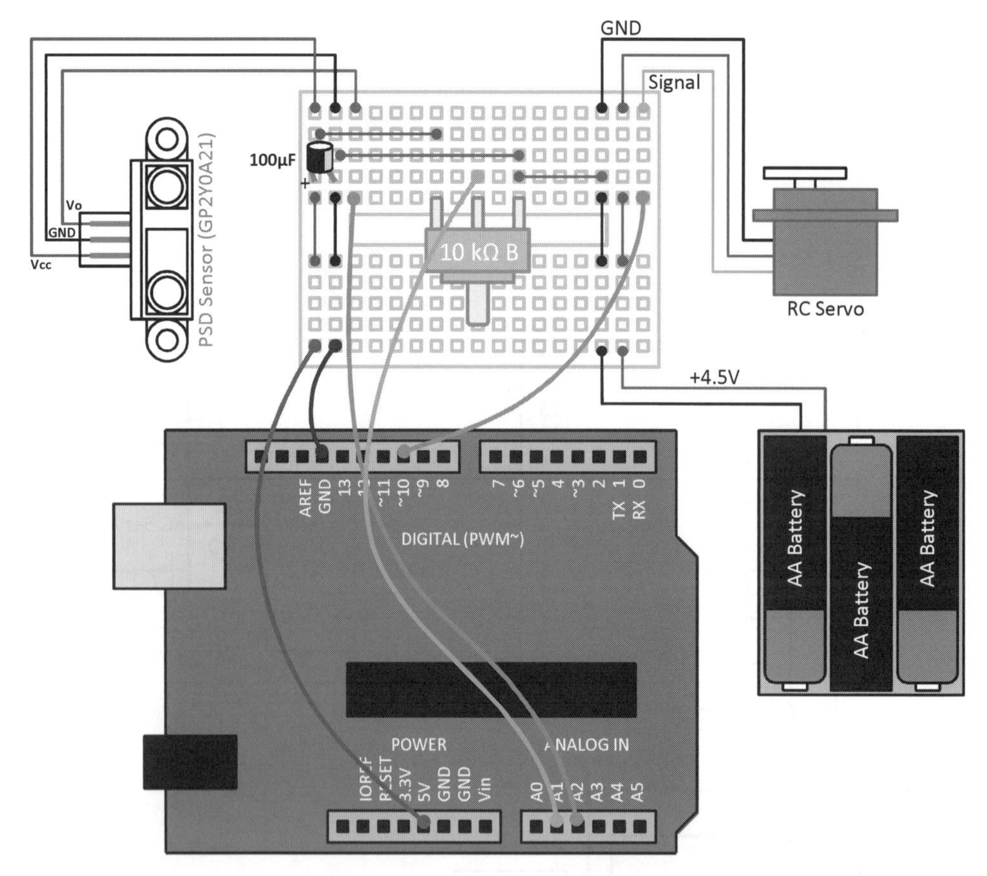

図 6.6　RC サーボを使った Ball & Beam 実験装置の回路図（実体配線図）

コラム 赤外線距離計について

取り付け方法について

本実験装置を設計するうえで，距離計の取り付け方法に苦労しました。最初，距離計を横向き（発光部と受光部が同じ高さにある状態）に取り付けていましたが，ボールまでの距離に大きな誤差やノイズが見られました。また，縦に取り付ける場合も，発光部を下にすると，やはりうまくゆきません。どうも，発光部がアームに近いと，ボールに反射する赤外線だけでなく，アーム部に反射する赤外線も受光部に入り込み，それによって，正しい距離が得られなくなるようです。これらの検討から，発光部がなるべくアームから離れるように，図 6.4 の取り付け方法が一番良いという結論に至りました。

調整方法について

発光部から発せられる赤外線がボールの中心付近にあたるように，距離計の向き（上下・左右）を細かく調整する必要があります。しかし，赤外線は人の目には見えません。そこで役立つのがスマートフォンなどについているカメラです。カメラをアームの端（距離計がついていない方）から距離計の発光部に向けます。そして，発光部から発せられている赤外線がカメラを通して見えるように，距離計の向きを調整します。

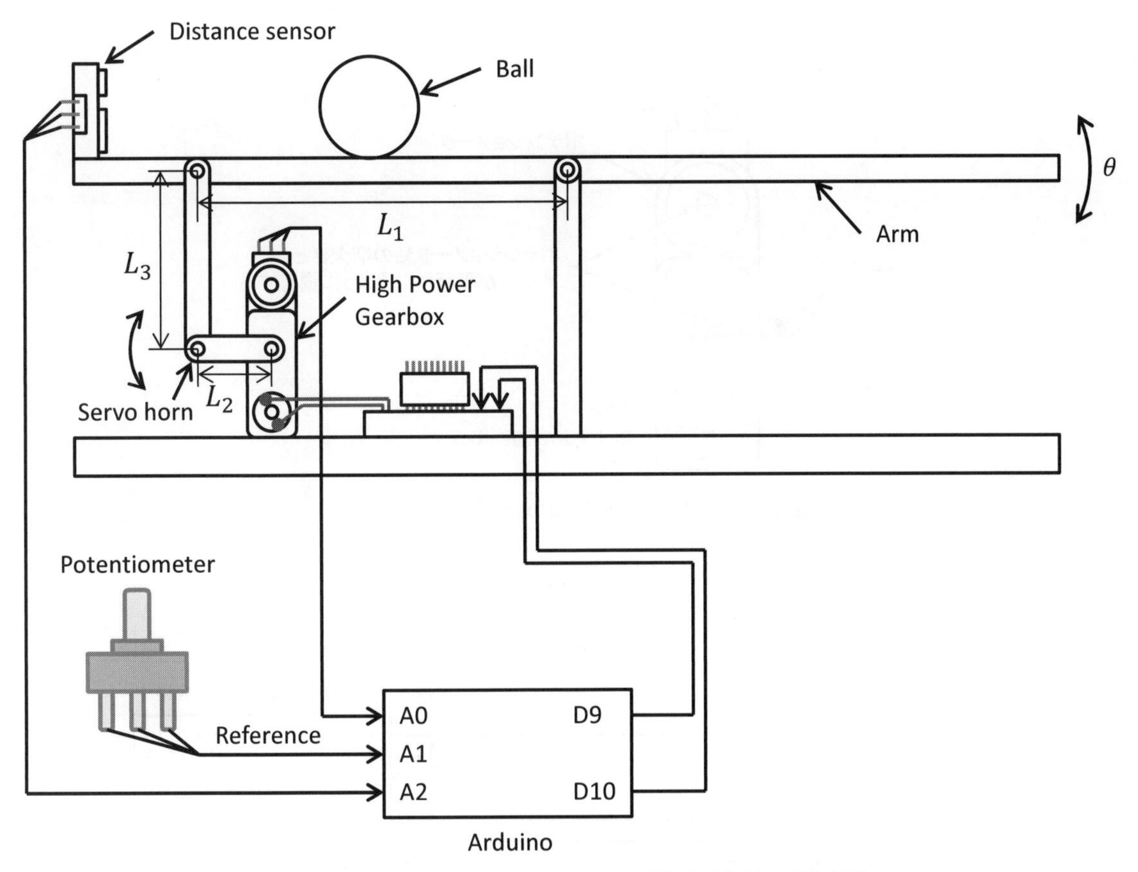

図 6.7　High Power Gearbox で駆動する場合の構成図

一方，High Power Gearbox でアームを駆動する場合の構成図を図 6.7 に示します。High Power Gearbox を RC サーボとは逆サイドに置いた理由は，RC サーボを使った実験と，High Power Gearbox を使った実験の切り替えが容易になることを配慮したためです。リンクの長さについては，筆者が組み立てた実験装置の場合，$L_1 = 150$ mm，$L_2 = 21$ mm となりました。L_3 については，High Power Gearbox の出力軸が中点にあるときに，アームが平行になるように調整します。

さらに，High Power Gearbox を Ball & Beam 実験装置で使うためには，出力軸の取り付け角度を調整する必要があります。図 6.8 に示すように，High Power Gearbox に取り付けたポテンショメータの回転角が中点（ポテンショメータ軸の切欠きが水平になる）になるときに，High Power Gearbox のアームが水平になるようにします。この調整は，High Power Gearbox の出力軸に取り付けた六角形状のパーツに付いているイモねじをゆるめて行います。回路図を図 6.9 に，実体配線図を図 6.10 に示します。前章の角度制御実験で使った回路に，赤外線距離計を追加したものとなっています。実体配線図にある Arduino は Mega ですが，Uno を用いる場合でも同じ入出力端子を使って配線してください。

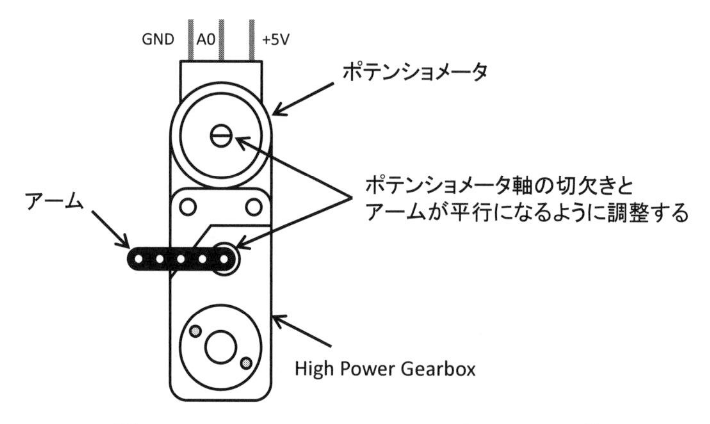

図 6.8　High Power Gearbox のセッティング

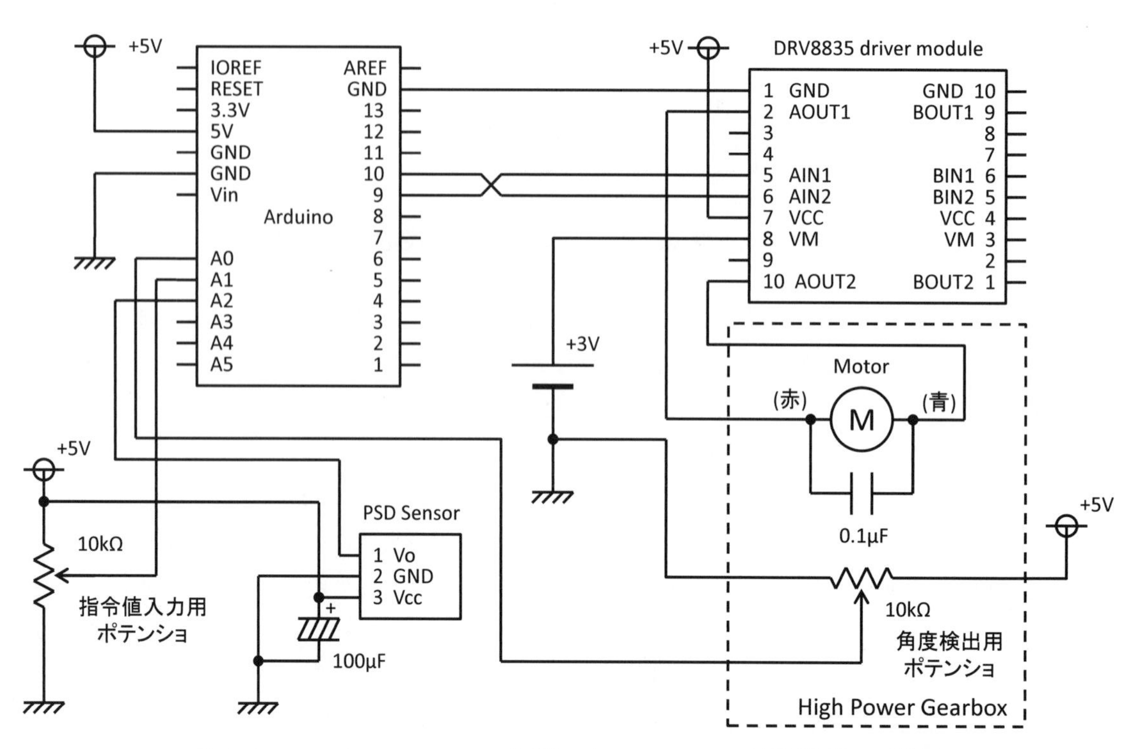

図 6.9　High Power Gearbox を使った Ball & Beam 実験装置の回路図

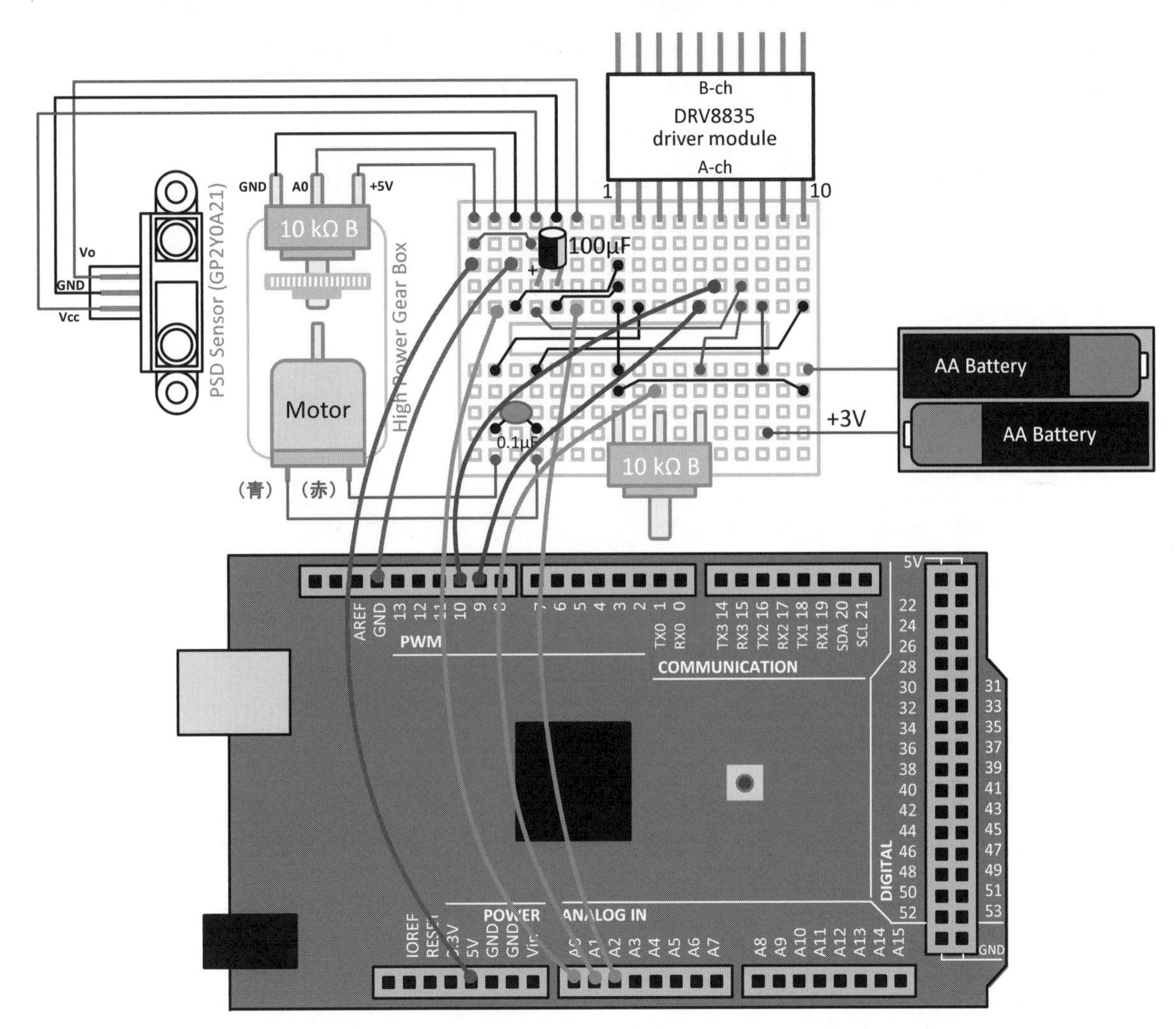

図 6.10　High Power Gearbox を使った Ball & Beam 実験装置の回路図（実体配線図）

6.2 赤外線距離計の特性を測る

本実験で使う図 6.2 の赤外線距離計は，出力電圧と距離との関係がほぼ反比例になるように設計されています。そこで，距離と電圧の関係を実測し，両者の関係を表す数式を求めてみましょう。

まず，赤外線距離計から一定の距離にピンポン球を置き，そのときの出力電圧を測定します。これを，距離を変えながら繰り返し行います。このとき，アームを若干右側が下がるようにして，ピンポン球の後ろに小さなストッパーを置くとうまく測れます。

電圧測定のための m-file として，プログラム 6-1 を用意しました。このプログラムを実行すると，電圧を 500 回測定して，その平均値を MATLAB のコマンドウィンドウに表示します。

プログラム **6-1** [psd_test.m]

```
1  %% psd_test.m
2
3  a = arduino('COM3');
4  a.analogReference('default')
5  N = 500;
6  v_hist = zeros(N,1);
7  for i=1:N
8      v_hist(i) = a.analogRead(2)*(5/1023);
9      fprintf('Voltage = %f\n',v_hist(i));
10 end
11 delete(a);
12
13 figure(1)
14 v_ave = mean(v_hist);
15 t     = 1:N;
16 plot(t,v_hist,t,ones(N,1)*v_ave);
17 xlabel('Step'), ylabel('Voltage')
18 legend('Measured','Average')
19 axis([0 N 0 5])
20 fprintf('Average = %f\n',v_ave);
21
22 %% EOF of psd_test.m
```

本実験装置で使用する赤外線距離計（GP2Y0A21）のデータシートを見ると，測定距離は 10cm〜80cm となっています。しかし，実際に実験を行ってみると，6cm 程度まで測れるようですので，6cm から 35cm まで反射物を移動させながら電圧を測定しました。測定結果のグラフを図 6.11 に示します。

次に，出力電圧と距離との関係を表す数式を求めます。図 6.11 から，両者はほぼ反比例の関係にあるように見えますが，出力電圧と距離の積を計算してみると

$$(\text{出力電圧}) \times (\text{距離}) = (\text{一定値})$$

にはならないことが確認できます。そこで，x を出力電圧 [V]，y を距離 [cm] としたとき

$$y = \frac{a}{x+b} + c \tag{6.1}$$

であると仮定してみます。そして，図 6.11 の実測データに最もよく一致するパラメータ a, b, c を求めてみましょう。

理想的には，x と y について N 個の実測データ (x_i, y_i) $(i = 1, 2, \ldots, N)$ が与えられたときに，すべてのデータ (x_i, y_i) の組が (6.1) 式を満たすように，a, b, c が決められると良いのですが，実測データにはノイズを含んでいますし，そもそも，出力電圧と距離の関係は (6.1) 式のような簡単な数式で厳密に表現できるものではありません。そこで，(6.1) 式を次式のように変形し，

$$cx - by + (a + bc) - xy = 0$$

ここに，全データ (x_i, y_i) の組を代入したときの誤差 ϵ_i

$$cx_i - by_i + (a + bc) - x_i y_i = \epsilon_i, \quad (i = 1, 2, \ldots, N) \tag{6.2}$$

を考え，それらの二乗和

$$J = \sum_{i=1}^{N} \epsilon_i^2 \tag{6.3}$$

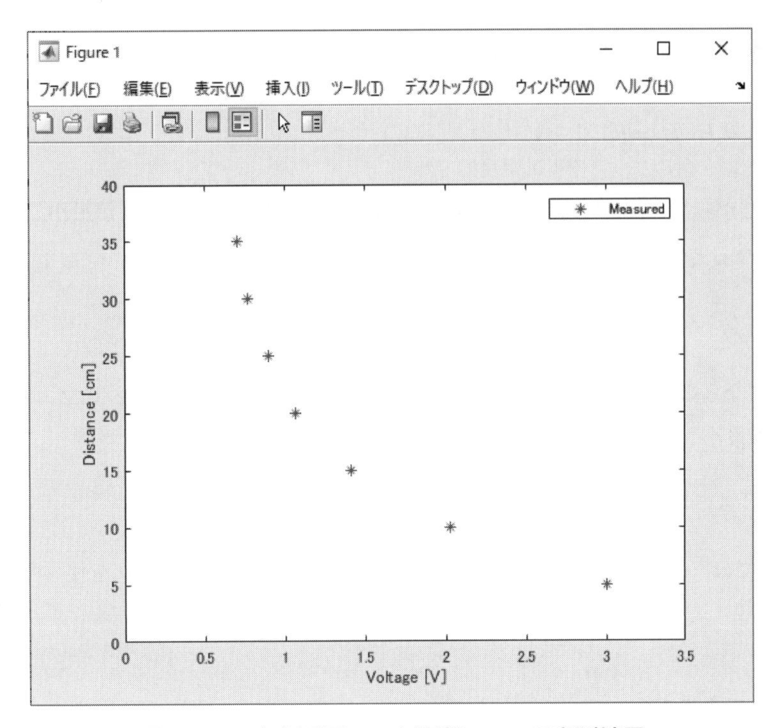

図 6.11　出力電圧 [V] と距離 [cm] の実測結果

が最も小さくなるように a, b, c を求めることを考えます。つまり，最小二乗問題を解きます。ここで，誤差 ϵ_i は式誤差と呼ばれます。

(6.2) 式は

$$\epsilon_i = \begin{bmatrix} x_i & y_i & 1 \end{bmatrix} \begin{bmatrix} X_1 \\ X_2 \\ X_3 \end{bmatrix} - x_i y_i$$

と書けます。ただし，

$$X_1 = c, \quad X_2 = -b, \quad X_3 = a + bc$$

とおきました。さらに，これを行列表現すると

$$\underbrace{\begin{bmatrix} \epsilon_1 \\ \epsilon_2 \\ \vdots \\ \epsilon_N \end{bmatrix}}_{E} = \underbrace{\begin{bmatrix} x_1 & y_1 & 1 \\ x_2 & y_2 & 1 \\ \vdots & \vdots & \vdots \\ x_N & y_N & 1 \end{bmatrix}}_{A} \underbrace{\begin{bmatrix} X_1 \\ X_2 \\ X_3 \end{bmatrix}}_{X} - \underbrace{\begin{bmatrix} x_1 y_1 \\ x_2 y_2 \\ \vdots \\ x_N y_N \end{bmatrix}}_{Y} \tag{6.4}$$

となります。ここで，(6.4) 式を使って (6.3) 式を表現すると

$$J = \sum_{i=1}^{N} \epsilon_i^2 = E^T E = (AX - Y)^T (AX - Y) \tag{6.5}$$

となります。 したがって，(6.5) 式が最小になるときの X を求めれば，それが最小二乗解になります。(6.5) 式が最小になるとき，

$$\frac{\partial J}{\partial X_j} = 0 \quad (j = 1, 2, 3) \tag{6.8}$$

を満たさなければならないので，(6.8) 式から X_j $(j = 1, 2, 3)$ に関する 3 本の連立方程式が得られ，それを解くと，次の最小二乗解が得られます（コラム参照)。

$$X_{opt} = (A^T A)^{-1} A^T Y \tag{6.9}$$

なお，MATLAB では，(6.9) 式の最小二乗解はバックスラッシュ演算子（\）を使って

実行 **6-1**

```
X = A\Y
```

のようにして計算できます。

コラム 最小二乗解の導出について

最小二乗解は，行列の偏微分公式を使うと簡単に導出できます。まず，J をベクトル

$$X = [X_1, X_2, \ldots, X_n]^T$$

のスカラ関数だと仮定して，その偏微分を次式で定義します。

$$\frac{\partial J}{\partial X} = \begin{bmatrix} \frac{\partial J}{\partial X_1} & \frac{\partial J}{\partial X_2} & \cdots & \frac{\partial J}{\partial X_n} \end{bmatrix}^T$$

この定義に従えば，n 行 1 列のベクトル N 及び n 行 n 列の行列 M に対して次の偏微分公式が得られます。

$$\frac{\partial}{\partial X} N^T X = N, \quad \frac{\partial}{\partial X} X^T M X = 2MX \tag{6.6}$$

では，(6.9) 式を導出しましょう。まず，(6.5) 式を次のように展開します。

$$\begin{aligned} J &= (AX - Y)^T (AX - Y) \\ &= X^T A^T A X - X^T A^T Y - Y^T A X + Y^T Y \\ &= X^T A^T A X - 2Y^T A X + Y^T Y \end{aligned} \tag{6.7}$$

ただし，2 行目から 3 行目への変形は，$X^T A^T Y$ がスカラであることから，それを転置しても変わらないという性質

$$X^T A^T Y = (X^T A^T Y)^T = Y^T A X$$

を使っています。(6.7) 式に (6.6) 式の偏微分公式を適用して $\frac{\partial J}{\partial X} = 0$ を計算すると，次の正規方程式と呼ばれる n 個の未知数 X に関する連立方程式が得られます。

$$A^T A X = A^T Y$$

正規方程式は $A^T A$ が正則のとき次の唯一解が得られ，これが最小二乗解 X_{opt} となります。

$$X_{opt} = (A^T A)^{-1} A^T Y$$

では，実測データから (6.1) 式の a, b, c を最小二乗近似によって求める m-file をプログラム 6-2 に示します。実測データを並べて mydata を定義してください。一列目が距離 [cm]，二列目が出力電圧 [V] となっています。

プログラム **6-2** [psd_plot.m]

```
1  %% psd_plot.m
2
3  mydata = [
4  5        3.003382
5  10       2.027693
6  15       1.411926
7  20       1.072307
8  25       0.897928
9  30       0.771975
```

```
10 35      0.702815
11 ];
12 x = mydata(:,2); % Voltage  [V]
13 y = mydata(:,1); % Position [cm]
14
15 N = length(x);
16 A = [ x, y, ones(N,1) ];
17 Y = [ x.*y ];
18 % Least-squares solution
19 X = A\Y;
20
21 % Parameters
22 psd_a  = X(1)*X(2)+X(3);
23 psd_b = -X(2);
24 psd_c =  X(1);
25 fprintf('a = %f\n',psd_a)
26 fprintf('b = %f\n',psd_b)
27 fprintf('c = %f\n',psd_c)
28
29 % Fitting function
30 xmin = min(x)-0.1; xmax = max(x)+0.1;
31 xfit = xmin:0.1:xmax;
32 yfit = psd_a./(xfit + psd_b) + psd_c;
33
34 %% Plot figure
35 figure(1)
36 plot(x,y,'*',xfit,yfit);
37 xlabel('Voltage [V]')
38 ylabel('Distance [cm]')
39 legend('Measured','Calculated')
40 axis([0 3.5 0 40])
41
42 %% Save data
43 save psd_param psd_a psd_b psd_c
44
45 %% EOF of psd_plot.m
```

プログラム 6-2 の実行結果を図 6.12 に示します。この図からわかるように，良好な精度で，実験データをフィッティングしていることがわかります。なお，a, b, c の値は次のように求まりました。

```
a = 24.674641
b = -0.036671
c = -3.086973
```

これらの値は，psd_a，psd_b，psd_c という変数名で psd_param.mat に保存し，後で使用できるようにします。

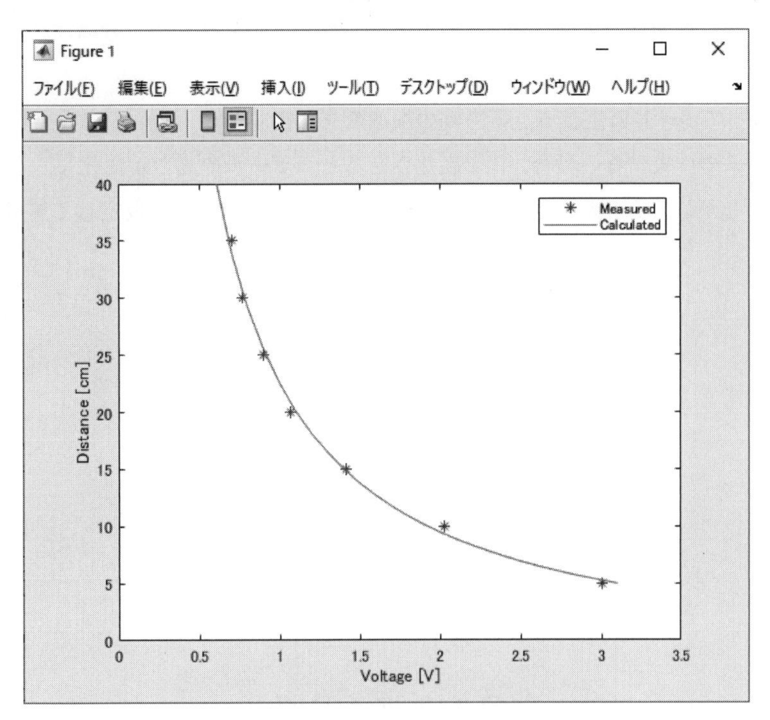

図 6.12　フィッティング結果の一例

6.3 モデリング

運動方程式を立て，それをラプラス変換することで制御対象の伝達関数を求めます。まず，アームの水平方向からの傾きを θ [rad] とし，図 6.3 において，θ が正のとき，アームは右回転するものとします。ここで，運動方程式の導出を簡単にするため，下記の仮定をおきます。

1. **θ を制御入力とみなす**

   RC サーボに目標角度を入力すると，少し遅れてアームが動きます。High Power Gearbox による自作サーボの場合も同様です。しかし，これらの目標角度追従特性が十分高ければ，その遅れは無視できます。

2. **θ の変化によってボールに生じる上下方向の加速度を無視する**

   ボールがアームの中央にない場合，θ を変化させると，ボールの高さが変化し，上下方向の加速度が生じます。しかし，その大きさは重力加速度に比べて十分小さいと仮定して無視します。

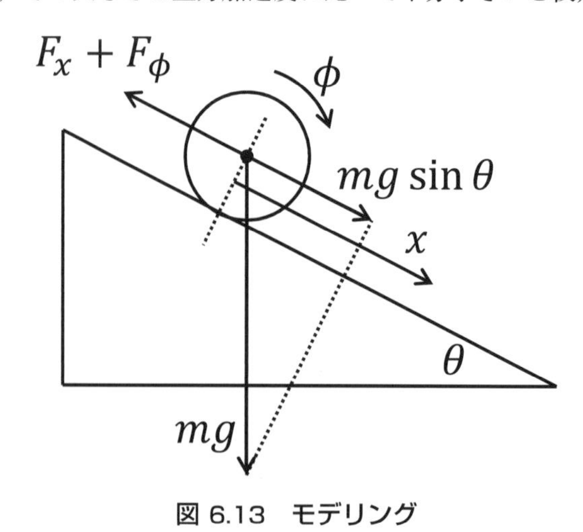

図 6.13　モデリング

これらの仮定のもとで，アームの角度が θ のときに，ボールに働く力は図 6.13 のようになり，次の運動方程式が得られます。

$$mg\sin\theta = F_x + F_\phi \tag{6.10}$$

ただし

$$F_x = m\ddot{x}, \quad F_\phi = J\ddot{\phi}/r \tag{6.11}$$

ここで，m はボールの質量 [kg]，r はボールの半径 [m]，J はボールの慣性モーメント [kg m^2]，x はボールの位置 [m]，ϕ はボールの回転角度 [rad]，g は重力加速度 [m/s^2] を表します。(6.11) 式を (6.10) 式

に代入し，x と ϕ の間に成り立つ関係式

$$r\phi = x$$

を使うと，次式を得ます。

$$(mr^2 + J)\ddot{x} = mgr^2 \sin\theta \tag{6.12}$$

本実験装置ではボールとしてピンポン球を使います。ピンポン球のように，中が空で，厚さが無視できる球殻の中心回りの慣性モーメントは

$$J = \frac{2}{3}mr^2 \tag{6.13}$$

となることが知られています。(6.13) 式を (6.12) 式に代入し，$\theta \simeq 0$ を仮定すると，最終的に，次の運動方程式が得られます。

$$\ddot{x} = \frac{3}{5}g\,\theta \tag{6.14}$$

(6.14) 式をラプラス変換して，θ から x までの伝達関数を求めると，次式を得ます。

$$x(s) = \frac{K_b}{s^2}\,\theta(s), \quad K_b = \frac{3}{5}g \tag{6.15}$$

つまり，Ball & Beam システムは，二重積分システム，つまり原点に二つの極を持つ不安定システムとなります。

ここで，本実験装置では，ボールは数十センチメートルの範囲でしか動きませんので，位置 x の単位を [cm] に変更します。それにあわせて，$100K_b$ を改めて K_b と置き直すと，θ [rad] から x [cm] までのブロック線図は図 6.14 のようになります。この時，K_b は次式となります。

$$K_b = 100 \times (3/5)g = 60g$$

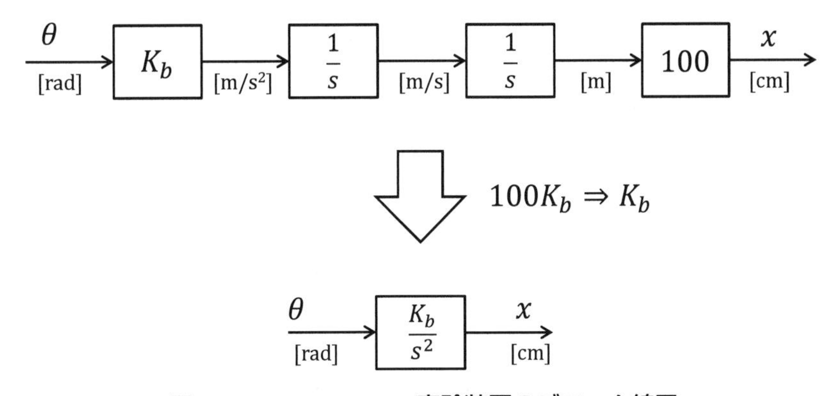

図 6.14　Ball & Beam 実験装置のブロック線図

6.4 RCサーボを使って制御してみよう

6.4.1 I-PD+FF 制御器の設計

図 6.3 に示すようにRC サーボを使ってボールの位置制御を行ってみましょう。RC サーボによってアームを駆動する場合，制御対象のブロック線図は図 6.15 になります。ただし，ϕ [deg] はRC サーボの回転角，ϕ_{ref} [deg] はその目標値，K_θ [rad/deg] はアームの傾き θ と ϕ の関係を表すゲインです。RC サーボとアームを図 6.3 のように接続する場合，K_θ は次式となります。

$$K_\theta = L_2/L_1 \times (\pi/180)$$

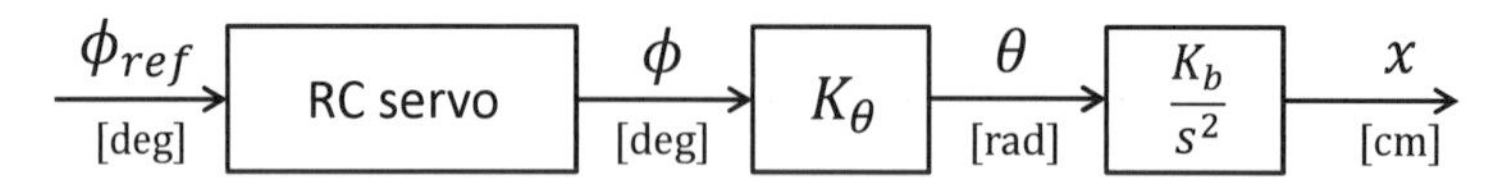

図 6.15 RC サーボモータで駆動する場合のブロック線図

図 6.15 に示す制御対象に対して制御器を設計する場合，厳密には，RC サーボの伝達特性を考える必要があります。しかし，RC サーボの伝達特性は通常公開されていません。また，RC サーボは，目標角度にすばやく追従するように作られています。ボールの動きに比べてRC サーボの動作が十分速ければ，RC サーボの応答遅れは無視できます。そこで，RC サーボは理想的に動作，つまり，

$$\phi_{ref} = \phi \tag{6.16}$$

が成り立つと仮定します。そして，

$$x = \frac{K_b}{s^2}\theta$$

を制御対象として制御器を設計し，その制御器から得られる制御入力 θ を使ってRC サーボの目標角度 ϕ_{ref} を

$$\phi_{ref} = \frac{1}{K_\theta}\theta$$

と与えて制御することを考えます。つまり，図 6.16 のように考えます。

次に，$P = K_b/s^2$ に対する制御器について考えます。この制御対象は積分器を二つ持つので，制御器に積分器がなくとも定常偏差は生じません。しかし，これは外乱がない場合の話であり，一定外乱があると定常偏差が生じます。Ball & Beam 実験装置では，アームに取り付け誤差 θ_ϵ があると，ボールに

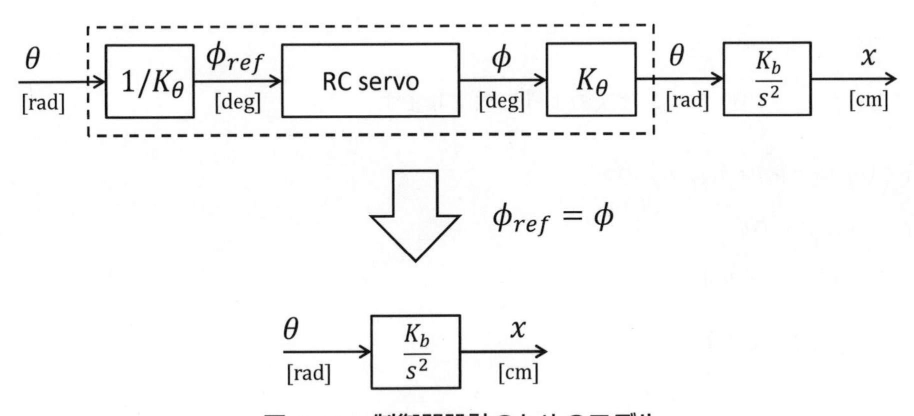

図 6.16　制御器設計のためのモデル

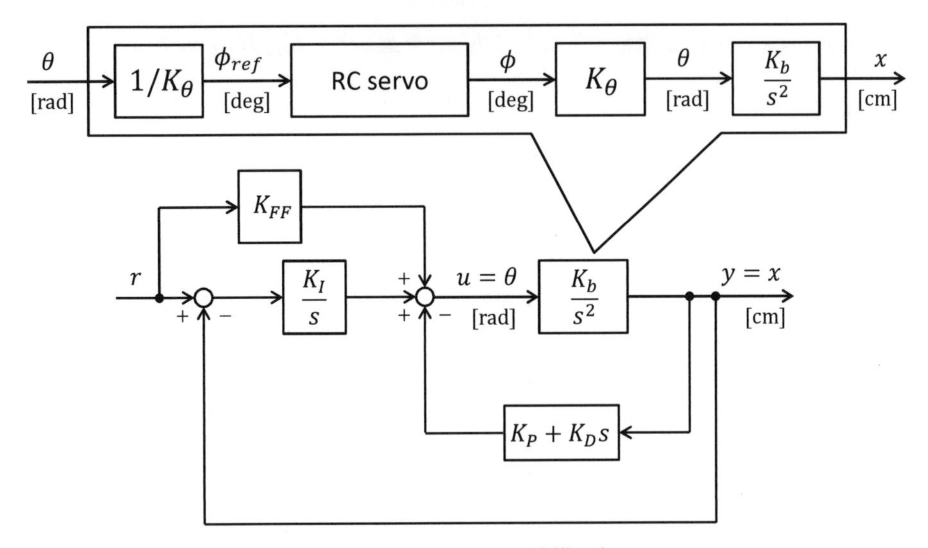

図 6.17　I-PD+FF 制御系

$mg\sin\theta_\epsilon$ の定常力が横向きに働き，これが定常外乱となります。この定常外乱を相殺するためには，制御器に積分器が必要です。その際，過渡応答も重視し，図 6.17 に示すように I-PD+FF 制御とします。

図 6.17 の制御系において，目標値 r から出力 y までの閉ループ伝達関数 G_{yr} を計算すると次式となります。

$$G_{yr} = \frac{K_b K_{FF}(s + K_I/K_{FF})}{s^3 + K_D K_b s^2 + K_b K_P s + K_b K_I}$$

前章と同様に，PID パラメータを極指定によって決めます。3 つの極をこれまでと同様に

$$p_1 = -\zeta\omega_n + j\omega_n\sqrt{1-\zeta^2}$$

$$p_2 = -\zeta\omega_n - j\omega_n\sqrt{1-\zeta^2}$$

$$p_3 = -\alpha$$

で与えることにするとPIDゲインは次のように求まります。

$$K_P = (p_1p_2 + p_2p_3 + p_3p_1)/K_b$$
$$K_I = -p_1p_2p_3/K_b$$
$$K_D = -(p_1 + p_2 + p_3)/K_b$$

この時，G_{yr} は次式となります。

$$G_{yr} = \frac{K_bK_{FF}(s + K_I/K_{FF})}{(s^2 + 2\zeta\omega_n s + \omega_n^2)(s + \alpha)}$$

さらに，応答の遅い極 $s = -\alpha$ を相殺するように K_{FF} を選ぶと，$K_I/K_{FF} = \alpha$ より

$$K_{FF} = K_I/\alpha$$

が得られ，最終的に G_{yr} は次式となります。

$$G_{yr} = \frac{\omega_n^2}{s^2 + 2\zeta\omega_n s + \omega_n^2}$$

■ 6.4.2　I-PD+FF 制御のための Simulink モデル

設計した I-PD+FF 制御器を実現するための Simulink モデルについて説明します。図 6.18 に作成した Simulink モデルの全体を示します。上の閉ループ系は実際の制御系を表し，下の閉ループ系はモデルとなっています。実際に制御を行いながら，モデルに対しても同じ制御を行うことで，出力応答の比較をリアルタイムに行います。

ボールの位置を検出する「Ball and Beam」ブロックの内部を図 6.19 に示します。「Vol to cm」ブロックの内部で，(6.1) 式を計算しています。また，計算されたボールの位置信号にはノイズを多く含んでいるため，ローパスフィルタでカットします。ここでは，高周波のノイズを十分カットできるよう，1 次ではなく次式に示す 2 次のフィルタを双一次変換で離散化したものを使っています。

$$F_c(s) = \frac{\omega_f^2}{s^2 + 2 \cdot 0.7 \cdot \omega_f s + \omega_f^2} \tag{6.17}$$

フィルタのカットオフ周波数 ω_f については後で示す m-file の中で定義します。また，`r1` はボールの原点位置を決めるための定数です。

Simulink ブロックを実行するために必要なパラメータを定義する m-file をプログラム 6-3 に示します。この中で，`r1` と `r2` に異なった値を設定すると，その間を往復する目標値が生成されます。

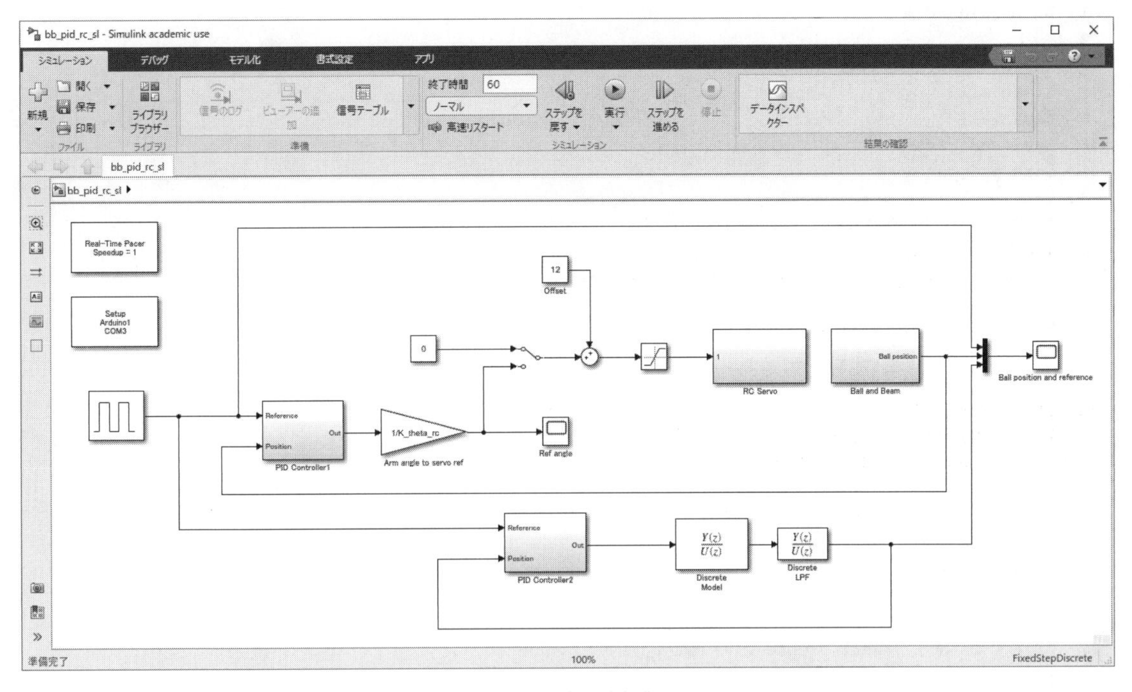

図 6.18　Simulink モデルの全体構成 [bb_pid_rc_sl.mdl]

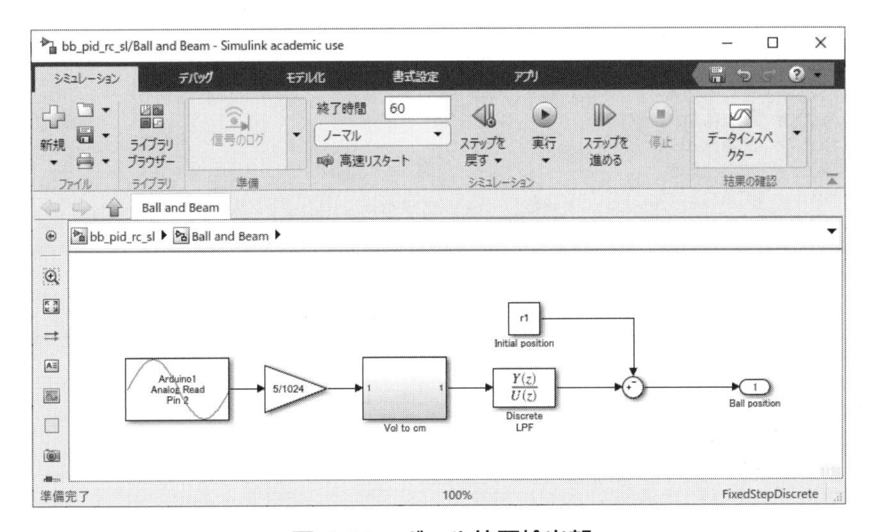

図 6.19　ボール位置検出部

プログラム **6-3** [bb_pid_rc.m]

```
1  %% bb_pid_rc.m
2
3  %% Initialize & load data
4  close all
5  clear all
6  load sim_param
7  load psd_param
8
9  %% サーボ 1 度 あたりのアームの傾き
10 % RC サーボの場合
11 K_theta_rc = (pi/180)*(1.5/11.5); % [rad/deg]
12
13 %% ビーム傾き角 [rad] -> ボール位置 [cm] までの 1/s^2 のゲイン
14 K_b = (3/5*9.8)*100;
15
16 Pb  = K_b/s^2;
17 Pbd = c2d(Pb,ts,'zoh');
18 [numbd,denbd] = tfdata(Pbd,'v');
19
20 %% PID パラメータ for Ball 位置制御
21 omega_n = 1.5;
22 zeta    = 0.6;
23 alpha   = 0.5;
24
25 p1 = (-zeta + j*sqrt(1-zeta^2))*omega_n;
26 p2 = (-zeta - j*sqrt(1-zeta^2))*omega_n;
27 p3 = -alpha;
28
29 kp  =  (p1*p2 + p2*p3 + p3*p1)/K_b;
30 ki  = -p1*p2*p3/K_b;
31 kd  = -(p1+p2+p3)/K_b;
32 % kff = 0;
33 kff = ki/alpha;
34
35 disp('>>> PID parameters for Ball and Beam <<<')
36 fprintf('kp  = %f\n',kp);
37 fprintf('ki  = %f\n',ki);
38 fprintf('kd  = %f\n',kd);
39 fprintf('kff = %f\n',kff);
40
41 %% Reference for ball position
42 r1 = 20-5;
43 r2 = 20+5;
44
45 %% LPF カットオフ周波数
46 wf = 2*pi*2;
47
48 %% LPF for ball position sensor
49 Fc = wf^2/(s^2+2*0.7*wf*s+wf^2);
50 Fd = c2d(Fc,ts,'tustin');
51 [numlpf,denlpf] = tfdata(Fd,'v');
52
53 %% Open simulink model
54 open_system('bb_pid_rc_sl');
```

```
55  open_system('bb_pid_rc_sl/Ref angle')
56  open_system('bb_pid_rc_sl/Ball position and reference')
57
58  %% EOF of bb_pid_rc.m
```

制御実験は次の手順で行います。

1. bb_pid_rc.m を実行してパラメータを定義します。
2. Simulink モデルの「Manual Switch」を上側にして Simulink モデルを実行します。そして，アームが水平になり，ボールが転がらないよう，「Offset」の値を調整します。
3. 一度，Simulink モデルを停止します[1]。
4. 「Manual Switch」を下側に切り替えてから，再び Simulink モデルを実行し制御を開始します。

実験結果の一例を図 6.20 に示します。RC サーボの特性を無視していることや，モデル化誤差の影響などもあり，モデル出力と実際の出力は完全には一致しません。指定極を変えるなどして，応答がどのように変わるか確かめてください。フィルタのカットオフ周波数を変えると，結果がどのように変わるかについても考察するとよいでしょう。また，制御器として I-PD+FF 制御器を使いましたが，PD 制御器やそのほかの制御器についても試してみましょう。ボールの位置制御がすばやくかつ正確に行われるよう，パラメータをいろいろとチューニングしてみてください。

[1] PID 制御器の積分器に積分がたまっている可能性があるため。

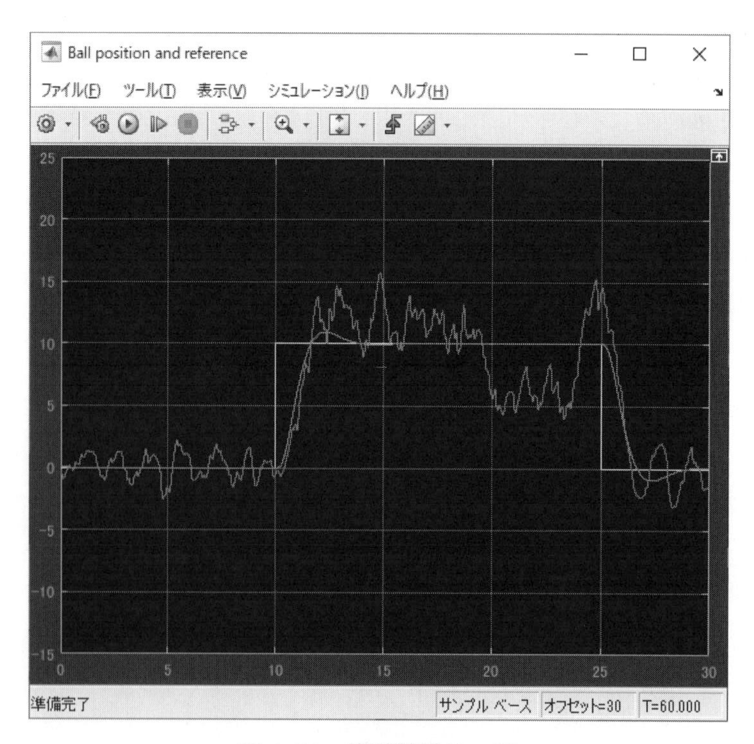

図 6.20　実験結果の一例

6.5 High Power Gearboxを使って制御してみよう

■6.5.1 制御系の構成

図 6.7 に示した実験装置を作成し，RC サーボの代わりに High Power Gearbox（以下，自作サーボ）を使って制御してみましょう。制御方法は，先ほどの RC サーボを使った場合と同じように行います。つまり，自作サーボが RC サーボの代わりになるように十分応答の速い角度制御系を構成し，それを RC サーボの代わりに用いてボールの位置を制御することを考えます。

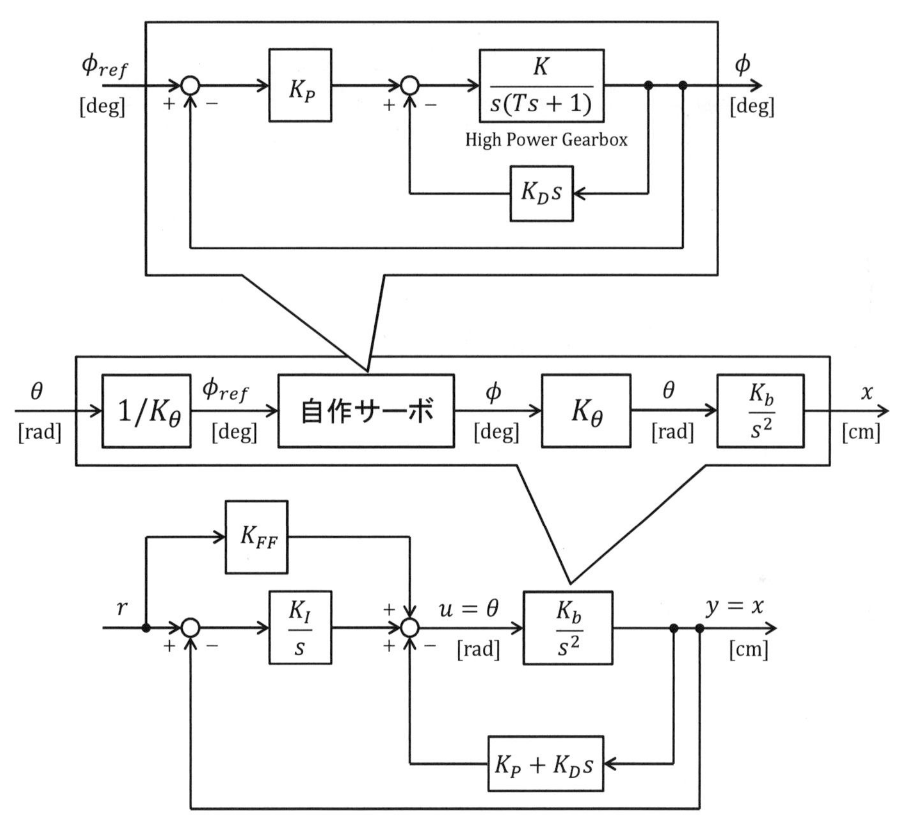

図 6.21　制御系全体のブロック線図

制御系全体のブロック線図を図 6.21 に示します。まず，RC サーボを用いた時と同様に，制御対象を K_b/s^2 とみなして，I-PD+FF 制御系を設計します。High Power Gearbox の制御については，同図に示すように微分先行型 **PD** 制御（以下，**P-D** 制御）とします。P-D 制御にした理由は以下の通りです。

1. 外側の I-PD+FF 制御器には微分器が含まれます。したがって，ボールの位置を微分した信号が自

作サーボの目標値 ϕ_{ref} に含まれることになります。ここで，自作サーボ系において，目標値 ϕ_{ref} にさらに微分器が作用する構成にすると，ボールの位置を 2 階微分することになるので，非常に振動的な電圧がモータに加わってしまいます。そこで，自作サーボ制御系では，目標値 ϕ_{ref} に微分器が作用しないように微分先行型の構成としました。

2. 図 6.21 の制御系に積分器がすでに含まれているので，自作サーボ制御系には積分器は使用しませんでした。積分器は定常外乱や定常偏差の除去に有効ですが，同時に過渡応答が悪くなる傾向にあります。したがって，積分器の導入は必要最小限にとどめておくのが良いとされています。

I-PD+FF 制御器の設計方法は，RC サーボを使った時と同じなので，以下では，自作サーボ制御系の P-D 制御器設計について説明します。

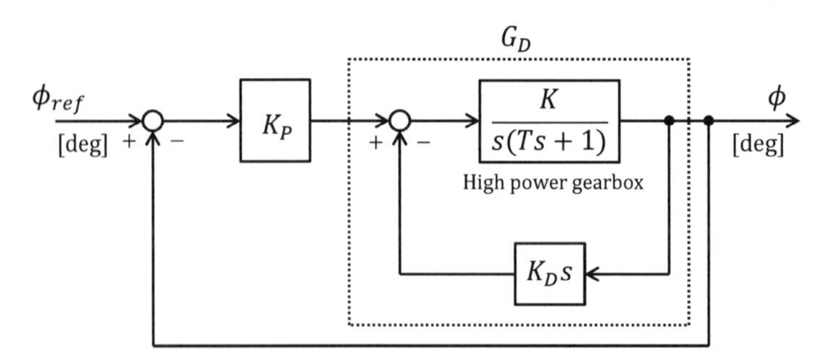

図 6.22　自作サーボ系の P-D 制御

まず，図 6.22 において，破線で囲まれた G_D の伝達関数を求めます。

$$
\begin{aligned}
G_D &= \frac{\dfrac{K}{s(Ts+1)}}{1+\dfrac{K}{s(Ts+1)}K_D s} \\
&= \frac{K}{s(Ts+1+KK_D)}
\end{aligned}
$$

したがって，ϕ_{ref} から ϕ までの閉ループ伝達関数 $G_{\phi\phi_{ref}}$ は次のように求まります。

$$
\begin{aligned}
G_{\phi\phi_{ref}} &= \frac{K_P G_D}{1+K_P G_D} \\
&= \frac{\dfrac{K_P K}{s(Ts+1+KK_D)}}{1+\dfrac{K_P K}{s(Ts+1+KK_D)}} \\
&= \frac{\dfrac{KK_P}{T}}{s^2+\dfrac{1+KK_D}{T}s+\dfrac{KK_P}{T}}
\end{aligned}
\tag{6.18}
$$

これまでと同様に (6.18) 式の極を ω_n と $0<\zeta\leq 1$ を用いて

$$p_1 = -\zeta\omega_n + j\omega_n\sqrt{1-\zeta^2}$$

$$p_2 = -\zeta\omega_n - j\omega_n\sqrt{1-\zeta^2}$$

で与えることにしましょう。すると，PD ゲインは (6.18) 式の分母と

$$s^2 - (p_1 + p_2)s + p_1 p_2$$

の係数を比較することで

$$K_P = p_1 p_2 T/K$$

$$K_D = -((p_1 + p_2)T + 1)/K$$

が得られます。この時，$G_{\phi\phi_{ref}}$ は次式となります。

$$G_{\phi\phi_{ref}} = \frac{\omega_n^2}{s^2 + 2\zeta\omega_n s + \omega_n^2}$$

つまり，自作サーボの応答は 2 次遅れシステムの応答特性となるわけです。

■ 6.5.2 T と K の再同定

High Power Gearbox を使って Ball & Beam を制御する場合，図 6.7 に示すように High Power Gearbox の出力軸をアームに接続することになるため，伝達関数

$$\frac{K}{s(Ts+1)}$$

のゲイン K および時定数 T が変化します。そのため，再度パラメータの同定実験が必要になります。5.3 節で述べた手順に従って同定実験を行いましょう[2]。本書では，同定実験を行った結果，K と T は以下の値となりました。以降，この値を使用することにします。

```
K = 333.752259
T = 0.151467
```

■ 6.5.3 実験してみよう

High Power Gearbox で制御するための Simulink ブロックを開きます (図 6.23)。また，波形を確認するための「Ball position and reference」と「Servo angle」を開いておきましょう。

各パラメータの定義はプログラム 6-4 で行います。プログラムの冒頭で，同定実験で得られたゲイン K と時定数 T の値を定義しておきます。また，冒頭の omega_n_hg と zeta_hg は，自作サーボの P-D

[2] アームが接続されたことで，ステップ応答時により大きな電圧が必要になります。モータへの電圧が ±5 V を超える場合は，pos_id_stepm.m で定義されているステップ幅 r を小さくしてください。

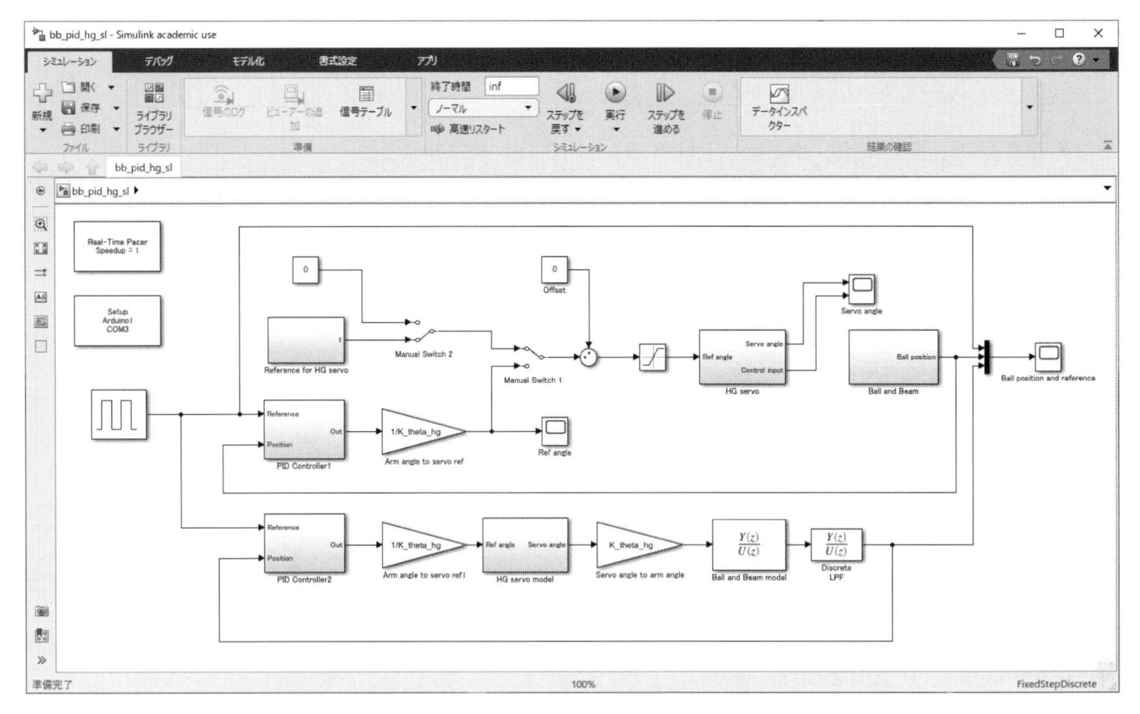

図 6.23　Simulink モデルの全体構成 [bb_pid_hg_sl.mdl]

制御系の PD ゲインを決めるためのパラメータ，そのあとの omega_n，zeta，alpha は，I-PD+FF 制御系の PID ゲインを決めるためのパラメータになっています。最初は，プログラム 6-4 の値で実験を行い，実験結果を見ながら調整してみましょう。

プログラム **6-4** [bb_pid_hg.m]

```
 1  %% bb_pid_hg.m
 2
 3  %% Initialize & load data
 4  close all
 5  clear all
 6  load sim_param
 7  load psd_param
 8
 9  %% Set identified parameters
10  K = 333.752259
11  T = 0.151467
12
13  %% Discrete-time plant model
14  P  = K/(T*s^2 + s);
15  Pd = c2d(P,ts,'zoh');
16  [numpd,denpd] = tfdata(Pd,'v');
17
18  %% PD パラメータ for 自作サーボ
19  omega_n_hg = 12;
```

```
20  zeta_hg     = 0.6;
21  p1 = (-zeta_hg + j*sqrt(1-zeta_hg^2))*omega_n_hg;
22  p2 = (-zeta_hg - j*sqrt(1-zeta_hg^2))*omega_n_hg;
23
24  %% Set PD parameters
25  Kp = p1*p2*T/K;
26  Kd = -((p1+p2)*T + 1)/K;
27  Ki = 0;
28
29  %% Display PID parameters
30  disp('>>> PID parameters for HG Servo <<<')
31  fprintf('Kp  = %f\n',Kp);
32  fprintf('Ki  = %f\n',Ki);
33  fprintf('Kd  = %f\n',Kd);
34
35  %% サーボ 1 度 あたりのアームの傾き
36  % 自作サーボの場合
37  K_theta_hg = (pi/180)*(2.1/15); % [rad/deg]
38
39  %% ビーム傾き角 [rad] -> ボール位置 [cm] までの 1/s^2 のゲイン
40  K_b = (3/5*9.8)*100;
41
42  Pb  = K_b/s^2;
43  Pbd = c2d(Pb,ts,'zoh');
44  [numbd,denbd] = tfdata(Pbd,'v');
45
46  %% PID パラメータ for Ball 位置制御
47  omega_n = 1.5;
48  zeta    = 0.6;
49  alpha   = 0.2;
50
51  p1 = (-zeta + j*sqrt(1-zeta^2))*omega_n;
52  p2 = (-zeta - j*sqrt(1-zeta^2))*omega_n;
53  p3 = -alpha;
54
55  kp  =  (p1*p2 + p2*p3 + p3*p1)/K_b;
56  ki  = -p1*p2*p3/K_b;
57  kd  = -(p1+p2+p3)/K_b;
58  % kff = 0;
59  kff = ki/alpha;
60
61  disp('>>> PID parameters for Ball and Beam <<<')
62  fprintf('kp  = %f\n',kp);
63  fprintf('ki  = %f\n',ki);
64  fprintf('kd  = %f\n',kd);
65  fprintf('kff = %f\n',kff);
66
67  %% Reference for ball position
68  r1 = 20-5;
69  r2 = 20+5;
70
71  %% LPF カットオフ周波数
72  wf = 2*pi*5;
73
74  %% LPF for ball position sensor
```

```
75  Fc = wf^2/(s^2+2*0.7*wf*s+wf^2);
76  Fd = c2d(Fc,ts,'tustin');
77  [numlpf,denlpf] = tfdata(Fd,'v');
78
79  %% Open simulink model
80  open_system('bb_pid_hg_sl');
81  open_system('bb_pid_hg_sl/Servo angle')
82  open_system('bb_pid_hg_sl/Ball position and reference')
83
84  %% EOF of bb_pid_hg.m
```

実験は，次の手順で行います。

1. プログラム 6-4 を実行してパラメータを定義します。
2. `bb_pid_hg_sl.mdl` において，「Manual Switch 1」と「Manual Switch 2」の両方を上側にします。そして，`bb_pid_hg_sl.mdl` を実行して，アーム上に置いたボールが左右に転がらないように定数「Offset」を調整します。単位は「度」になっており，例えば，「Offset」を 1 に設定すると，自作サーボの出力軸が 1 度回転します。一度，ここで Simulink の実行を停止します。
3. 「Manual Switch 1」を上側，「Manual Switch 2」を下側にして，`bb_pid_hg_sl.mdl` を実行すると，「Reference for HG servo」ブロックから出力される矩形波に，自作サーボ系が追従する様子が確認できます。なお，この矩形波の周期とステップ幅は `r_cyc` と `r` に従っており，これらのパラメータは `sim_param.mat` に保存されています。自作サーボの PD ゲインを決めるパラメータである `omega_n_hg` と `zeta_hg` を調整し，良好な特性が得られるようにしてください。プログラム 6-4 で定義した値を用いた場合の結果を図 6.24 に示します。一度，ここで Simulink の実行を停止します。
4. 「Manual Switch 1」を下側にして `bb_pid_hg_sl.mdl` を実行すると，Ball & Beam の実験がスタートします。プログラム 6-4 において，`r1` と `r2` を異なる値に設定していると，それらを目標値として，ボールが往復動作します。良好な応答が得られるように，Ball 位置制御器の PID パラメータである，`omega_n`，`zeta`，`alpha` を調整してみてください。プログラム 6-4 で定義した値を用いた場合の結果を図 6.25 に示します。

なお，各ステップで一度 Simulink を停止させるのは，積分器をリセットするためです。積分器に値がたまった状態で制御を開始してもうまくいきません。

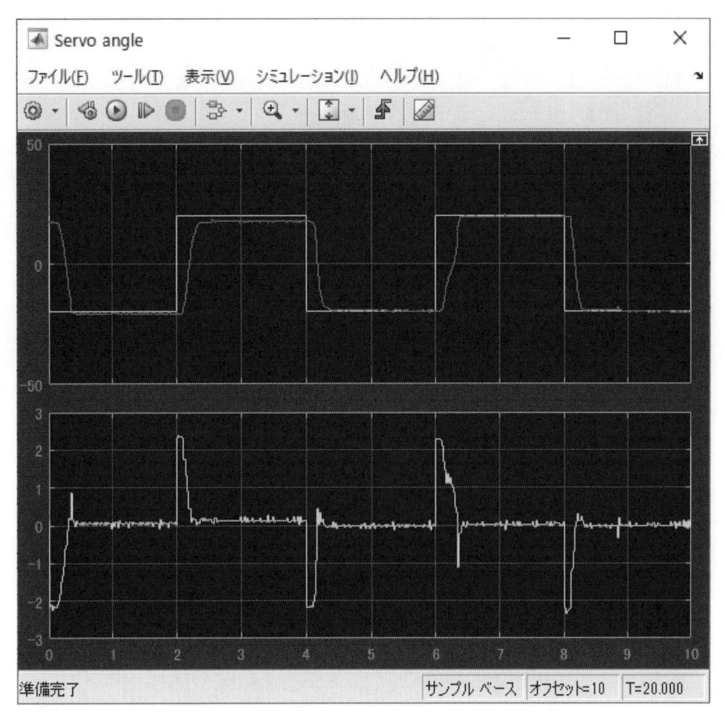

図 6.24　自作サーボのステップ応答

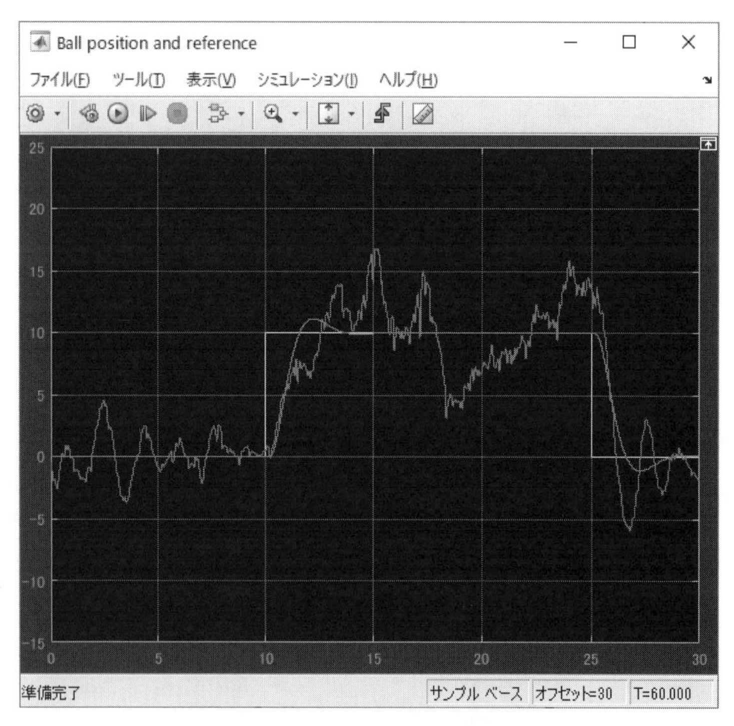

図 6.25　Ball & Beam の実験結果

第 7 章

現代制御に挑戦してみよう

第7章　現代制御に挑戦してみよう

7.1　はじめに

これまでは，PID 制御など，古典制御を使って制御を行ってきました。ここでは，**現代制御**[1]を使って，Ball & Beam を制御してみます。古典制御では，入力と出力の関係を表す伝達関数を元に制御系設計を行います。一方，現代制御では，状態変数と呼ばれる制御対象の内部変数に着目し，状態変数をフィードバックすることで制御を行います。

7.2　現代制御入門

7.2.1　現代制御とは

摩擦のない水平な床の上に置かれた質量 m [kg] の質点に力 u [N] を加えて動かす問題を考えてみましょう。物体の位置を y [m] とすると，運動方程式は次式となります。

$$m\,\ddot{y}(t) = u(t) \tag{7.1}$$

なお，y の上部にある二つの点は時間の 2 階微分を表します。(7.1) 式をラプラス変換して初期値をゼロとおくと，次の伝達関数が得られます。

$$y(s) = \frac{1}{m\,s^2}\,u(s) \tag{7.2}$$

(7.2) 式のブロック線図を物理的意味を考えながら描くと図 7.1 の様になります。つまり，力入力 u を質量 m で割って加速度 a [m/s^2] になり，それを積分して速度 v [m/s]，そして，さらに積分して位

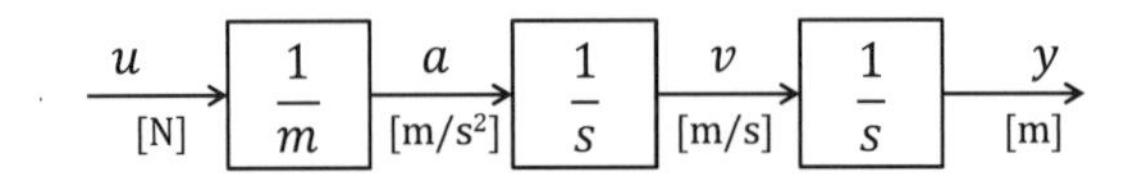

図 7.1　質点のモデル

[1]「現代制御」という言葉から，現代の最新の制御理論という印象を受けるかもしれません。しかし実際は 1970 年代に完成された理論です。

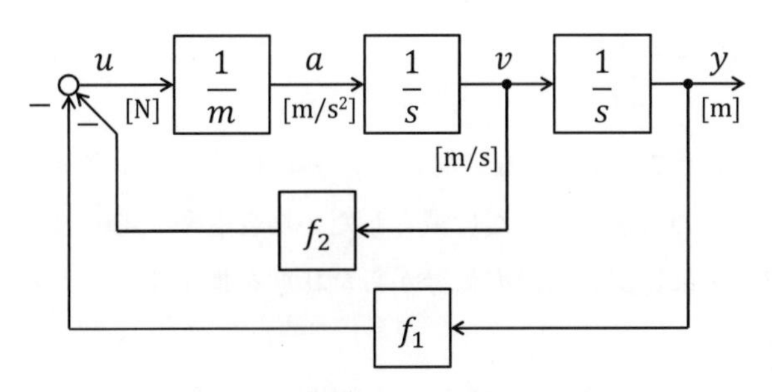

図 7.2　状態フィードバック制御

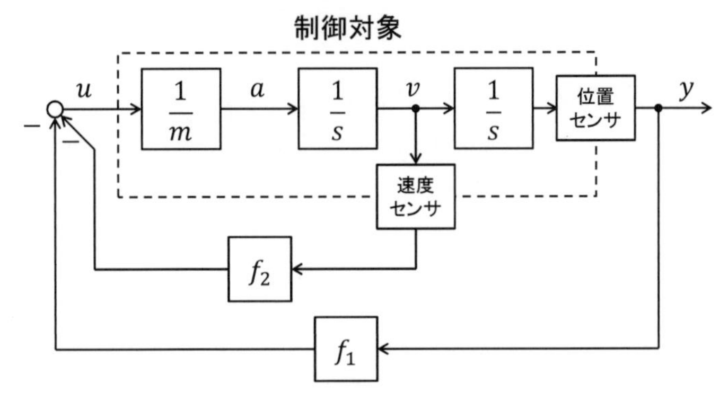

図 7.3　状態を観測するための速度センサと位置センサ

置 y となります。ここで，速度 v や位置 y は，まさに質点系の状態を表しているので，これらが状態変数になります。

現代制御では，各状態にゲインを掛けてフィードバックを行う状態フィードバック制御が基本になります。先ほどの質点系に状態フィードバックを行ったのが，図 7.2 のブロック線図です。このように，状態フィードバックは状態変数に対する比例制御になっています。

状態フィードバック制御を行うためには，すべての状態を観測するためのセンサが必要になります。ここまで述べてきた質点系の例では，速度を検出するタコメータなどのセンサと，位置を観測するポテンショメータやエンコーダなどが必要になります（図 7.3）。

現代制御の特徴をまとめると以下のようになります。

1. 状態方程式

   制御対象の特性を表す微分方程式を行列形式で表現したもの。入出力関係だけでなく，状態変数を陽に表現できます。

2. 状態フィードバック制御

   制御対象の出力ではなく，全ての状態変数をフィードバックします。また，状態フィードバック制御によって，制御対象の状態変数は全てゼロに収束します。そのため，状態フィードバック制御はレギュレータとも呼ばれています。

3. オブザーバ

 状態変数によってはセンサで観測できない場合があります（例えば，溶鉱炉の中心温度など）。また，コストの問題からセンサの数をできるだけ減らしたい場合も多くあります。このような場合，オブザーバを使うことで，制御対象の入出力信号から全状態を推定することができます。

4. 可制御性・可観測性

 全状態が制御できるか（可制御性），オブザーバを使って全状態が推定できるかどうか（可観測性）という概念，考え方。

5. 最適性

 制御性能を表す評価関数を導入し，その値が最も小さくなるように，状態フィードバック制御則を設計します。また，状態の推定誤差が最も小さくなるように，オブザーバを設計します。前者は最適状態フィードバック制御，後者は最適オブザーバと呼ばれます。

■ 7.2.2　状態方程式とは

(7.1) 式の運動方程式で表されるシステムを状態方程式で表してみましょう。まず，状態変数を決めなければなりません。質点系では，質点の位置と速度を状態変数にとればまず間違いありません。そこで，次のように二つの状態変数 x_1 と x_2 を定義します。

$$x_1 = y \quad \text{（位置）} \tag{7.3}$$

$$x_2 = v = \dot{y} \quad \text{（速度）} \tag{7.4}$$

(7.3) 式を時間で微分して (7.4) 式を代入すると次式を得ます。

$$\dot{x}_1 = x_2 \tag{7.5}$$

また，(7.1) 式に (7.4) 式を代入することで次式を得ます。

$$\dot{x}_2 = \frac{1}{m}u \tag{7.6}$$

ここで，(7.5) 式と (7.6) 式を行列形式でまとめて記述すると次式を得ます。

$$\begin{bmatrix} \dot{x}_1 \\ \dot{x}_2 \end{bmatrix} = \begin{bmatrix} 0 & 1 \\ 0 & 0 \end{bmatrix} \begin{bmatrix} x_1 \\ x_2 \end{bmatrix} + \begin{bmatrix} 0 \\ \frac{1}{m} \end{bmatrix} u \tag{7.7}$$

この形式で記述された方程式が状態方程式です。さらに，状態変数ベクトルを

$$x = \begin{bmatrix} x_1 \\ x_2 \end{bmatrix}$$

と定義し，実数行列 A，B を

$$A=\begin{bmatrix}0 & 1\\0 & 0\end{bmatrix},\quad B=\begin{bmatrix}0\\ \dfrac{1}{m}\end{bmatrix}$$

で定義すると，次に示す状態方程式の一般形が得られます。

$$\dot{x}=Ax+Bu$$

制御対象の出力 y が位置 x_1 のとき，これを一般形で表現すると

$$y=Cx+Du \tag{7.8}$$

ただし，

$$C=\begin{bmatrix}1 & 0\end{bmatrix},\quad D=0$$

となります。ここで，(7.8) 式を出力方程式と呼びます。また，状態方程式と出力方程式を合わせた

$$\dot{x}=Ax+Bu$$

$$y=Cx+Du$$

を**状態空間実現**といいます。状態空間実現を使えば，システムの特性は，四つの実数行列 A，B，C，D を使って表現できます。また，状態変数の数をシステムの次数と呼びます。

状態方程式を求める際のこつは，適切な状態変数を選ぶことです。制御対象がメカトロシステムであれば，表 7.1 に従って状態変数を選ぶと良いでしょう。

表 7.1　状態変数の選択指針

対象	選び方
質点の状態	変位と速度
コンデンサの状態	電荷または電圧
コイルの状態	電流

■ 7.2.3　状態フィードバック制御

状態方程式

$$\dot{x}=Ax+Bu \tag{7.9}$$

で表現されたシステムに対して，状態フィードバック制御は

$$u=-f_1x_1-f_2x_2$$

のようになります（次数が２次の場合）。これを，行列を使って表すと

$$u = -Fx \tag{7.10}$$

ただし，

$$F = \begin{bmatrix} f_1 & f_2 \end{bmatrix}, \quad x = \begin{bmatrix} x_1 \\ x_2 \end{bmatrix}$$

となります。ここで，F のことを状態フィードバックベクトルと呼びます。

(7.10) 式を (7.9) 式へ代入すると入力のない自律システムと呼ばれる次のシステムが得られます。

$$\dot{x} = (A - BF)x \tag{7.11}$$

(7.11) 式の解は

$$x = e^{A_F t}x(0), \quad A_F = A - BF \tag{7.12}$$

となります[2]。ここで，$e^{A_F t}$ は行列指数関数と呼ばれ，次式で定義されます。

$$e^{A_F t} = I + A_F t + \frac{1}{2!}A_F^2 t^2 + \cdots + \frac{1}{n!}A_F^n t^n + \cdots \tag{7.13}$$

(7.12) 式で示した解は一般的な表現になっているので，その応答が実際にどのようになるか，イメージできません。そこで，(7.9) 式を２次のシステムと仮定し，さらに，$A - BF$ は互いに異なる固有値 λ_1，λ_2 を持つとしましょう。すると，(7.11) 式は次のように表現できることが示せます。

$$x = \begin{bmatrix} x_1 \\ x_2 \end{bmatrix} = \begin{bmatrix} \alpha_1 e^{\lambda_1 t} + \beta_1 e^{\lambda_2 t} \\ \alpha_2 e^{\lambda_1 t} + \beta_2 e^{\lambda_2 t} \end{bmatrix} \tag{7.14}$$

ただし，α_i，β_i は $A - BF$ の固有ベクトルと初期状態 $x(0)$ で決まる定数です。ここで重要なことは，状態変数の応答は $A - BF$ の固有値 λ_i を指数部に持つ指数関数 $e^{\lambda_i t}$ の線形結合で決まるということです。

状態フィードバックベクトル F の設計法は，大きく分けて二つあります。一つは極指定法，もう一つは最適状態フィードバック制御です。次節以降で詳しく説明しましょう。

■ 7.2.4　極指定法による状態フィードバックベクトルの設計

(7.14) 式で示したように，状態フィードバックを行ったときの状態変数の応答は，$A - BF$ の固有値と密接な関係があります。したがって，$A - BF$ の固有値をうまく設計することで，良好な応答が得られます。$(A - BF)$ の固有値はレギュレータの極と呼ばれており，極指定法では，この極が設計者が与えた配置になるように F を決めます。MATLAB を使えば次のようにして簡単に F が計算できます。

[2] (7.12) 式が (7.11) 式の解になっていることは，(7.12) 式を (7.11) 式へ代入することで確かめられます。その際，(7.12) 式の時間微分は，(7.13) 式の定義から得られる $(d/dt)e^{A_F t} = A_F e^{A_F t} = e^{A_F t} A_F$ を使います。

```
p = [-1,-2]; % 指定極（2次の場合）
F = place(A,B,p);
```

7.2.5 最適状態フィードバック制御

状態フィードバック制御における各状態の応答は $A-BF$ の固有値だけでなく，固有ベクトルとも関係します。しかし，極指定法では，極しか指定できません。したがって，例えば，x_1 の応答はあまり変えずに，x_2 の応答の収束を速くする，といった設計はできません。

そこで，次の評価関数 J を設定し，J が最小になるように状態フィードバックベクトル F を決める手法が考えられました。

$$J = \int_0^{\infty} (x^T Q x + u^T R u) dt \tag{7.15}$$

このようにして求めた F を使って状態フィードバック制御 $u = -Fx$ を行うことを**最適状態フィードバック制御**といいます。設計パラメータは (7.15) 式にある Q と R の二つの**重み行列**であり[3]，これらを選ぶことによって，状態変数の応答や入力の大きさを直接考慮した設計ができます。重み行列 Q と R が決まれば，状態フィードバックベクトルは簡単に計算でき，MATLAB では次の 1 行で済みます。

```
F = lqr(A,B,Q,R);
```

コマンド lqr では，次の**リッカチ方程式**[4]と呼ばれる行列方程式

$$PA + A^T P - PBR^{-1}B^T P + Q = 0$$

を満たす正定対称な唯一解 P を計算し，次式から F を計算しています。

$$F = R^{-1}B^T P$$

コラム 何が最適？

最適状態フィードバック制御と聞くと，設計者が思い描く最適な制御系が設計できる手法，と思えてしまいます。しかし，ここで言う最適とは，設計者が決めた Q と R に対して，評価関数が最も小さくなるという意味であり，それ以上でも，それ以下でもありません。設計者が思い描く最適な制御系が設計できるかどうかは Q と R の選択にかかっています。

---

[3] R は正定（$R>0$），Q は半正定（$Q \geq 0$），$(Q^{1/2}, A)$ は可観測という条件が必要です。詳しくは，現代制御の教科書を参考にしてください。

[4] P がスカラであれば，リッカチ方程式は単なる 2 次方程式になります。つまり，リッカチ方程式は 2 次方程式を行列に拡張したものと考えるとわかりやすいでしょう。

実際の設計では，Q と R をどのように選ぶかが非常に重要になります。説明を簡単にするため，システムの次数は 2 次として，状態変数ベクトルを

$$x = \begin{bmatrix} x_1 \\ x_2 \end{bmatrix}$$

とします。また，入力 u をスカラとすると，R もスカラになるので，改めて $r = R$ と定義します。Q は対称行列なので

$$Q = \begin{bmatrix} q_1 & q_{12} \\ q_{12} & q_2 \end{bmatrix}$$

となりますが，通常は，対角行列に選ぶことが多いので，$q_{12} = 0$ とおいて

$$Q = \begin{bmatrix} q_1 & 0 \\ 0 & q_2 \end{bmatrix}$$

としましょう。すると，(7.15) 式は次のようにわかりやすい形になります。

$$\begin{aligned} J &= \int_0^\infty (x^T Q x + u^T R u) dt \\ &= \int_0^\infty (q_1 x_1^2 + q_2 x_2^2 + r u^2) dt \\ &= q_1 \int_0^\infty x_1^2 \, dt + q_2 \int_0^\infty x_2^2 \, dt + r \int_0^\infty u^2 \, dt \end{aligned} \tag{7.16}$$

ここで，

$$\int_0^\infty x_1^2 \, dt, \quad \int_0^\infty x_2^2 \, dt, \quad \int_0^\infty u^2 \, dt$$

は二乗積分誤差と呼ばれ，それらを q_1, q_2, r で重み付けして和をとったものが J になっています。

任意の定数 $0 < \alpha < \infty$ に対して，

$$\left(\int_0^\alpha |x_i| \, dt \right)^2 \leq \alpha \int_0^\alpha x_i^2 \, dt$$

が成り立つことが知られていますので，二乗積分誤差が小さいと，図 7.4 に示す応答 x_i の誤差面積も小さくなります。したがって，ある状態変数 x_i の応答の誤差面積が小さくなるように F を設計したい場合は，その状態変数に対応する重み q_i を大きくします。すると，その状態変数の二乗積分誤差の J に対する寄与度が大きくなり，J が最も小さくなるように F が設計されますので，結果としてその状態変数の誤差面積が小さくなります。

つまり，以下の指針に従って重み行列を決めてゆけばよいことがわかります。

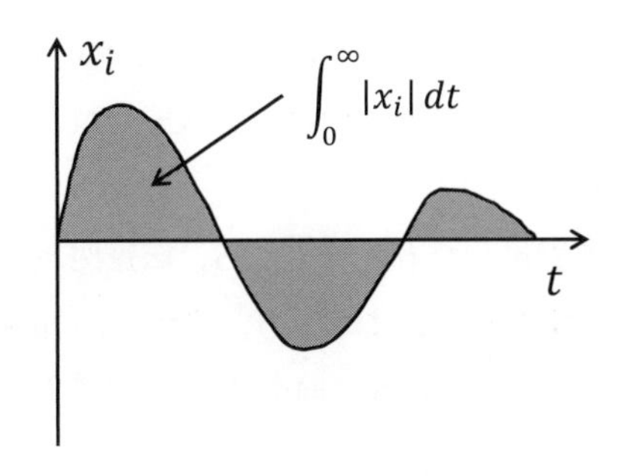

図 7.4　誤差面積

- ある状態変数 x_i の誤差面積を小さくするには q_i を大きくする。
- 入力 u を小さくするには r を大きくする。

重みの調整では，q_i や r は比較的大きく変化させないと，設計結果が変わりません。例えば，$q_1 = 1$ を $q_1 = 100$ に変えてみる，という具合です。また，各状態変数の単位にも注意を払わなければなりません。例えば，x_1 と x_2 の両方が位置を表しているものとして，前者はメートル [m]，後者はミリメートル [mm] で定義されているとしましょう。単位を合わせたときに x_1 と x_2 がほぼ同じような応答だとしても，両者の二乗積分誤差の間には 10 の 6 乗の開きがあります。したがって，それらを考慮して重み q_i を決める必要があります。

7.3　Ball & Beam の最適状態フィードバック制御

■ 7.3.1　状態方程式を求める

Ball & Beam 実験装置を状態フィードバック制御するためには，まず，状態方程式を求める必要があります。制御対象は図 7.5 に示すように，High Power Gearbox の伝達関数 $K/(s(Ts+1))$ の出力が，変換係数 K_θ を経由して，アームの傾きからボールの位置までの伝達関数 K_b/s^2 へ入力されるものとなっています。MATLAB では，伝達関数から状態方程式へ変換するコマンド（例えば ss など）が用意されていますので，伝達関数から状態方程式へ簡単に変換できます。しかし，そのようなコマンドを使用した場合，得られた状態方程式の状態変数の物理的意味が不明確です。

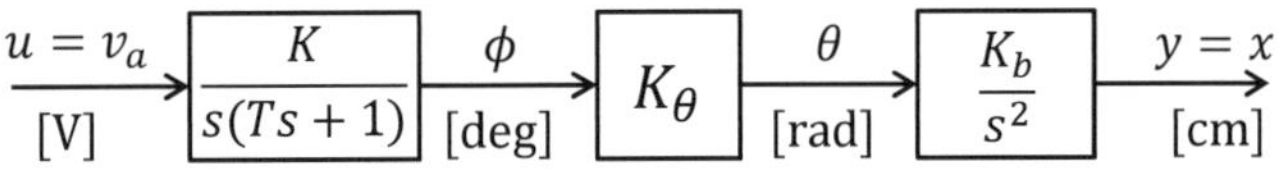

$u = v_a$ [V] → $\frac{K}{s(Ts+1)}$ → ϕ [deg] → K_θ → θ [rad] → $\frac{K_b}{s^2}$ → $y = x$ [cm]

図 7.5　High Power Gearbox で駆動する Ball & Beam 実験装置のブロック線図

最適状態フィードバックベクトルを求めるには，状態変数や入力に対する重み行列である Q と R を選ばなくてはなりません。その際，各状態変数の物理的意味がわからないと，各状態変数をどのように重み付けしてよいかわかりません。そこで，以下では，各状態変数が物理的意味を持つように，状態方程式を求めます。

状態方程式は，微分方程式を行列表現したものですから，伝達関数を微分方程式に変換し，それを状態方程式の形式で表現する，という手順を考えましょう。まず，High Power Gearbox の伝達関数について考えます。入力を電圧 $v_a(t)$，出力を出力軸の回転角度 $\phi(t)$ とし，それらのラプラス変換を $v_a(s)$ と $\phi(s)$ で表せば，入出力関係は次式となります。

$$\phi(s) = \frac{K}{Ts^2 + s} v_a(s)$$

分母を払うと

$$Ts^2\phi(s) + s\phi(s) = K\, v_a(s) \tag{7.17}$$

が得られます。ここで，s は微分を表すことを思い出しましょう。つまり，$\phi(s)$ に s を n 回かけると，元の時間関数 $\phi(t)$ を n 階微分したことになります。このことに注意し，(7.17) 式を逆ラプラス変換すると次の微分方程式が得られます。

$$T\ddot{\phi}(t) + \dot{\phi} = Kv_a(t) \tag{7.18}$$

一方，アームの傾き角 $\theta(t)$ [rad] からボール位置 $x(t)$ [cm] までの伝達関数は，それらのラプラス変換を $\theta(s)$ と $x(s)$ で表すことで，次式となることを説明しました。

$$x(s) = \frac{K_b}{s^2}\,\theta(s)$$

分母を払い，先ほどと同様に

$$s^2 x(s) = K_b\,\theta(s)$$

を逆ラプラス変換して，次の微分方程式を得ます。

$$\ddot{x}(t) = K_b\,\theta(t) \tag{7.19}$$

また，$\theta(t)$ と $\phi(t)$ の間に

$$\theta(t) = K_\theta\,\phi(t)$$

が成り立ちます。これを，(7.19) 式に代入すると次式が得られます。

$$\ddot{x}(t) = K_b\,K_\theta\,\phi(t) \tag{7.20}$$

さて，状態方程式を得るために，状態変数を次のように定義します。

$$x(t) = \begin{bmatrix} x_1 \\ x_2 \\ x_3 \\ x_4 \end{bmatrix} = \begin{bmatrix} x \\ \dot{x} \\ \phi \\ \dot{\phi} \end{bmatrix} \tag{7.21}$$

上から順に，ボールの位置，ボールの速度，High Power Gearbox の出力軸角度とその角速度になっていて，各状態変数の物理的意味が明確です。

この定義に基づくと，(7.20) 式は次式となります。

$$\dot{x}_1 = x_2 \tag{7.22}$$

$$\dot{x}_2 = K_b K_\theta x_3 \tag{7.23}$$

同様に，(7.18) 式は次式となります。

$$\dot{x}_3 = x_4 \tag{7.24}$$

$$\dot{x}_4 = -\frac{1}{T} x_4 + \frac{K}{T} v_a \tag{7.25}$$

制御入力 u を $v_a = u$ として，(7.22)〜(7.25) 式を行列形式にまとめると次の状態方程式を得ます。

$$\dot{x} = \underbrace{\begin{bmatrix} 0 & 1 & 0 & 0 \\ 0 & 0 & K_b K_\theta & 0 \\ 0 & 0 & 0 & 1 \\ 0 & 0 & 0 & -\frac{1}{T} \end{bmatrix}}_{A} x + \underbrace{\begin{bmatrix} 0 \\ 0 \\ 0 \\ \frac{K}{T} \end{bmatrix}}_{B} u \tag{7.26}$$

出力 y をボールの位置 x_1 とすると次の出力方程式が得られます。

$$y = \underbrace{\begin{bmatrix} 1 & 0 & 0 & 0 \end{bmatrix}}_{C} x + \underbrace{\begin{bmatrix} 0 \end{bmatrix}}_{D} u \tag{7.27}$$

■ 7.3.2 最適状態フィードバックベクトルの設計

実際に最適状態フィードバックベクトルを設計して，シミュレーションを行ってみましょう。プログラム 7-1 の冒頭で，同定した K と T の値を定義しておきます。そして，次の 2 種類の Q と R の組み合わせについてシミュレーションを行い，応答の違いを確認します。

$$Q_1 = \mathrm{diag}[100, 20, 20, 1], \quad R_1 = 10000$$

$$Q_2 = \mathrm{diag}[500, 20, 20, 1], \quad R_2 = 10000$$

Q_1 と Q_2 はボールの位置を表す状態変数 x_1 に対する重みだけが異なります（100 と 500）。この重みを大きくすると，ボールが原点（$x_1 = 0$）に速く収束することが期待できます。

プログラム **7-1** [bb_lqr_test.m]

```
1  %% bb_lqr_test.m
2
3  %% Initialize & load data
4  close all
5  clear all
6  load sim_param
7  load psd_param
8
9  %% Set identified parameters
10 K = 333.752259
11 T = 0.151467
12
13 %% ビーム傾き角 [rad] -> ボール位置 [cm] までの 1/s^2 のゲイン
14 K_b = (3/5*9.8)*100;
15
16 %% サーボ 1 度 あたりのアームの傾き
17 % 自作サーボの場合
18 K_theta_hg = (pi/180)*(2.1/15); % [rad/deg]
19
20 %% 状態方程式
21 A = [0  1  0               0    ;
22      0  0  K_b*K_theta_hg  0    ;
23      0  0  0               1    ;
24      0  0  0              -1/T ];
25 B = [ 0    ;
26       0    ;
27       0    ;
28       K/T ];
29 C = [ 1  0  0  0 ];
30 D = 0;
31 Pbb = ss(A,B,C,D);
32
33 %% LQ design 1
34 Q1 = diag([100 20 20 1]);
35 R1 = 10000;
36 F1 = lqr(Pbb,Q1,R1);
37
38 %% LQ design 2
39 Q2 = diag([500 20 20 1]);
40 R2 = 10000;
41 F2 = lqr(Pbb,Q2,R2);
42
43 %% Simulation
44 t  = 0:ts:5;
45 x0 = [10,0,0,0]'; % Set initial state
46
47 % Closed-loop system
48 Pcl1 = ss(A-B*F1,zeros(4,1),C,D);
49 Pcl2 = ss(A-B*F2,zeros(4,1),C,D);
50
```

```
51  % Initial state response
52  [y1,tt1,X1] = initial(Pcl1,x0,t);
53  [y2,tt2,X2] = initial(Pcl2,x0,t);
54
55  %% Plot figure
56  figure(1)
57  subplot(211)
58  plot(t,X1(:,1:2),t,X2(:,1:2),'--')
59  xlabel('Time [s]'), ylabel('Ball position and velocity')
60  legend('Design 1 x','Design 1 d/dt x','Design 2 x','Design 2 d/dt x')
61  subplot(212)
62  plot(t,X1(:,3:4),t,X2(:,3:4),'--')
63  xlabel('Time [s]'), ylabel('Servo angle and angular velocity')
64  legend('Design 1 \phi','Design 1 d/dt \phi','Design 2 \phi','Design 2 d/dt \phi')
65
66  %% EOF of bb_lqr_test.m
```

プログラム 7-1 の実行結果を図 7.6 に示します。このシミュレーションでは，初期状態を

$$x(0) = \begin{bmatrix} 10 \\ 0 \\ 0 \\ 0 \end{bmatrix}$$

として，そこからの応答を計算しています。つまり，アームが水平の状態で静止しているところに，ボールをアーム中心から 10 cm 離れたところに静かに置き，その状態から制御を開始した場合の応答を計算していることになります。状態変数 x_1 に対する重みを大きくすると，ボールの位置 x_1 が速く原点に戻る様子が確認できます。なお，初期値応答の計算には次の関数を利用しています。

```
[y,t,x] = initial(P,x0,t);
```

図 7.6 をよく見るとボールの速度（x_2）や High Power Gearbox の出力軸角速度（x_4）の振れが大きくなっています。このように，ある状態変数の収束を速めると，ほかの状態変数が大きく振れる現象が起こる場合があります。これは，ボール位置の応答が速く原点に収束するためには，当然，速度は速くならざるを得ない，という物理法則に従った結果です。したがって，重みの選択をいくら工夫しても，位置応答を変えずに速度の振れを小さくすることはできません。各状態間の応答の関係は，システムの零点と関係があることが知られています。零点はシステムの構造を表しており，フィードバック制御によって変わらないことからも，上記の考察が理解できます。

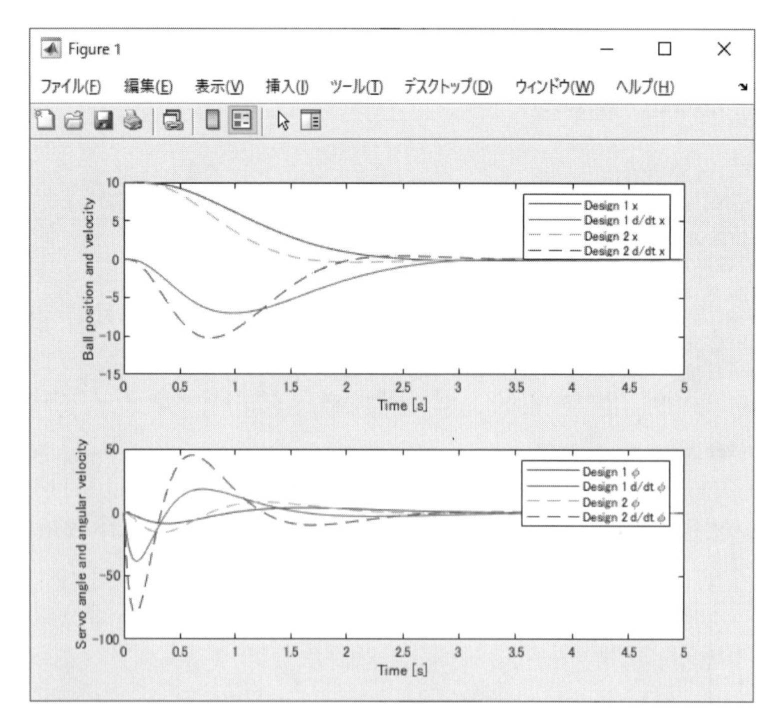

図 7.6 状態フィードバック制御のシミュレーション結果

■ 7.3.3 実験してみよう

設計した最適状態フィードバックベクトルを使って，実験を行ってみましょう。まず，bb_lqr_hg_sl.mdl を開きます（図 7.7）。状態フィードバックを行うにあたり，ボールの位置 x_1 と High Power Gearbox の出力軸角度 x_3 はセンサで得られます。しかし，それらの速度である x_2 と x_4 は直接得られません。x_2 と x_4 については，オブザーバを用いて推定することも考えられますが，ここでは，簡単のため差分によって速度を求めることにします（図 7.7 の Discrete Derivative ブロック）。

状態フィードバックベクトルを設計するためのプログラム bb_lqr_hg.m を実行した後に，Simulink モデル bb_lqr_hg_sl.mdl を実行してください。ボールの初期位置を，アームの中心から少しずらしたところに置いて制御を開始したときの応答を図 7.8 に示します。上から順に，ボールの位置 [cm]，High Power Gearbox の出力軸角度 [deg]，モータへの入力電圧 [V] を示します。原点付近に制御されている様子が確認できます。なお，アームの取り付け誤差などにより，アームの初期角度が傾いている場合，ボールは原点には収束しません。この場合は，図 7.7 にある「Offset」を 0 以外の値に調整してください。

ボールに指で外乱を加えたり，また，Q と R を変更して再実験を行うなどして，いろいろと試してみてください。

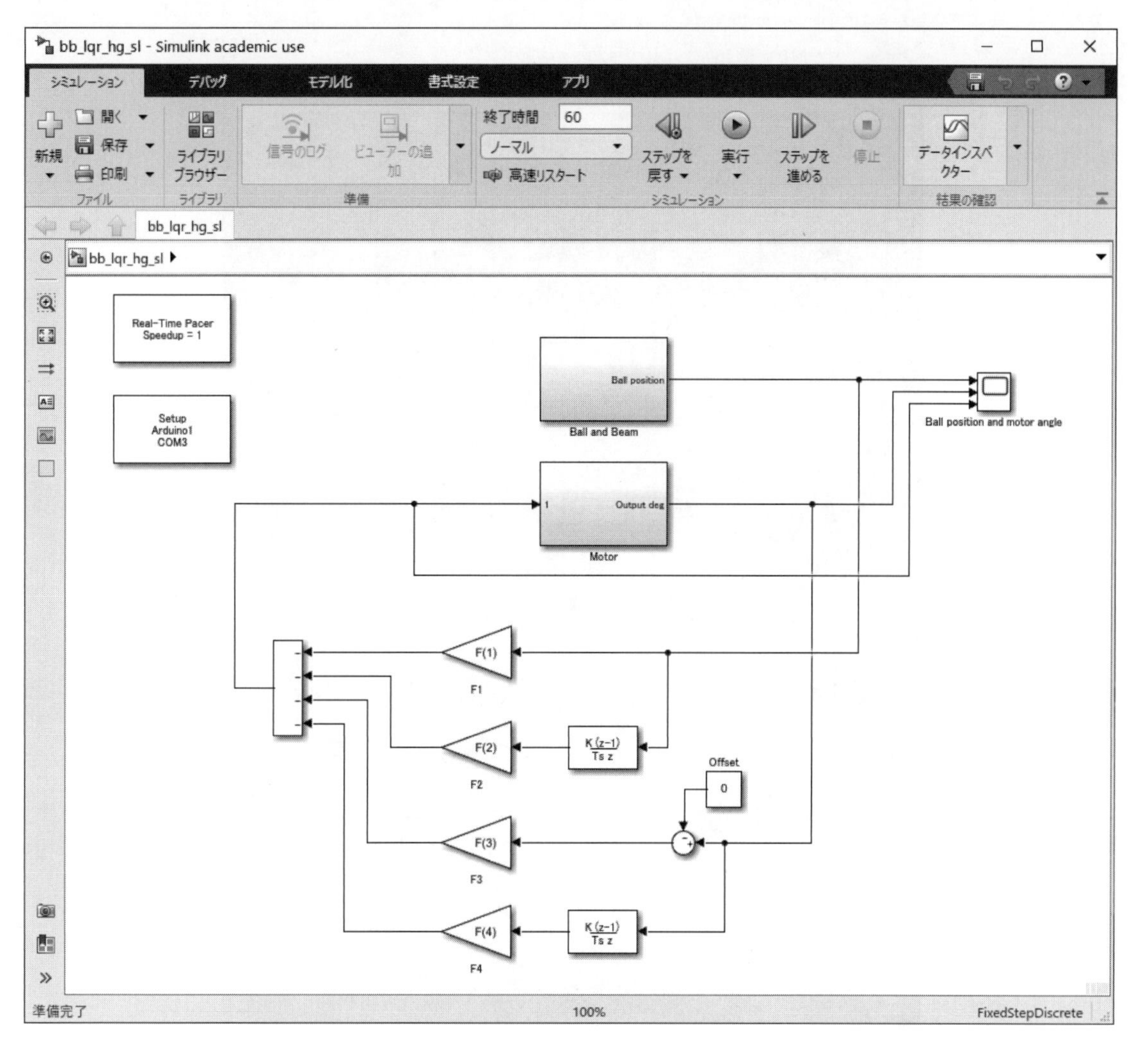

図 7.7　状態フィードバック制御のための Simulink モデル [bb_lqr_hg_sl.mdl]

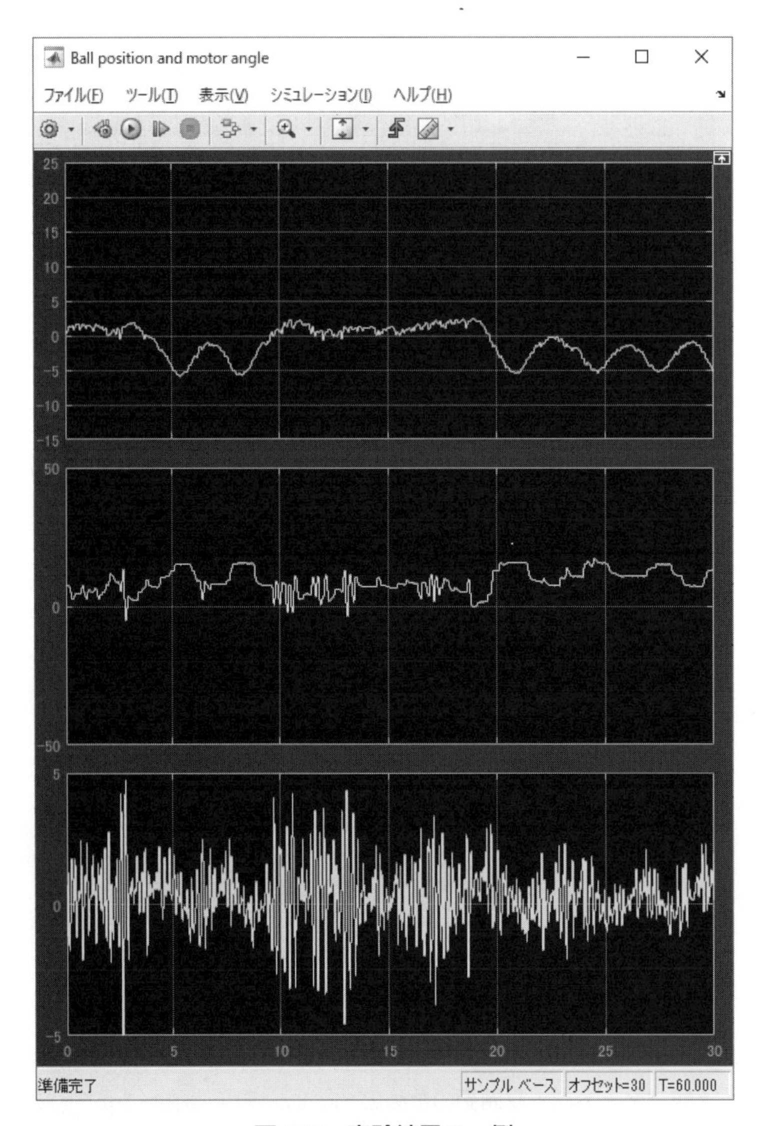
Ball position and motor angle
ファイル(F)
ツール(T)
表示(V)
シミュレーション(I)
ヘルプ(H)
25
20
15
10
5
0
-5
-10
-15
50
0
-50
5
0
-5
0
5
10
15
20
25
30
準備完了
サンプル ベース
オフセット=30
T=60.000

図 7.8　実験結果の一例

7.4 最適サーボ系を設計してみよう

■ 7.4.1 レギュレータからサーボへ

レギュレータとも呼ばれる状態フィードバック制御は基本的に0からずれた状態を0に帰す制御であり，目標値という概念がありません。しかし，目標値に追従するサーボ系を構成しなければならない場面は数多くあります。状態フィードバック制御に基づいてサーボ系を構成する方法はいろいろありますが，ここでは，図 7.9 に示す構成を持つサーボ系の設計を考えます。

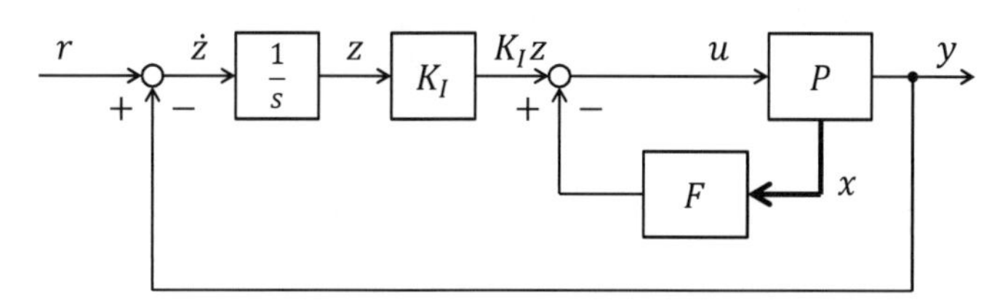

図 7.9 サーボ系の構成図

図 7.9 は，I-PD 制御系と構成が似ています。状態フィードバックにより制御対象を安定化させた上で，その外側に，目標値 r と出力 y の偏差 $e = r - y$ を積分するループを設けます。偏差が0になるまで積分器が積分を続け，制御入力の大きさは次第に大きくなります。しかし，制御系全体が安定になるように設計されていれば制御入力は発散しないので，いつかは偏差が0になり，積分も止まります。設計パラメータは，状態フィードバックベクトル F と積分器のゲイン K_I になります。

■ 7.4.2 極指定法によるサーボ系の設計

制御対象は1入力1出力で n 次システムとし，その状態空間実現を次式で与えます。

$$\dot{x} = Ax + Bu, \quad y = Cx$$

図 7.9 に示すように，積分器の出力を変数 z で定義すると，

$$\begin{aligned} z &= \int_0^t (r - y)\, dt \\ &= \int_0^t (r - Cx)\, dt \end{aligned}$$

となり，これを，時間で微分すると次式を得ます。

$$\dot{z} = r - Cx \tag{7.28}$$

したがって，図 7.9 のサーボ系は，(7.28) 式と状態方程式 $\dot{x} = Ax + Bu$ をまとめて行列表現して得られる次の拡大システム

$$\begin{bmatrix} \dot{x} \\ \dot{z} \end{bmatrix} = \underbrace{\begin{bmatrix} A & 0 \\ -C & 0 \end{bmatrix}}_{A_{aug}} \begin{bmatrix} x \\ z \end{bmatrix} + \underbrace{\begin{bmatrix} B \\ 0 \end{bmatrix}}_{B_{aug}} u + \underbrace{\begin{bmatrix} 0 \\ 1 \end{bmatrix}}_{B_r} r \tag{7.29}$$

$$y = \underbrace{\begin{bmatrix} C & 0 \end{bmatrix}}_{C_{aug}} \begin{bmatrix} x \\ z \end{bmatrix} \tag{7.30}$$

に次の入力を施したものとなっています。

$$u = -Fx + K_I z \tag{7.31}$$

ここで，$r = 0$ とおくと (7.29) 式と (7.31) 式は次のように表現できます。

$$\dot{x}_{aug} = A_{aug}x_{aug} + B_{aug}u, \quad u = -F_{aug}x_{aug} \tag{7.32}$$

ただし，A_{aug} と B_{aug} は (7.29) 式で定義した行列であり，F_{aug} と x_{aug} は次式で定義します。

$$F_{aug} = \begin{bmatrix} F & -K_I \end{bmatrix}, \quad x_{aug} = \begin{bmatrix} x \\ z \end{bmatrix}$$

(7.32) 式は，通常の状態フィードバック制御問題なので，極指定法により $(A_{aug} - B_{aug}F_{aug})$ の固有値が指定した極になるように状態フィードバックベクトル F_{aug} を求めれば

$$\begin{bmatrix} F & -K_I \end{bmatrix} = F_{aug}$$

から F と K_I を求めることができます。

■ 7.4.3 最適サーボ系の設計

評価関数を設定し，それが最小になるように図 7.9 のサーボ系を設計する最適サーボ問題を考え，その一つの設計法を示します[5]。

サーボ系では，時間が充分経過して，出力 y が目標値 r と一致したとき，制御対象の状態変数や入力はある定常値に収束します。そこで，それら定常値からの誤差を次のように定義します。

$$x_e = x - x(\infty), \quad u_e = u - u(\infty),$$

[5] 詳細については教科書「小郷 寛・美多 勉：『システム制御理論入門』，7 - 3 節『最適サーボシステムの設計』，実教出版，1979」を参照してください。

そして，これら誤差変数に対して定義した評価関数

$$J = \int_0^\infty (x_e^T Q_e x_e + r_u u_e^2 + r_v v^2)\, dt \tag{7.33}$$

を最小化する F と K_I を求める問題を考えます。ただし，v は設計の都合上導入した入力の微分値 $v = \dot{u}$ を表す変数です。

状態変数の誤差 x_e に対して定義された評価関数はどういった意味を持つかを説明するために，一例として，追従誤差 $e = r - y$ と入力の大きさとの間のトレードオフを考えた設計を考えてみます。この問題は，次の評価関数を最小化する最適サーボ問題となります。

$$J = \int_0^\infty \left(q(r-y)^2 + r_u u_e^2 + r_v v^2\right) dt \tag{7.34}$$

サーボ系では，定常状態において $r = y(\infty) = Cx(\infty)$ が満たされるので，(7.34) 式の積分の第一項は次のようになります。

$$\begin{aligned}
\int_0^\infty q(r-y)^2 dt &= q\int_0^\infty (y-r)^2 dt \\
&= q\int_0^\infty (Cx - Cx(\infty))^2 dt \\
&= q\int_0^\infty (x - x(\infty))^T C^T C (x - x(\infty)) dt \\
&= q\int_0^\infty x_e^T C^T C x_e dt
\end{aligned}$$

つまり，(7.33) 式において $Q_e = qC^T C$ と選べば，追従誤差を評価した設計が可能となります。

最適サーボ問題は以下のようにして，通常の最適状態フィードバック問題に帰着させて解くことができます。まず，図 7.9 のサーボ系を新たな状態変数

$$\overline{x} = \begin{bmatrix} x_e \\ u_e \end{bmatrix}$$

を使って書き換えます。

$$\dot{\overline{x}} = \overline{A}\overline{x} + \overline{B}v, \quad v = -\overline{F}\overline{x} \tag{7.35}$$

ただし

$$\overline{A} = \begin{bmatrix} A & B \\ 0 & 0 \end{bmatrix}, \quad \overline{B} = \begin{bmatrix} 0 \\ 1 \end{bmatrix}, \quad \overline{F} = \begin{bmatrix} F_1 & F_2 \end{bmatrix}$$

このとき，(7.33) 式の評価関数は次のようになります。

$$J = \int_0^\infty (\overline{x}^T Q \overline{x} + r_v v^2)\, dt, \quad Q = \begin{bmatrix} Q_e & 0 \\ 0 & r_u \end{bmatrix} \tag{7.36}$$

また，F，K_I と $\overline{F}$ の間には次の関係が成り立ちます。

$$\begin{bmatrix} F & K_I \end{bmatrix} = \underbrace{\begin{bmatrix} F_1 & F_2 \end{bmatrix}}_{\overline{F}} E^{-1}, \quad E = \begin{bmatrix} A & B \\ C & 0 \end{bmatrix} \tag{7.37}$$

(7.35) 式のシステムに対して (7.36) 式の評価関数を最小にする状態フィードバックベクトル $\overline{F}$ を求める問題は，通常の最適状態フィードバック問題になります。したがって，最適状態フィードバック問題を解いて $\overline{F}$ を求めれば，(7.37) 式から F と K_I が求まります。

なお，(7.37) 式を計算するには，E が逆行列を持たなければなりませんが，サーボ系が設計できるならば，E の逆行列は常に存在することが知られています。そして，この条件は制御対象が原点に零点を持たないことと等価です。

■ 7.4.4　実験してみよう

実際に状態フィードバックゲイン F と積分ゲイン K_I を計算して，実験を行ってみましょう。プログラム 7-2 を開き，その冒頭で，同定した K と T の値を定義しておきます。また，(7.33) 式の評価関数の各重み行列は次のように選びました。

$$Q_e = \mathrm{diag}[100, 20, 20, 1]$$

$$r_u = 10000$$

$$r_v = 1000$$

Q_e と入力 u に対する重み r_u は，最適状態フィードバック制御と同じ値に選びました。また，最適サーボ系設計では，入力の微分 $v = \dot{u}$ に対する重み r_v がありますので，こちらは 1000 にしました。

プログラム **7-2** [bb_lqr_servo_hg.m]

```
1  %% bb_lqr_servo_hg.m
2
3  %% Initialize & load data
4  close all
5  clear all
6  load sim_param
7  load psd_param
8
9  %% Set identified parameters
10 K = 333.752259
11 T = 0.151467
12
13 %% Discrete-time plant model
```

```
14  P  = K/(T*s^2 + s);
15  Pd = c2d(P,ts,'zoh');
16  [numpd,denpd] = tfdata(Pd,'v');
17
18  %% ビーム傾き角 [rad] -> ボール位置 [cm] までの 1/s^2 のゲイン
19  K_b = (3/5*9.8)*100;
20
21  Pb  = K_b/s^2;
22  Pbd = c2d(Pb,ts,'zoh');
23  [numbd,denbd] = tfdata(Pbd,'v');
24
25  %% サーボ 1 度 あたりのアームの傾き
26  % 自作サーボの場合
27  K_theta_hg = (pi/180)*(2.1/15); % [rad/deg]
28
29  %% 状態方程式
30  A = [0  1  0              0    ;
31       0  0  K_b*K_theta_hg  0    ;
32       0  0  0              1    ;
33       0  0  0             -1/T ];
34  B = [ 0    ;
35        0    ;
36        0    ;
37        K/T ];
38  C = [ 1  0  0  0 ];
39  D = 0;
40  Pbb = ss(A,B,C,D);
41
42  %% LQI design
43  Qe = diag([100 20 20 1]);
44  ru = 10000;
45  rv = 1000;
46
47  % Error system
48  Abar = [A,           B   ;
49          zeros(1,4), 0  ];
50  Bbar = [ zeros(4,1)  ;
51           1          ];
52  Pbar = ss(Abar,Bbar,[],[]);
53
54  Q    = [ Qe,          zeros(4,1)  ;
55           zeros(1,4), ru          ];
56  Fbar = lqr(Pbar,Q,rv);
57  E    = [A, B;
58          C, zeros(1,1) ];
59  Ftmp = Fbar*inv(E);
60  F    = Ftmp(:,1:4);
61  Ki   = Ftmp(:,5);
62  Faug = [F, -Ki];
63
64  %% 閉ループ系の構成とステップ応答
65  % 拡大システム
66  Aaug = [ A,  zeros(4,1) ;
67          -C,  0          ];
68  Baug = [ B  ;
```

```
69              0 ];
70  Caug = [ C, 0 ];
71  Daug = [ 0 ];
72  Br   = [ zeros(4,1)   ;
73              1          ]; % 目標値に対する入力行列
74
75  % 閉ループシステム
76  Paug = ss(Aaug-Baug*Faug,Br,Caug,Daug);
77
78  % ステップ応答計算
79  t=0:ts:5;
80  [y,tt,x] = step(Paug,t);
81
82  %% Plot figure
83  figure(1)
84  subplot(211)
85  plot(t,x(:,1:2))
86  xlabel('Time [s]'), ylabel('Ball position and velocity')
87  legend('x','d/dt x')
88  subplot(212)
89  plot(t,x(:,3:4))
90  xlabel('Time [s]'), ylabel('Servo angle and angular velocity')
91  legend('\phi','d/dt \phi')
92
93  %% Reference for ball position
94  r1 = 20-5;
95  r2 = 20+5;
96
97  %% LPF カットオフ周波数
98  wf = 2*pi*5;
99
100 %% LPF for ball position sensor
101 Fc = wf^2/(s^2+2*0.7*wf*s+wf^2);
102 Fd = c2d(Fc,ts,'tustin');
103 [numlpf,denlpf] = tfdata(Fd,'v');
104
105 %% Open simulink model
106 open_system('bb_lqr_servo_hg_sl');
107 open_system('bb_lqr_servo_hg_sl/Ball position and motor angle')
108
109 %% EOF of bb_lqr_servo_hg.m
```

最適サーボ制御を行うための Simulink モデル bb_lqr_servo_hg_sl.mdl を図 7.10 に示します。状態フィードバックに，出力 y と目標値 r の偏差を積分する外側のフィードバックループが付け加えられています。目標値は，r1 と r2 の間を 30 秒間隔で往復するステップ信号が出力されるようになっています。

bb_lqr_servo_hg.m を実行した後に bb_lqr_servo_hg_sl.mdl を実行してください。実験結果の一例を図 7.11 に示します。多少ボールの応答がゆれていますが，目標値に追従している様子が確認できます。

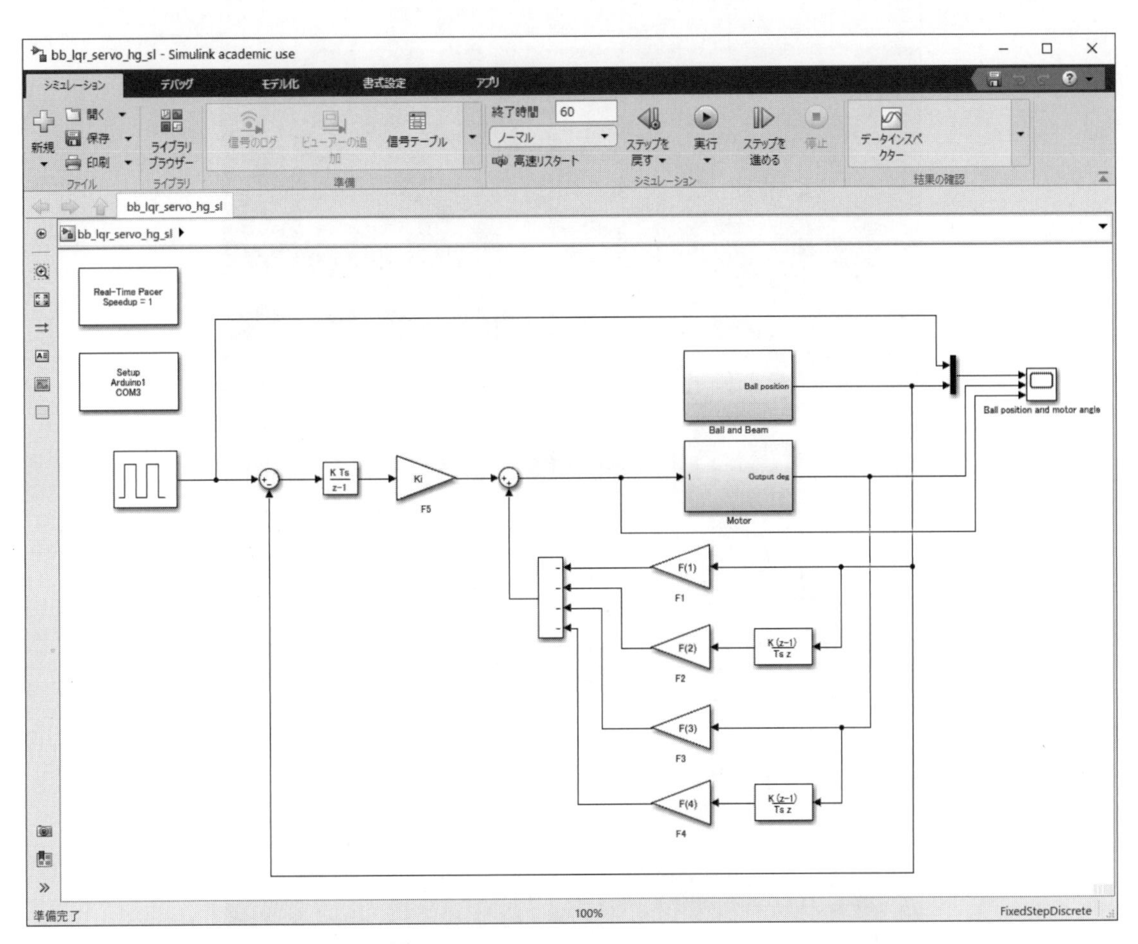

図 7.10 最適サーボ制御系のための Simulink モデル [bb_lqr_servo_hg_sl.mdl]

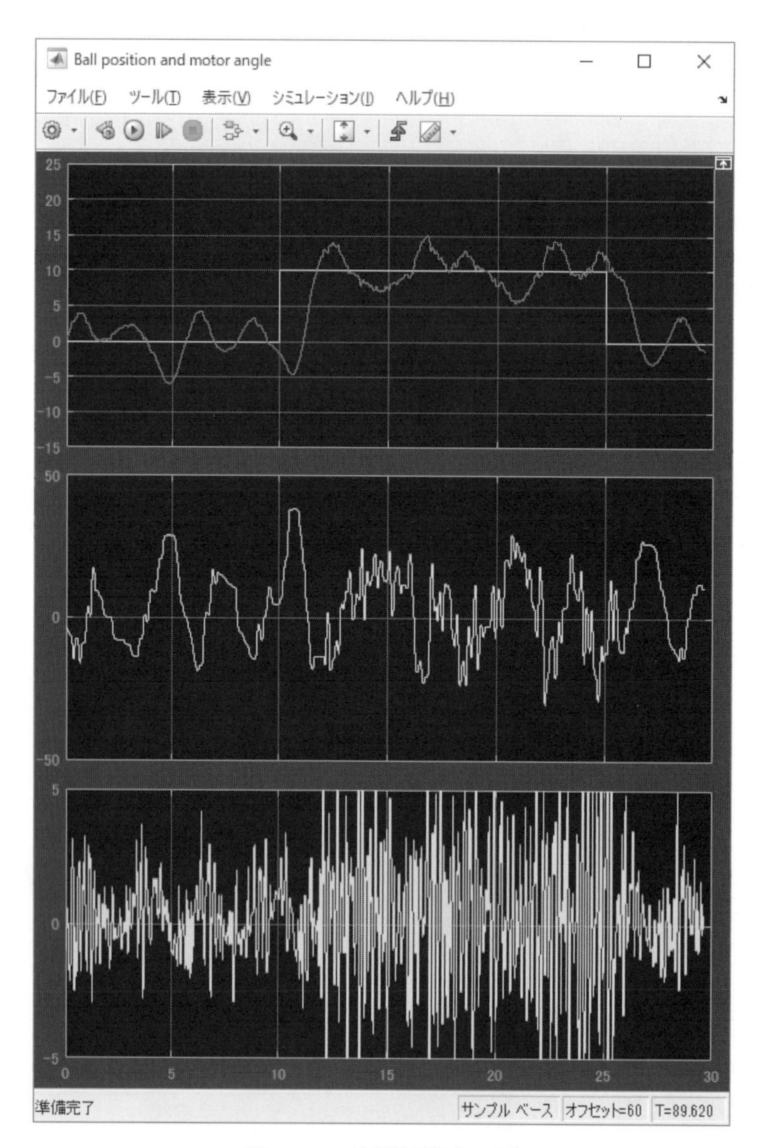

図 7.11　実験結果の一例

第 8 章

Run on Target Hardwareを試す

第8章　Run on Target Hardwareを試す

8.1　はじめに

前章までは，ArduinoIOによりArduinoを単に入出力デバイスとして使い，制御アルゴリズムの計算は全てホストPC上で行っていました。しかし，R2012aから，Simulinkの標準機能だけで，Simulinkモデルからコード生成&コンパイルして，Arduino上で実行することができるようになりました。これをRun on Target Hardwareと呼び，RoTHと略します。本章では，RoTHによりBall & Beamの実験を行う方法について説明します。

8.2　Run on Target Hardwareとは

SimulinkモデルからCコード生成を行い，それを，コンパイルして実行ファイルを作り，Arduinoへ転送してArduino上で実行することを**Run on Target Hardware**（**RoTH**）と呼んでいます。いままで，コード生成機能は，Simulink CoderやEmbedded Coderといったオプション製品が必要でしたが，R2012a以降，Arduinoを含むいくつかのハードウエアについて，Simulinkの標準機能でコード生成が行えるようになりました。

そして，External modeを利用することで，Arduino上で制御プログラムをリアルタイムに動作させながら，シリアル通信を使ってArduinoとPCが情報のやりとりを行い，Simulinkモデル上の各信号の値をモニタリングしたり，各ブロックの設定を変更したり，といったことが可能になります。実験を繰り返しながら制御アルゴリズムの検討を行ったり，制御パラメータのチューニングを行うにはExternal modeは必須でしょう。ただし，External modeでは，ターゲットハードウエアに転送する実行ファイルの容量が大きくなるため，フラッシュメモリの小さなArduinoUnoよりもMegaの使用を推奨します[1]。

[1] Unoのフラッシュメモリは32KB，Megaのフラッシュメモリは256KBです。

8.3 準備

■8.3.1 サポートパッケージにインストール

RoTHを利用するには「Simulink Support Package for Arduino Hardware」をインストールする必要があります。MATLABウインドウの右上にある「アドオン」から「ハードウエアサポートパッケージの入手」をクリックします。そして,「Simulink Support Package for Arduino Hardware」選択します。図8.1の画面が表示されたら「インストール」を選択し指示に従ってインストールを進めます。

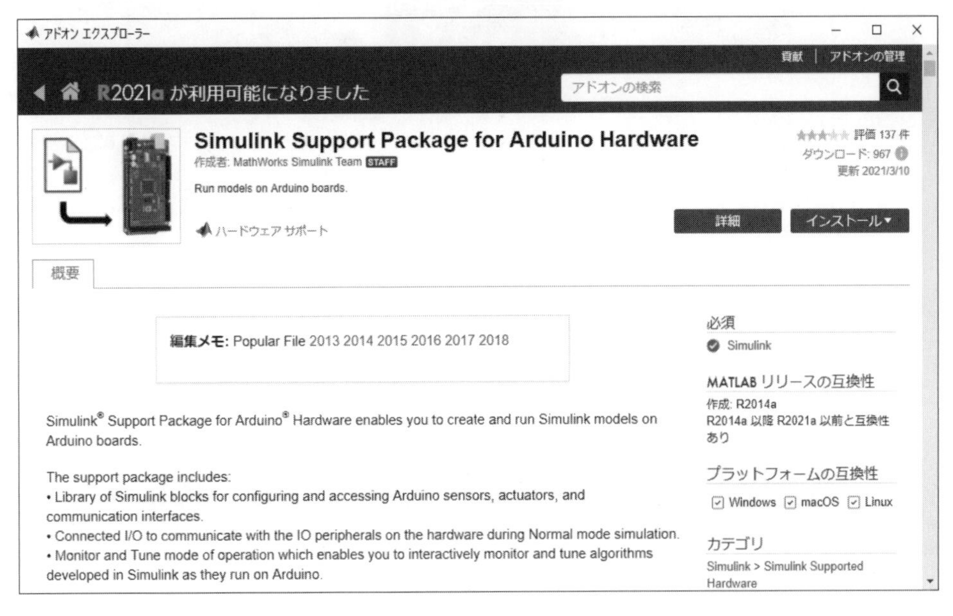

図8.1 Simulink Support Package for Arduino Hardware

インストールが終わると,ハードウエアサポートパッケージの構成が求められますので「今すぐセットアップ」を選択しましょう。Arduinoとの接続が求められるので,USBケーブルで接続して「次へ」をクリックします(図8.2)。図8.3のようにボード名が表示されるので,確認して「次へ」をクリックします。接続したボードが表示されない場合は「Refresh」を押してください。「Do you want to verify the setup」に対しては「Yes」を選択するのが良いでしょう。図8.5の画面で「Test Connection」をクリックすると,コンパイルとダウンロードが行われ,ボード上のLEDが点滅を始めます。これで,ハードウエアセットアップは終了です(図8.6)。このウインドウで「終了」をクリックすると,Simulink Support Package for Arduino Hardwareの例が表示されます(図8.7)。これらの例は,自分でSimulinkモデルを作成する上で,とても参考になります。

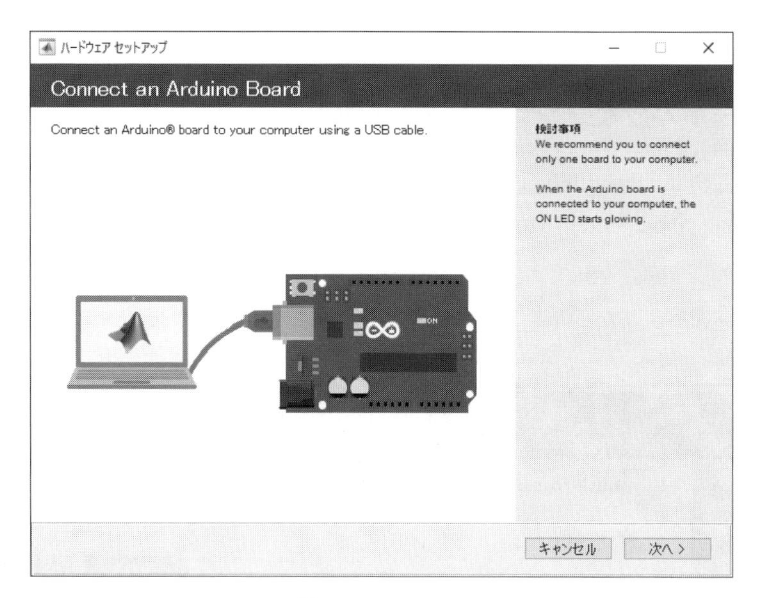

図 8.2　Step 1

図 8.3　Step 2

ハードウェア セットアップ
Proceed to Test Arduino Connection
Do you want to verify the setup?
Yes
No
< 戻る
キャンセル
次へ >

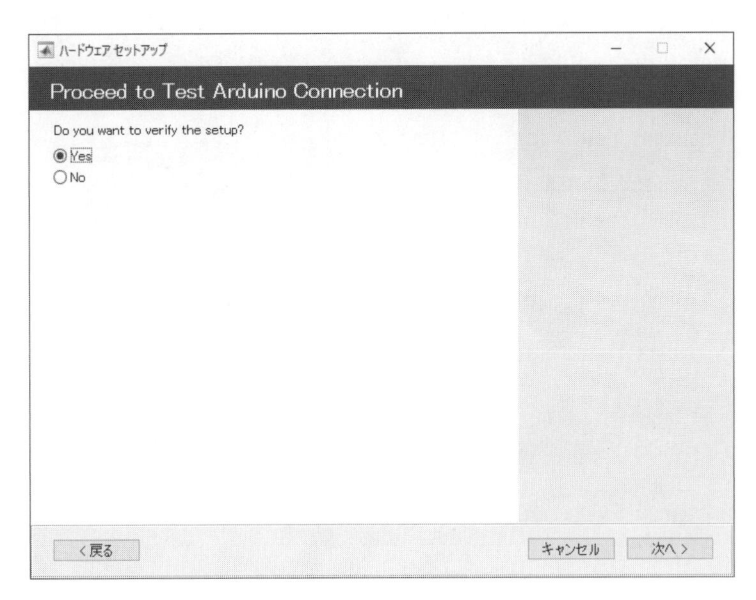

図 8.4　Step 3

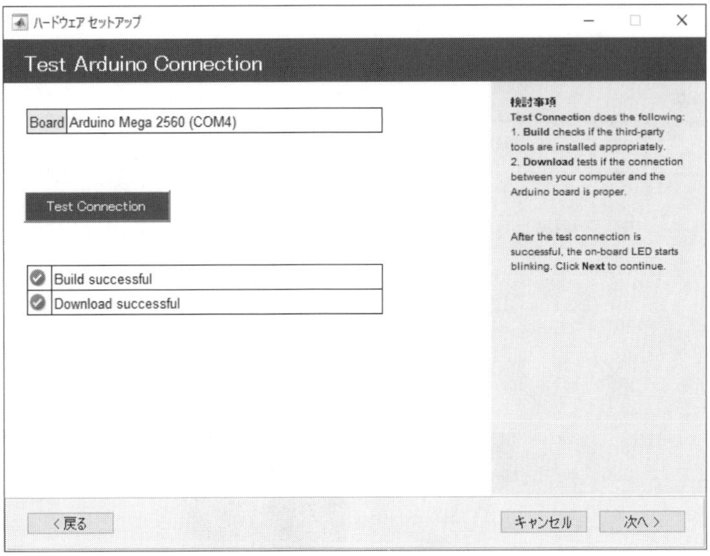

ハードウェア セットアップ
Test Arduino Connection
Board
Arduino Mega 2560 (COM4)
Test Connection
Build successful
Download successful
検討事項
Test Connection does the following:
1. Build checks if the third-party tools are installed appropriately.
2. Download tests if the connection between your computer and the Arduino board is proper.
After the test connection is successful, the on-board LED starts blinking. Click Next to continue.
< 戻る
キャンセル
次へ >

図 8.5　Step 4

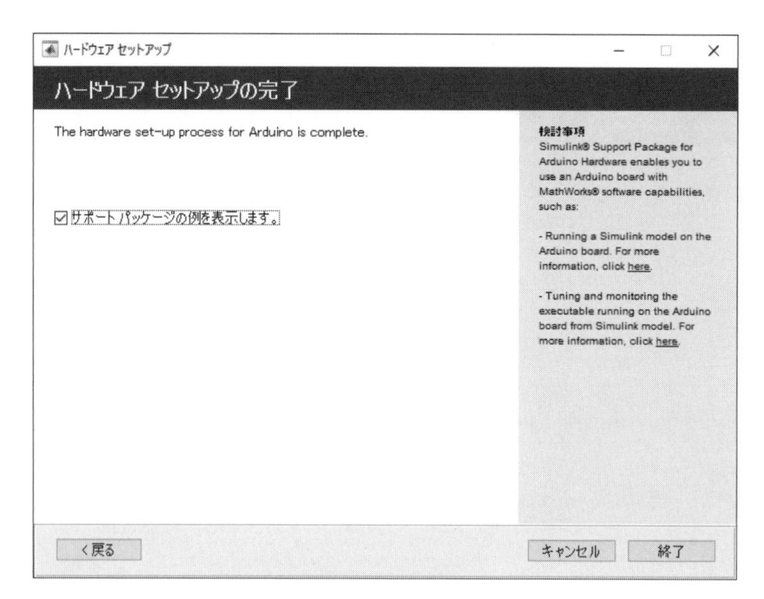

図 8.6　Step 5

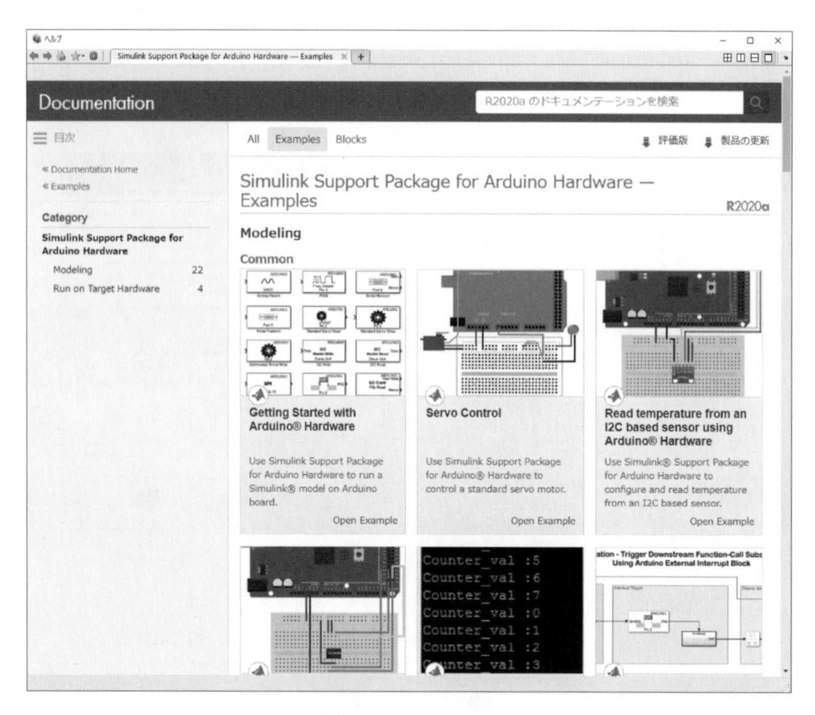

図 8.7　Step 6

インストールが完了したら，入出力 IO のブロックが正しくインストールされているかどうか確認します。MATLAB のコマンドウィンドウから，次のコマンドを入力します。

実行 8-1

```
>> slLibraryBrowser
```

あるいは，空の Simulink モデルを開いてから，Simulink のウインドウで「ライブラリブラウザ」をクリックします。そして，ライブラリブラウザの左カラムにある「Simulink Support Package for Arduino Hardware」をクリックすると，図 8.8 のように，グループ化されたライブラリブロックが現れます。「Common」の中には，よく使う IO ブロックがまとめられており，このブロックをダブルクリックすると，図 8.9 に示すようにたくさんの IO ブロックが現れます。

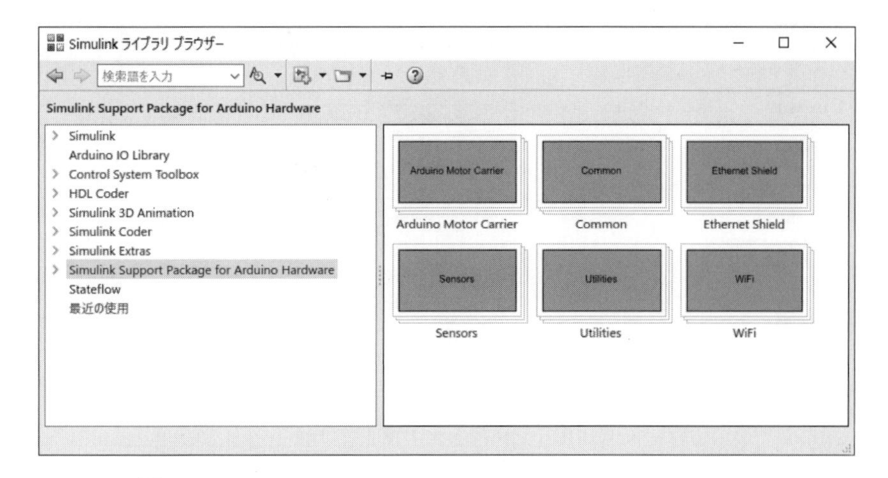

図 8.8　Simulink Support Package for Arduino Hardware

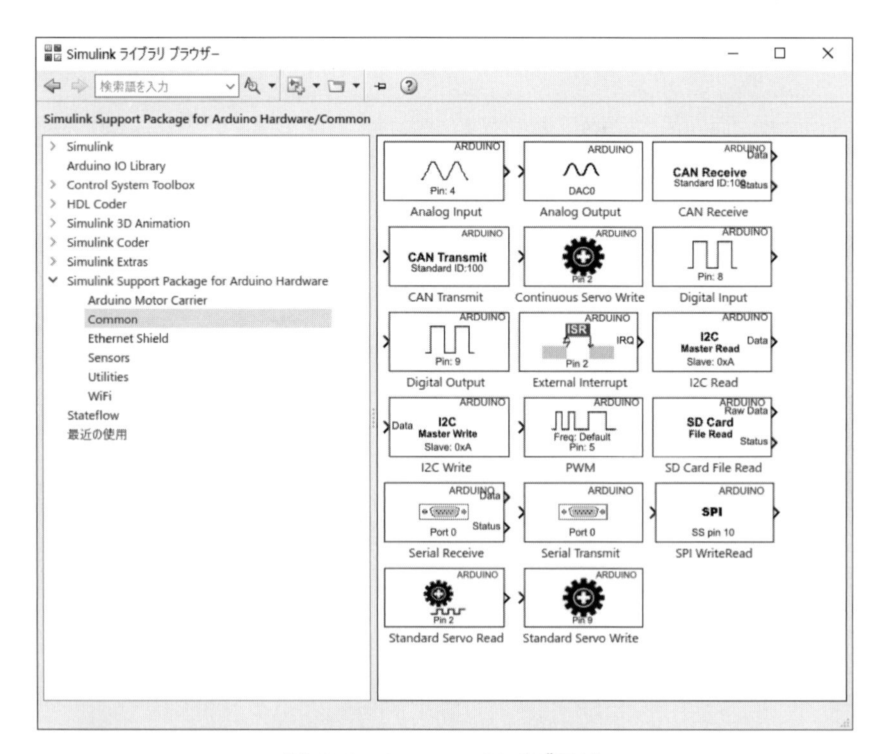

図 8.9　Common ライブラリ

8.4 RoTHのためのSimulinkモデル作成

■ 8.4.1 はじめに

これまでは，ArduinoIOを使ってモデルを作成してきました。以下では，それらのモデルをRoTH用のモデルに作り変えてゆきます。手順は次のようになります。

1. 不要なArduinoIOのブロックの削除
2. IOブロックをRoTHのブロックに置き換え
3. Simulinkモデルの設定変更
4. 制御入力を0にするためのスイッチを設置

以下では，第6章で作成した`bb_pid_hg_sl.mdl`をRoTH用のSimulinkモデルへ書き換える手順を具体的に説明します。まず，ファイル名を`bbt_pid_hg_sl.mdl`へ変更しておきます。

■ 8.4.2 不要なArduinoIOブロックの削除

RoTHではターゲットハードウエア上でSimulinkモデルを実行しますので，ArduinoIOブロックは一切使用しません。まず，ArduinoIOの設定ブロック「Arduino IO Setup」とSimulinkモデルを疑似リアルタイム動作させるためのブロック「Real-Time Pacer」を削除します。つまり，図8.10に示す二つのブロックを削除します。

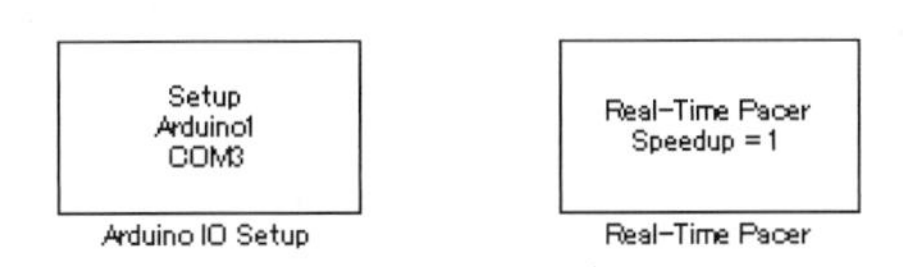

図8.10 不要なArduinoIOブロック

■ 8.4.3 IOブロックの置き換え

IOブロックを図8.9のRoTHのIOブロックに置き換えます。

`bbt_pid_hg_sl.mdl`の「HG servo」ブロックを開き，その中の「Motor」ブロックを開きます。そして，図8.11に示すように「PWM」ブロックを二つと「Analog Input」ブロックを置きます。各ブロックの設定は下記の通りとします。

- 上側の「PWM」ブロック：Pin number: 9
- 下側の「PWM」ブロック：Pin number: 10
- 「Analog Input」ブロック：Pin number: 0, Sample time: `ts`

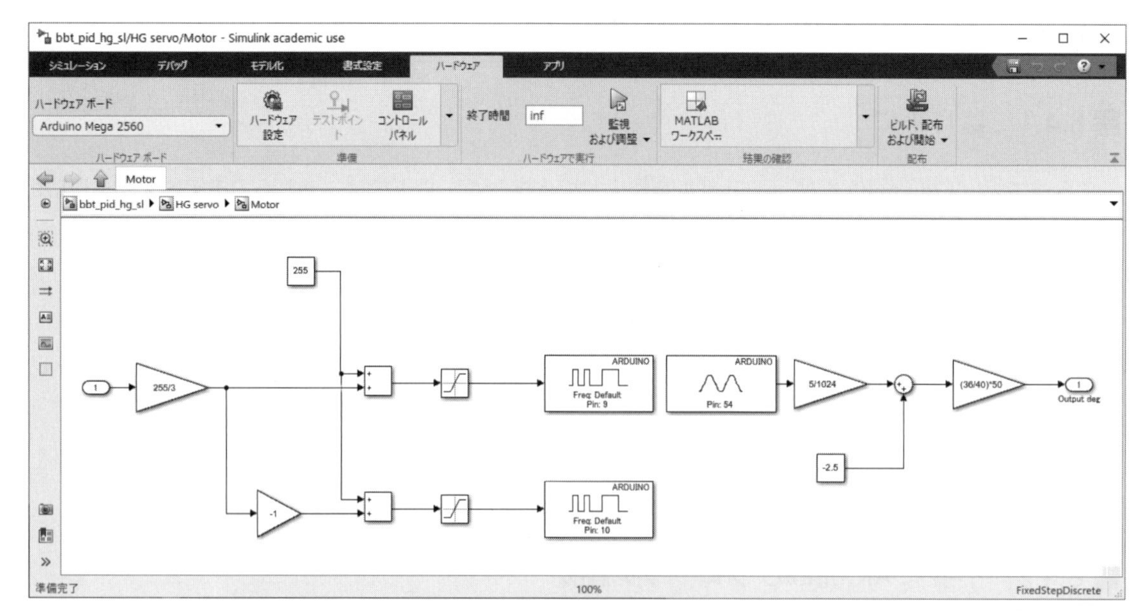

図 8.11　「Motor」ブロック

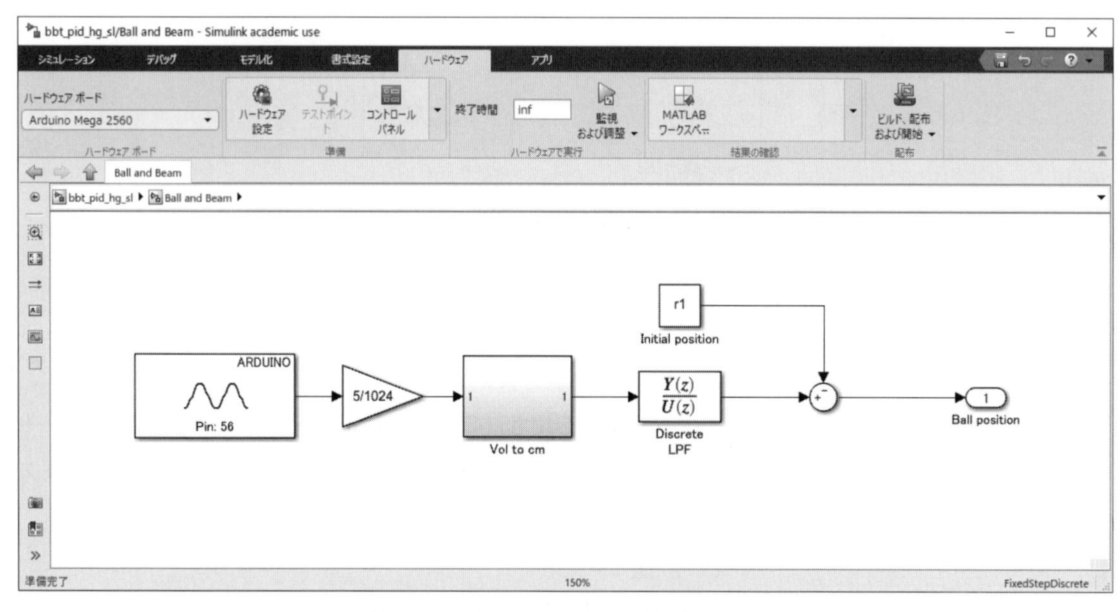

図 8.12　「Ball and Beam」ブロック

次に，「Ball and Beam」ブロックを開き，図 8.12 に示すように「Analog Input」ブロックを置きます。そして，Pin number：2，Sample time：ts に設定します。

■ 8.4.4　Simulink モデルの設定変更

Simulink モデルで「ハードウエア」タブを選択し「ハードウエア設定」をクリックします。左カラムで「ハードウエア実行」選択します。そして，ハードウエアボードが「Arduino Mega 2560」になっていることを確認します。また，ハードウエアボード設定の枠内にある「Target hardware resources」の各グループにおいて，特に次の点を確認します。

- Build options の Build action が「Build, load and run」になっている。
- Host-board connection の Set host COM port が「Automatically」になっている。自動設定がうまくいかない場合は「Manually」を選択し，COM port number を指定する。
- Analog input channel properties の Analog input reference voltage が「Default」になっている。
- External mode の Communication interface が「Serial」になっている。

コンパイル時にエラーが出る場合は,「コンフィギュレーションパラメータ」の左カラムから「ソルバー」を選び,「ソルバーの詳細」の中の「タスクとサンプル時間オプション」において,「各離散レートを個別のタスクとして扱う」のチェックが外れていることを確認してください。

■ 8.4.5　制御入力を 0 にするためのスイッチの設置とその他の修正

以前の Arduino 向け RoTH では，Arduino 上での制御を終了させると，制御終了直前の制御入力の値がずっと出力されたままになることがありました。その場合，モータが回転し続けようとして，High Power Gearbox に負担がかかります。モータの電源を切る方法もありますが，ここでは，Simulink モデルにスイッチを追加し，制御入力を強制的に 0 にできるようにしてみます。

そこで,「HG servo」ブロックを図 8.13 に示すように修正します。つまり，出力ポート 2 を追加して「PD Controller」の出力をブロックの外に出し，入力ポート 1 から「Motor」ブロックの入力へつなぎます。また,「Ref angle」は入力ポート 2 に変更します。そして，図 8.14 に示すように,「Manual Switch 3」を追加します。このスイッチを下にすると，制御入力を強制的に 0 にできます。

さらに，制御入力が 0 の状態では，制御が行われませんので，目標値と出力との偏差がいつまでたっても 0 にならず，偏差を積分する積分器の出力がどんどん大きくなってしまいます。そこで，積分器の積分量を制約しておきましょう。「PID Controller」ブロックを開き（図 8.15),「Discrete-Time Integrator」の設定画面を開きます。そして，次のように設定します。

- 「出力を制限する」をチェック
- 飽和の上限：0.05
- 飽和の下限：−0.05

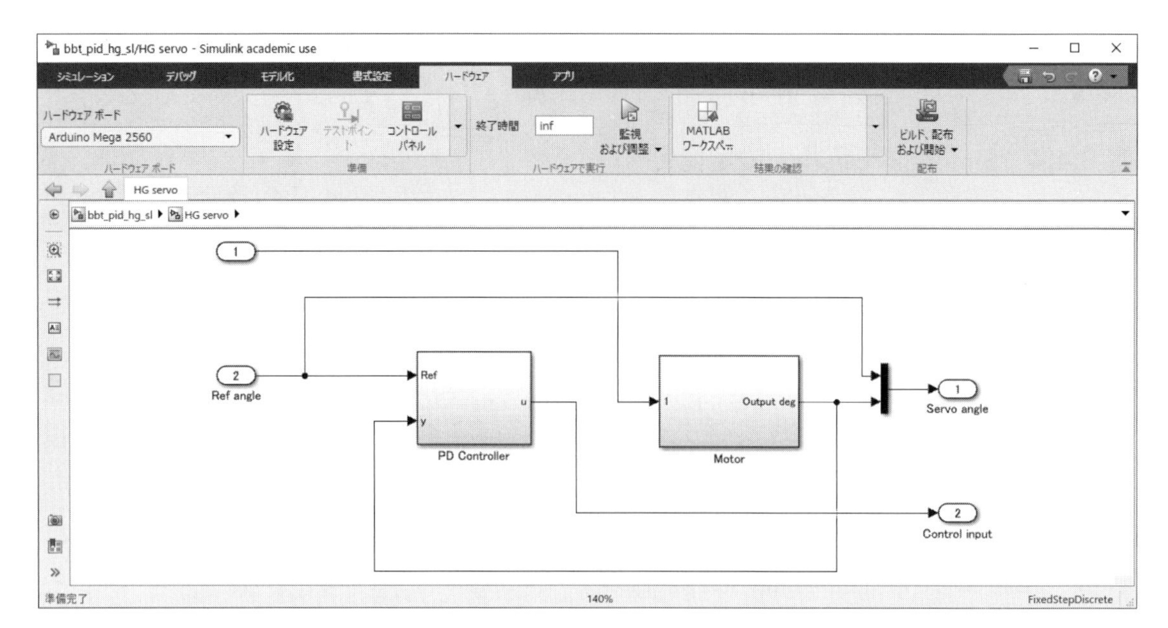

図 8.13 「HG servo」ブロックの変更

なお，改造前の Simulink モデル `bb_pid_hg_sl.mdl` では，実機の応答とモデルの応答を比較するために，モデルに対するフィードバックループが Simulink モデルの中にありました。しかし，それを Arduino 上で計算するには負荷がかかりますので，図 8.14 ではその部分を削除しています。

Simulink モデルに対する変更は以上です。

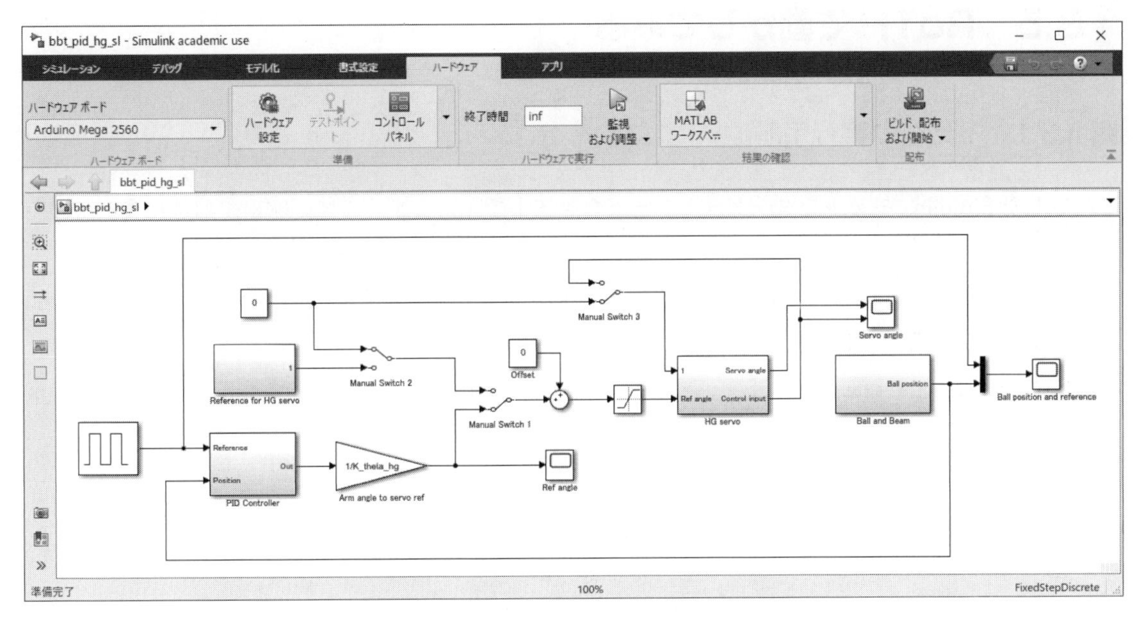

図 8.14　「Manual Switch 3」の追加

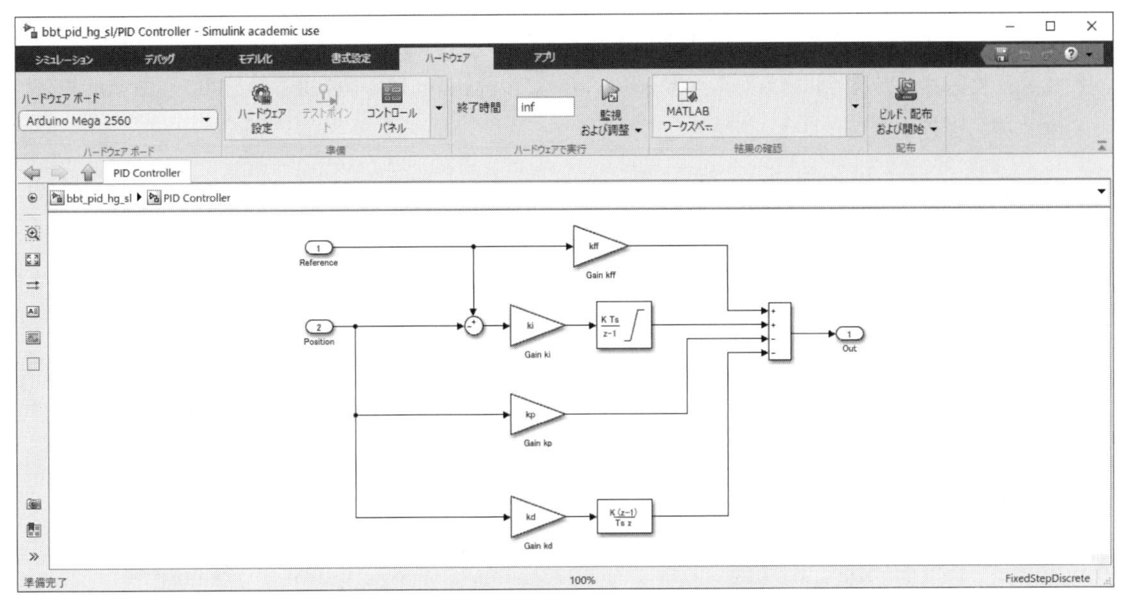

図 8.15　PID 制御器の積分ブロックの設定変更

8.5 RoTHで動かしてみる

■ 8.5.1 モデルの実行手順

作成したSimulinkモデルをターゲットハードウエア上で動かしてみます。次の手順に従うとよいでしょう。

1. `bbt_pid_hg.m`を実行します。なお，冒頭で，同定実験により得られたゲインKと時定数Tの値を忘れずに定義しておきます。
2. `bbt_pid_hg_sl.mdl`を開きます（図8.14）。各Manual Switchが下記のようになっていることを確認します。
   - 「Manual Switch 1」：下側
   - 「Manual Switch 2」：上側（どちらでもよい）
   - 「Manual Switch 3」：下側
3. ArduinoがホストPCとUSBケーブルで接続されていることを確認します。
4. Simulinkモデルの「ハードウエア」タブで「監視および調整」をクリックします。すると，自動的にSimulinkモデルがコンパイルされ，Arduinoへダウンロードされたあと，実行されます。その際の様子を見たい場合は，Simulinkモデルの下側に「診断の表示」と書かれた部分がありますのでそこをクリックし，診断ビューアーを表示させます。
5. Scopeに応答が表示され始めたら，ボールを置いて，「Manual Switch 3」を上側にします。すると制御が始まります。

■ 8.5.2 モデルの停止方法

Simulinkモデルにある停止ボタン（■マーク）を押すと制御アルゴリズムの計算は止まりますが，MATLAB/Simulinkの以前のバージョンによっては，制御入力は停止直前の値が出力されたままになり，モータが回転し続けようとしてHigh Power Gearboxに負担がかかることがあります。そこで，次の手順でモデルを停止します。

モデルの停止手順

1. 「Manual Switch 3」を下側にして制御入力を強制的に0にします。
2. 動作が停止したことを確認してからSimulinkモデルの停止ボタン（■マーク）を押します。

一度停止したモデルを再スタートするには次の手順に従います。ただし，モデルを編集した場合には，8.5.1節の手順をもう一度行う必要があります。

モデルの再スタート手順

1. Arduino ボード上にあるリセットボタンを押します。
2. Simulink モデルのハードウエアタブにある「監視及び調整」の右側にある下三角のマークをクリックし，「接続」をクリックします。
3. しばらくすると，「監視及び調整」ボタンが「開始」ボタンに変わりますので，クリックします。

リセットボタンを押さないと Arduino 上のモデルが再スタートしません。この状態でターゲットに接続しようとすると，Arduino と通信ができず，MATLAB が動作不能になってしまうようです。

■ 8.5.3 その他のモデル

本書では，最適状態フィードバック制御と最適サーボ制御についても RoTH の Simulink を用意しました。パラメータ設定ファイルと Simulink モデルの組み合わせは表 8.1 に示す通りです。ぜひ，これらのモデルについても実験を行ってみてください。

表 8.1 RoTH のための Simulink モデルとパラメータ設定ファイル

	最適状態フィードバック	最適サーボ
パラメータ設定ファイル	bbt_lqr_hg.m	bbt_lqr_servo_hg.m
Simulink モデル	bbt_lqr_hg_sl.mdl	bbt_lqr_servo_hg_sl.mdl

付録A

Ball & Beam実験装置の組み立て

付録A　Ball & Beam実験装置の組み立て

第6章のBall & Beam実験装置の組み立て方法について説明します。

A.1　準備

A.1.1　実験装置の構成

Ball & Beam実験装置は大きく3つの部分で構成されています。

1. アーム
2. 支柱
3. 土台

ここでは，これらの各部分を個々に組み立てたあと，全体を組み立てるようにします。

A.1.2　実験装置で使用する部品について

Ball & Beam実験装置で使用する構成部材，制御回路用の部品は，表A.1の通りです。

表A.1　タミヤ工作キット一覧

ITEM 70143	ユニバーサルアームセット
ITEM 70156	ロングユニバーサルアームセット
ITEM 70157	ユニバーサルプレート(2枚セット)
ITEM 70164	ユニバーサル金具4本セット

これら工作キットに付属するねじに加え，表A.2のねじ等を追加で準備します。

表A.2　追加のねじ

M3×10	5個
M3×45	2個
M3ナット(3種)	12個
M2×8	2個
M2ナット(3種)	2個
ゴム足（高さ13 mm）	4個

本実験装置では，表A.3に示すRCサーボ及びHigh Power Gearboxによる自作サーボを使ってアー

ム角度を駆動します。

表 A.3　実験装置で使用する 2 種類のサーボモータ

High Power Gearbox（第 5 章で使用した自作サーボ）
小型 RC サーボモータ (Tower Pro SG90)

ブレッドボード上に作成する電子回路の部品一覧を表 A.4 に示します。

表 A.4　電子回路用部品

PSD センサー	GP2Y0A21
ドライバモジュール	DRV8835
抵抗	10 kΩ
可変抵抗（ポテンショ）	10 kΩ B カーブ
電解コンデンサ	100 μF
セラミックコンデンサ	0.1 μF
ブレッドボード	1 枚
ジャンパワイヤー	必要本数

A.2　装置各部の組み立て

■ A.2.1　アームの組み立て

図 A.1 に示すように，ロングユニバーサルセット (ITEM 70156) の 4 本の I 型アームを用いてアームを作成します。アームの連結には，ユニバーサルプレートセット (ITEM 70157) のアングル材（P2）を用いて M3 × 10 のビスと M3 ナットで固定します。また，2 本のアームの間隔が 15 mm になるように，ユニバーサルアームセット (ITEM 70143) のスペーサー 15 mm を使用して，図 A.1 の 4 か所を M3 × 25 のビスと M3 ナットで固定するようにします。

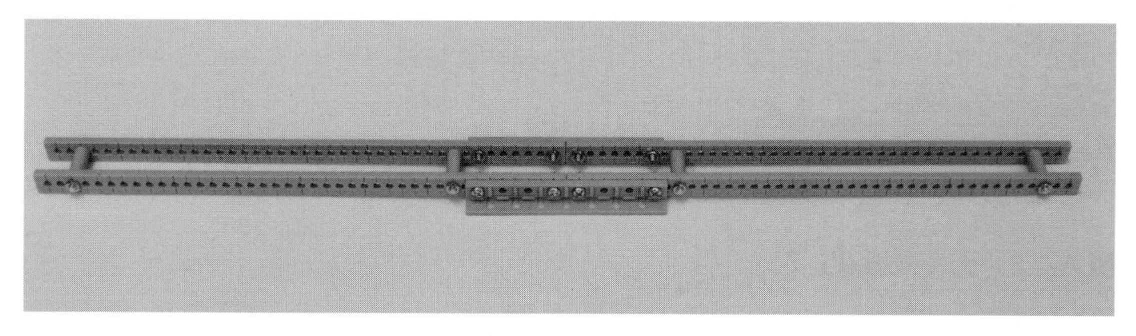

図 A.1　アーム

■ A.2.2 支柱の組み立て

組み立ての前に，次の部材を加工します。

- ユニバーサルアームセット（ITEM 70143）のＩ形アームを中央（85 mm）で切断します。
- ユニバーサル金具 4 本セット（ITEM 70164）の 1 本を 30 mm，30 mm，40 mm に切断し，30 mm の長さのものを 10 mm：20 mm の箇所で直角に折り曲げます。

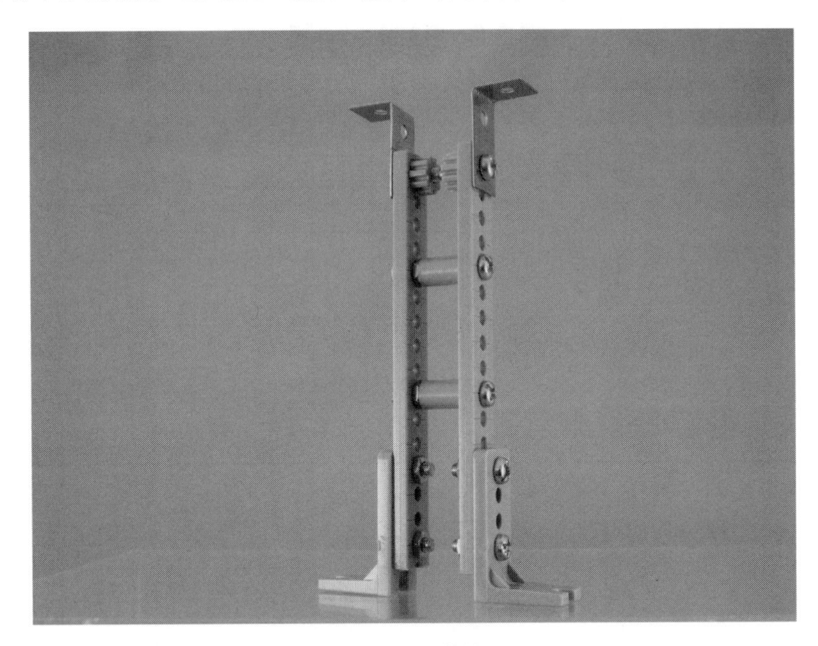

図 A.2 支柱

2 本のＩ形アームを M3 × 20 のビスと M3 のナットで固定します。この時，Ｉ形アームの間隔を調整するためにユニバーサルアームセット（ITEM 70143）のスペーサ 10 mm に加え，間隔調整のために M3 ナットを内側に入れます。このＩ形アームを土台に固定するため，ユニバーサルアームセット（ITEM 70143）のＬ型アームを取り付けます。同じくＩ形アームの最上部に，アームを載せる金具を取り付けます。この金具の固定には M3 ナットは使用せずに，ユニバーサルアームセット（ITEM 70143）のプラナット（Q1）を使用して，金具が自由に回転できるようにプラナットのねじ込みを調節します。

完成した支柱を図 A.2 に示します。

■ A.2.3 土台の組み立て

第 5 章で使用した High Power Gearbox による自作サーボ実験装置に，ユニバーサルプレート（ITEM 70157）のプレートを連結して，土台とします（図 A.4）。2 枚のプレートの接続には，ユニバーサルプレート（ITEM 70157）のアングル材（P2）を使用します。RC サーボモータを取り付ける側のプレー

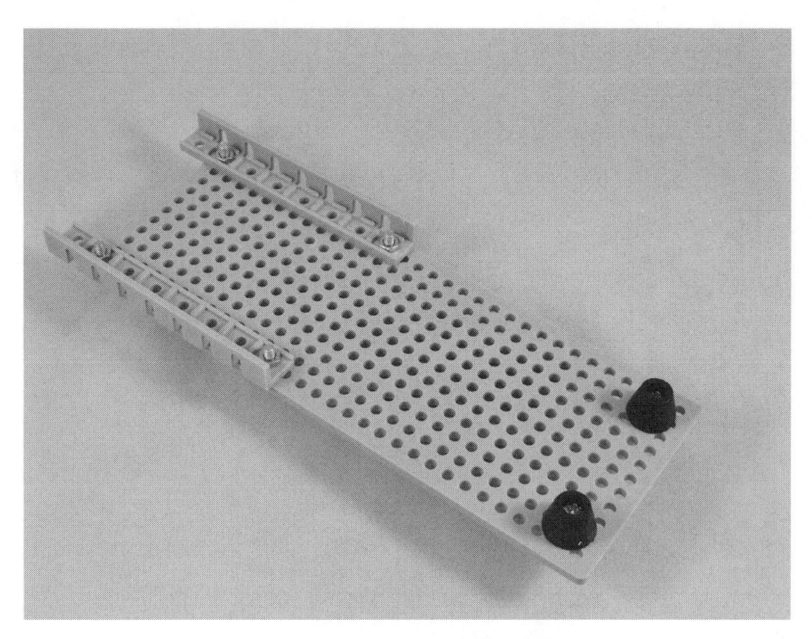

図 A.3　土台（追加側）裏面

図 A.4　土台（High Power Gearbox 自作サーボ実験装置側）

トの剛性を高めるためにアングル材の取り付け位置を図 A.3 のようにずらしています。このプレートを自作サーボ実験装置と接続します。また，ここでは土台が安定するように土台の四隅に高さ 13 mm のゴム足を取り付けています。

追加したプレート側に，第 6 章で最初に行う RC サーボで駆動する場合の実験のための小型の RC サーボモータを取り付けます（図 A.5）。ユニバーサル金具 4 本セット（ITEM 70164）の 1 本を 50 mm，50 mm に切断し，30 mm：20 mm の箇所で直角に折り曲げて，ユニバーサルプレート（ITEM 70157）の軸受け部材（P1）を固定します。また RC サーボと軸受け部材を M2 × 8 のビスと M2 ナットを使用して固定します。サーボが動作している間に緩むことがないようにしっかり固定します。

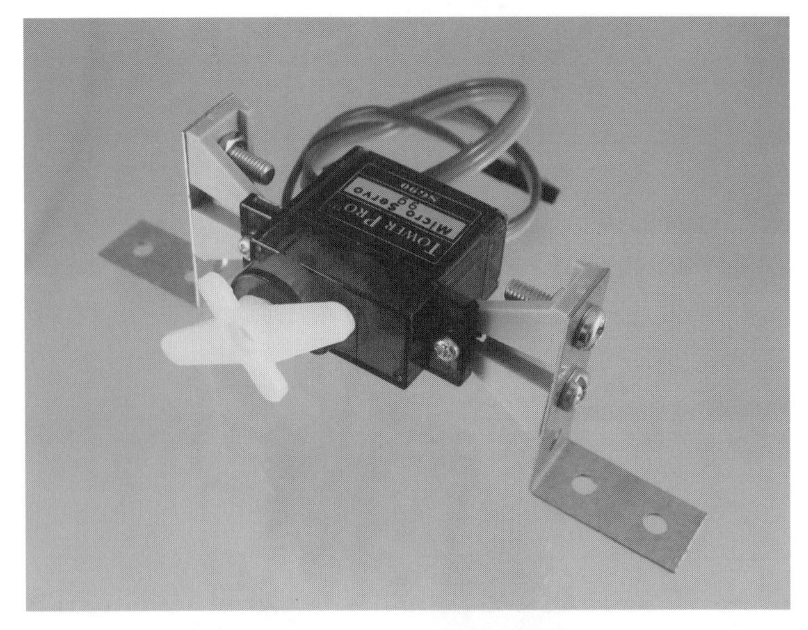

図 A.5　RC サーボ取付け方法

A.3　Ball & Beam 実験装置の全体の組み立て

A.3.1　機構全体の組み立て

実験装置全体を図 A.6 のように組み立てます。

1. 自作サーボ，RC サーボのホーン先端の I 形アーム取付け位置と支柱との距離が，それぞれ図 6.3，図 6.7 の L_1，L_2，L_3 になるようにサーボの取り付け位置を決定します（図 A.7）。
2. 支柱を土台に取り付けたあと，アームを支柱の上の金具に載せ M3 × 10 のビスと M3 ナットでしっ

図 A.6　Ball & Beam 実験装置の機構全体

(a) RC サーボモータ

(b) 自作サーボモータ

図 A.7　各モータの取り付け位置

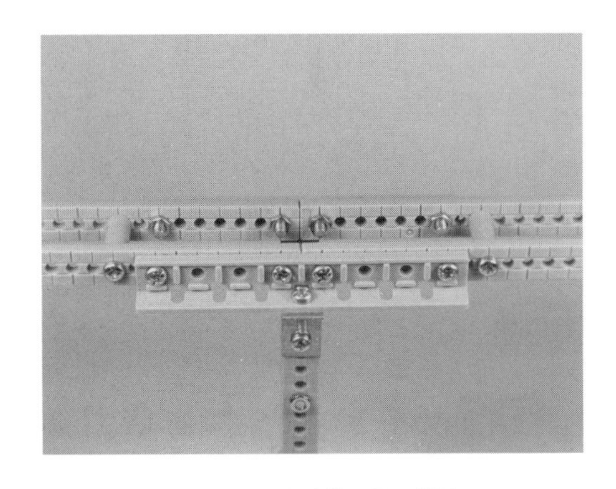

(a) アームと支柱の取り付け

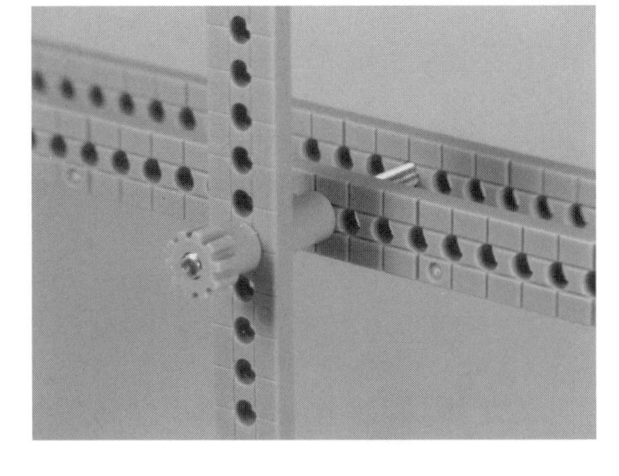

(b) アーム取り付け部分

図 A.8　アームと支柱，サーボモータとの連結方法

(a) RC サーボの場合

(b) 自作サーボの場合

図 A.9　アームとサーボホーンとの連結方法

かり固定します（図 A.8(a)）。アームとサーボの連結は，ユニバーサルアームセット（ITEM 70143）のI形アームを使用しています。アームへの取り付けは，M3 × 45 のビスを使用し，スペーサ部材で調整しアームの動きを確認しながらプラナットで締め付けます。硬く締めすぎないように注意します（図 A.8(b)）。

RC サーボのホーン先端と連結用のI形アームの接続は，RC サーボのホーンの穴が小さいために細い針金（ここでは「硬いジャンパワイヤ」）を使用しています（図 A.9(a)）。自作サーボの場合は，

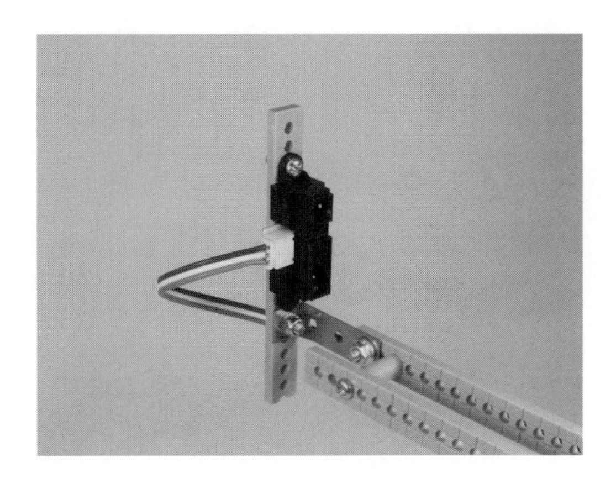

(a) センサ側

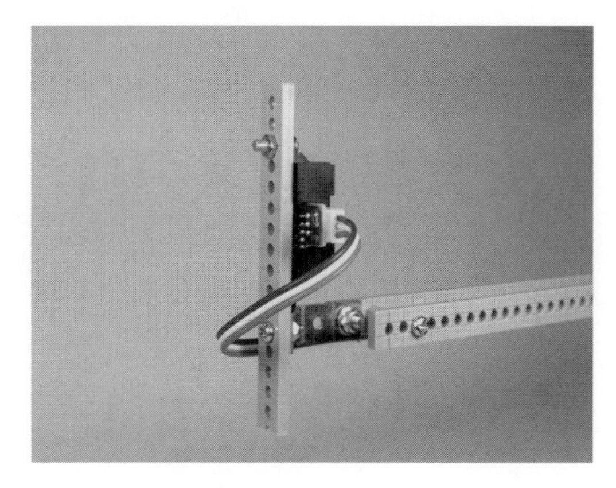

(b) センサ背面

図 A.10　PSD センサの取り付け方法

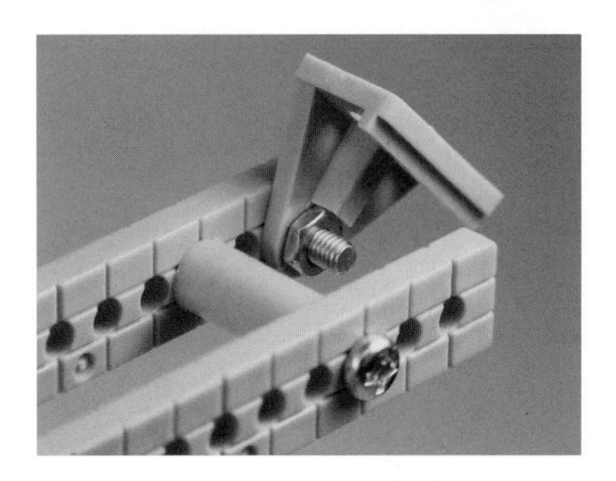

図 A.11　ボールストッパの取り付け

ユニバーサルプレート（ITEM 70157）のプッシュピンとストッパーを使用しています（図 A.9(b)）。

3. アームの自作サーボ側の先端に PSD センサを取り付けます。ユニバーサルアームセット（ITEM 70143）の I 形アームを半分に切断してセンサ背面に配置し，さらにその I 形アームを 4 cm の金具（1 cm：3 cm で直角に折り曲げ）でアームに固定します（図 A.10）。この際，ユニバーサル金具 4 本セット（ITEM 70164）に入っている M3 ロックナットやフランジ付きナットなどを使用して実験中に取付け部分が緩まないようにします。
4. アームの PSD センサと反対側の端には，ボールがアームから落ちないようにユニバーサルプレート（ITEM 70157）の軸受け材（P1）などを取付けます。ここでは M3 のナットが固定されるように，軸受け材の一部をカットしています（図 A.11）。

参考文献

Arduino を解説した書籍

[1] 高橋 隆雄：たのしい電子工作 Arduino で電子工作をはじめよう！，秀和システム（2011）

[2] Massimo Banzi，船田 巧 訳：Arduino をはじめよう 第 2 版，オライリージャパン（2012）

[3] 小林 茂：Prototyping Lab —「作りながら考える」ための Arduino 実践レシピ，オライリージャパン（2010）

[4] 神崎 康宏：Arduino で計る，測る，量る，CQ 出版（2012）

古典制御・現代制御が学べる書籍

[5] 足立修一：MATLAB による制御工学，東京電機大学出版局（1999）

[6] 杉江俊治，藤田政之：フィードバック制御入門，コロナ社（1999）

[7] 野波健蔵，西村秀和：MATLAB による制御理論の基礎，東京電機大学出版局（1998）

[8] 小郷 寛，美多 勉：システム制御理論入門，実教出版（1979）

[9] 劉 康志，申 鉄龍：現代制御理論通論，培風館（2006）

より高度な制御系設計論を扱った書籍

[10] 野波健蔵，西村秀和，平田光男：MATLAB による制御系設計，東京電機大学出版局（1998）

[11] 山口高司，平田光男，藤本博志：ナノスケールサーボ制御，東京電機大学出版局（2007）

[12] 松原 厚：精密位置決め・送り系設計のための制御工学，森北出版株式会社（2008）

[13] 劉 康志：線形ロバスト制御，コロナ社（2002）

MATLAB/Simulink による制御器実装を解説した書籍

[14] 熊谷英樹，大石 潔：MATLAB と実験でわかるはじめての自動制御，日刊工業新聞社（2008）

[15] 三田宇洋，高島 博，宅島 章夫，田中明美：MATLAB/Simulink とモデルベース設計による二足歩行ロボット・シミュレーション，毎日コミュニケーションズ（2007）

[16] 大川善邦：Simulink と Real-Time Workshop を使った MATLAB による組み込みプログラミング入門，CQ 出版（2005）

索 引

■数字■

■A■

■B■

■D■

■E■

■F■

■I■

■L■

■M■

■P■

■R■

■S■

■T■

■V■

■Z■

■あ・ア行■

■か・カ行■

■さ・サ行■

■た・タ行■

■な・ナ行■

■は・ハ行■

■ま・マ行■

■ら・ラ行■

■ 著 者 略 歴 ■

平田　光男（ひらた　みつお）

1993年千葉大学大学院工学研究科修了，1996年千葉大学大学院自然科学研究科修了。同年千葉大学工学部助手，2004宇都宮大学工学部助教授，2007年同准教授，2013年同教授，現在に至る。博士（工学）。2002年〜2003年カリフォルニア大学バークレイ校機械工学科客員研究員。2007年〜サイバネットシステム株式会社CAEユニバーシティ講師。ロバスト制御，ナノスケールサーボ制御及びそれらの産業応用に関する研究・教育に従事。

〈受賞〉

1999年 日本機械学会 機械力学・計測制御部門 部門貢献賞，2002年 計測自動制御学会 制御部門大会賞，2004年 日本機械学会 奨励賞，2010年 計測自動制御学会 著述賞，2011年 計測自動制御学会 制御部門 パイオニア技術賞，同年 計測自動制御学会 論文賞。

〈著書〉

「MATLABによる制御系設計」東京電機大学出版局，「運動と振動の制御の最前線」共立出版，「ナノスケールサーボ制御」東京電機大学出版局，「High-Speed Precision Motion Control」CRC Press，「Advances in High-Performance Motion Control of Mechatronic Systems」CRC Press。

Arduino と MATLAB で制御系設計をはじめよう！　第 2 版

2022 年 5 月 10 日　改訂第 2 版第 1 刷発行

©著　者　平 田 光 男
発行人　重 光 貴 明
発行所　TechShare エデュケーション株式会社
〒135-0016 東京都江東区東陽 5-28-6 TS ビル 6F
TEL 03-5683-7293
URL　http://techshare.co.jp/publishing
Email　info@techshare.co.jp
印刷及び DTP　三美印刷株式会社

ISBN 978-4-9910887-1-1　Printed in Japan